基于Linux的高级程序设计

C语言

JIYU LINUX DE
GAOJI CHENGXU SHEJI

高洪皓 ◎ 主编

王烨 冉琼惠子 ◎ 副主编

上海大学出版社

图书在版编目(CIP)数据

基于Linux的高级程序设计：C语言/高洪皓主编；王烨，冉琼慧子副主编. -- 上海：上海大学出版社，2024. 7. -- ISBN 978-7-5671-4956-4

Ⅰ. TP312.8

中国国家版本馆CIP数据核字第20248ZF488号

责任编辑　贾素慧
封面设计　缪炎栩
技术编辑　金　鑫　钱宇坤

基于Linux的高级程序设计(C语言)

高洪皓　主编

上海大学出版社出版发行

(上海市上大路99号　邮政编码200444)

(https://www.shupress.cn　发行热线021-66135112)

出版人　戴骏豪

*

南京展望文化发展有限公司排版

上海颛辉印刷厂有限公司印刷　　各地新华书店经销

开本787mm×1092mm　1/16　印张24.75　字数586千

2024年9月第1版　2024年9月第1次印刷

ISBN 978-7-5671-4956-4/TP·88　定价98.00元

内容简介

Briefing

本书主要介绍了Linux环境下的C语言程序设计方法和技术。全书包含基础篇和高级篇两部分,共分为8章。基础篇包含Shell基本介绍,C语言编程基础,C语言编译过程和工具,图形化编程,文件编程以及进程编程。高级篇包含线程编程和网络编程。

本书覆盖了Linux环境下C语言编程的主要方面,从Linux系统概述到Linux环境下C语言编程的基础知识,最终延伸至基于Linux的高级编程。本书基于Ubuntu 18.0和Code::Blocks 20.03给出程序代码,供读者参考。内容由浅入深,通过大量的实例展示详细地讲解了C语言基础和基于Linux的高级编程等相关内容。本书通过理论与实践相结合的方式,能够使读者更容易理解和掌握相关知识。

本书作为基础编程类书籍的进阶版本,适用于高等院校计算机类的本科生或研究生的高级编程类课程教学,也可以为有一定编程经验的开发人员提供理论参考。

本书由高洪皓主编,王烨、冉琼慧子副主编,俞鑫鑫、蒋汪洋、万雅萍、余思、陈欣参与了编写工作。陈怡海、方昱春、邹启明、朱弘飞、陶媛、钱权、李江涛、王欣芝等老师对本书内容提出了宝贵意见,张康、张明虎、黄婉秋、周琳、邱彬洋、王雪杰、朱心仪、刘沛根等帮助核对部分书稿内容,在此表示由衷的感谢!同时,感谢国家自然科学基金(92367103)的支持。

由于时间仓促,作者水平有限,书中难免有错误之处,敬请读者批评指正。

编　者

2023年12月

目录
CONTENTS

第一章

Shell 基本介绍

在学习基于 Linux 的高级 C 程序设计之前，首先需要了解什么是 Linux 操作系统。因为程序运行在操作系统之上。“万丈高楼平地起”，只有打好坚实的基础，才能做到游刃有余。

1.1 什么是 Linux

1.1.1 Linux 简介

1960 年 AT&T 的贝尔实验室推出一款名为 Unix 的操作系统，由肯·汤普森(Ken Thompson)和丹尼斯·里奇(Dennis Ritchie)等人开发。它为计算机行业带来了许多创新和进步，并且主要被用于大型计算机和服务器，然后就成了被广泛使用的操作系统之一。然而，由于 Unix 操作系统主要用于工程应用和科学计算等领域，以及超算等高强度的工业环境。在 Unix 发展初期，当时的 Unix 版权归 AT&T 公司所有。为了促进 Unix 的发展，AT&T 公司以低廉甚至免费的许可将 Unix 源码授权给学术机构做研究或教学之用，许多机构在此源码基础上加以扩充和改进，形成了所谓的 Unix 衍生版，这些衍生版反过来也促进了 Unix 的发展。后来 AT&T 公司意识到了 Unix 的商业价值，不再将 Unix 源码授权给学术机构，并对之前的 Unix 及其衍生版声明了版权权利。这对 Unix 的发展产生了很大的影响。在随后的几十年中，Unix 的发展经常伴随着产权纠纷。对于 Unix 来说，应用比较广泛的发行版大多数都是商业公司来维护，例如 OracleSolaris、IBMAIX 以及 HPUX 等。在 20 世纪 80 年代中期，理查德·斯托曼(Richard Stallman)开发了 GNU 操作系统，这个项目旨在创建一个自由的、开源的 Unix 操作系统的替代品。尽管 GNU 项目的许多组件都开发完成，但是缺少内核，这使得 GNU 操作系统无法被广泛采用。

1991 年，芬兰学生林纳斯·托瓦兹(Linus Torvalds)受学校 Unix 系统灵活性和性能的启发，开启了自己的内核项目，该项目的目标是开发一个类 Unix 的操作系统内核。最初，他将其项目命名为“Freax”，这是由“free”(自由)和“freak”(怪人)组合而成。但在该项目被传入服务器时，其中有个目录被错误命名为“Linux”，林纳斯和他的朋友发现后，认为这个名字更好，于是将该项目更名为“Linux”。在林纳斯完成了基本开发工作后，他将 Linux 内核提交到了互联网社区，目的是征求世界上广大用户的意见。这一举动也取得了显著的成果，来自世界各地的学生和专业程序员纷纷提交了他们各自的建议,从而推动了计算机操作系统领域走上了一条全新的道路。

对内核代码的修改并不是每个人都可以随意进行的,否则 Linux 内核的设计就会陷入混乱和发生争执。为了统一多人的意见,以及对 Linux 内核进行保护,人们提交的建议能否被纳入内核需要由林纳斯把关。至今,Linux 更新操作已经由一些专业开发人员来共同维护,而不再只是林纳斯一人。随着时间的推移,Linux 内核在许多方面都逐渐变得比 Unix 内核更先进,这也使得 Linux 变得越来越受欢迎。Linux 具有更好的网络支持、更好的多任务处理和更好的内存管理。并且,由于 Linux 是开源的,这使得 Linux 内核不断得到改进和增强。1990 年后期,Linux 内核已经成了一个非常成熟的项目,并且已经被广泛采用。许多公司开始在 Linux 上开发软件,并在许多领域中应用 Linux 内核,例如服务器、网络设备、移动设备和嵌入式设备等。这一系列因素使得 Linux 社区变得越来越庞大,越来越多的开源项目基于 Linux 平台诞生,包括 Ubuntu、Debian、Red Hat、Fedora 等,针对不同的用户和应用场景提供了不同的操作系统解决方案。

今天,Linux 被广泛用于服务器、云计算、超级计算机、移动设备、智能家居等领域,它也被越来越多的开发者所采用,并且在开发者社区中有着广泛的支持和认可。尽管 Linux 已经取得了巨大的成功,但是它的发展历程也不是一帆风顺的。在过去的几十年里,Linux 面临了许多挑战和困难。其中最大的挑战之一就是 Microsoft Windows 的垄断地位,这使得 Linux 在桌面操作系统市场上始终难以占据优势。此外,Linux 还面临着安全问题、标准化问题和商业化问题等。但是,Linux 的成功也带来了诸多开源项目和技术的成功,例如 Apache、MySQL、PHP、Docker、Kubernetes 等。

1.1.2 Linux 内核

内核是 Linux 操作系统的核心,也是整个 Linux 操作系统的基础,它是一个基于开放源代码的 Unix 操作系统内核,能为其他程序提供运行环境和底层服务。Linux 内核由 C 语言编写,具有高度的可移植性和可定制性,遵守 GPL(GNU 通用公共许可证)协议。

Linux 内核是一个模块化的、高度可定制的内核。它支持多种体系结构,包括 x86、ARM、MIPS、PowerPC 等。此外,它还支持多种设备驱动程序、文件系统、网络协议等。这些模块可以根据需要加载或卸载,以满足不同的应用需求。

Linux 内核的架构包括处理器架构、进程管理、内存管理、文件系统、网络协议栈等部分。其中,处理器架构包括了与底层硬件交互的驱动程序和中断处理程序等;进程管理负责管理进程、线程和同步机制等;内存管理负责管理系统内存的分配和释放;文件系统负责管理文件的读写和组织;网络协议栈则负责处理网络数据包的收发。

Linux 内核最重要的是虚拟内存管理和进程调度。虚拟内存管理允许进程使用虚拟地址空间,可以使得进程在物理内存不足时使用交换空间,并且可以使得多个进程共享同一个物理页面。进程调度则负责将 CPU 时间分配给不同的进程,以实现多任务处理。Linux 内核还支持各种文件系统,包括 ext4、Btrfs、XFS 等。

除了上述特性和功能之外,Linux 内核还支持各种系统调用和 API 调用。系统调用是进程与内核之间的接口,允许进程请求内核执行某些任务。API 调用则是应用程序与操作系统之间的接口,提供了许多常用的函数和库,使得应用程序可以方便地与操作系统进行交互。

Linux 内核的开源模式使得它可以被广泛的使用和修改,这也是 Linux 操作系统成功的一个重要因素。此外,许多公司和组织也参与到内核的开发和维护中,例如英特尔、IBM、Red Hat、Google、华为等。这些知名公司和全球组织都将 Linux 视为重要的技术基础,积极地为其开发和贡献代码,并提供相关的技术支持和服务。

在 Linux 内核的开发过程中,还允许使用第三方开发工具。例如,Git 是 Linux 内核开发中使用的版本控制系统,允许开发者对代码进行分支和合并,从而使得开发过程更加高效和灵活。此外,Linux 内核还采用了分层设计和模块化开发的方法,这使得开发者可以更加专注于自己的领域,提高了开发效率。

Linux 内核的安全性也是其一个重要特点。Linux 内核使用了例如 SELinux、AppArmor 等技术来防止恶意代码和攻击。此外,Linux 内核还提供了许多与安全相关的系统调用和 API 调用,确保了应用程序的安全性。

总的来说,Linux 内核是一个非常强大和灵活的操作系统内核,它具有高度的可定制性、可扩展性和安全性。Linux 内核由于其特有的开发模式,具备高性能、安全性、可靠性和适应性等优点。Linux 内核的成功也反映了开源软件的优势,即使没有商业公司的支持,也可以通过全球性的开发者社区的共同努力,不断推进 IT 技术的发展。

1.1.3 Linux 发行版

如果以前从未接触过 Linux,可能就不清楚为什么会有这么多不同的 Linux 发行版。Linux 的发行版是指将 Linux 内核与一些其他应用程序、工具和库组合在一起形成的一版操作系统。发行版通常包含一个安装程序,可以将 Linux 操作系统安装到计算机上。Linux 的发行版多种多样,各有特色。一些著名的 Linux 发行版包括:

1) Debian:一个非商业化的发行版,注重稳定性和安全性,以及软件包的自由度。Ubuntu 就是基于 Debian 开发的。

2) Red Hat Enterprise Linux:一款商业化的发行版,为企业级用户提供了可靠的技术支持和服务。CentOS 是基于 Red Hat Enterprise Linux 开发的免费发行版。

3) Ubuntu:一个基于 Debian 的发行版,以易用性和友好的界面著称。它也是非常受欢迎的桌面操作系统之一,支持多种硬件架构。

4) Arch Linux:一个面向 Linux 爱好者和高级用户的发行版,注重简洁、灵活和自定义。它提供了最新的软件包,并采用滚动更新的方式进行发行,而不是定期发布新版本。

5) 国产的如 NeoKylin(麒麟操作系统):由中国国家信息中心(NIC)开发的操作系统,主要面向政府和企业市场。NeoKylin 提供了针对中国用户的本土化定制,包括对中文的广泛支持。用户可以在 NeoKylin 中方便地使用中文界面和应用程序。

6) HarmonyOS(鸿蒙操作系统):由华为公司开发的分布式操作系统,旨在连接不同类型的智能设备以更好地协同工作和实现资源共享。鸿蒙操作系统提供了一套分布式能力框架,包括分布式数据管理、分布式安全、分布式通信等功能,为开发者提供了构建分布式应用的基础。作为一个开源项目,它也允许开发者查看、修改和共享源代码,以促进开发者社区的参与,提高系统的可靠性和安全性。

此外,还有 Gentoo、Fedora、Mageia、OpenSUSE、SUSE Linux、Slackware Linux 等发行版。

1.1.4 Linux 系统目录结构

Linux 系统目录结构是指 Linux 操作系统中所有文件和目录的组织结构。Linux 系统目录结构是一个层次结构,其中所有文件和目录都以根目录/为起点,分为若干个层级,每个层级包含若干个子目录和文件。表 1—1 列出了常见的目录及其作用:

表 1—1 Linux 系统目录结构

目 录	说 明
/bin	存放常用的命令工具,如 ls、cp、mv 等
/boot	存放系统引导相关的文件,如 Linux 内核、引导程序等
/dev	存放设备文件,包括硬件设备和虚拟设备
/etc	存放系统配置文件,如网络配置、用户配置、服务配置等
/home	存放用户主目录
/lib	存放系统所需的共享库
/media	自动挂载可移动媒体设备的目录,如光盘、U 盘等
/opt	存放第三方软件的安装目录
/proc	存放内核和进程信息的虚拟文件系统
/root	超级用户(root)的主目录
/run	存放运行时的数据,如 PID 文件、socket 文件等
/sbin	存放系统管理员使用的命令工具,如 reboot、halt 等
/srv	存放服务数据的目录
/sys	存放 Linux 内核的设备、文件系统和网络信息
/tmp	存放临时文件的目录
/usr	存放用户相关的数据、程序和文档
/var	存放可变数据,如日志、数据库文件等

Linux 系统目录结构的组织和命名方式十分规范和严谨，有助于提高系统的稳定性和可维护性，同时也使得系统更易于管理和维护。例如，通过将用户数据和程序文件分开存放在不同的目录中，管理员可以更好地控制系统的访问权限和安全性。

Linux 系统目录结构中还有许多其他目录和文件，如 lost＋found、mnt、opt、sbin 等，每个目录和文件都有其特定的用途和功能。掌握 Linux 系统目录结构对于 Linux 系统管理员和开发者来说至关重要。

1.1.5 Linux 环境变量

Linux 的环境变量是操作系统中的一种全局配置，用于存储和传递系统信息、用户设置和其他配置参数。它们是一种键值对，其中键是唯一标识符，值是与键关联的数据。环境变量的存储主要通过修改系统文件或用户文件来实现。这些环境变量是一些系统级别的变量，它们储存了一些重要的信息，如系统路径、用户信息等。环境变量分为系统级和用户级，前者对所有用户和应用都可见，后者仅对当前用户和应用可见。这意味着开发人员不必将所有配置详细信息硬编码到应用程序中或编写复杂的脚本来管理它们，而是可以使用环境变量轻松控制应用程序在不同系统上的工作方式，而无需更改任何代码。通过查看或修改环境变量，可以优化系统性能、提高开发效率和实现个性化定制。

Linux 的环境变量主要包括如下几个优点：

1）系统运行配置的灵活性：环境变量允许用户在不同的运行环境中存储和传递系统信息、用户设置和其他配置参数，这使得系统的配置变得更加灵活。同时，如果需要修改某些配置，只需要更改对应的环境变量，而无需对整个系统进行更改。

2）提高系统安全性：通过设置特定的环境变量，可以限制用户对系统的访问权限，从而提高系统的安全性。

3）提高开发效率：在软件开发中，环境变量常常用来存储一些常用的路径、数据库连接信息等，开发人员无需在代码中硬编码这些值，从而提高了开发效率。

4）实现个性化定制：每个用户可以有自己的环境变量，因此用户可以根据自己的喜好和习惯来设置自己的环境变量，这意味着每个用户登录系统后，都能够拥有自己专用的运行环境。

5）方便管理和维护：Linux 的环境变量将系统和应用程序的配置信息集中存储在一个位置，便于管理和修改。

6）可移植性：Linux 的环境变量在不同的操作系统和平台上具有高度的可移植性，使得应用程序可以轻松地在不同的环境中运行。

表 1—2 常见环境变量

目 录	说 明
PATH	指定命令的搜索路径
HOME	指定用户的主工作目录（即用户登录到 Linux 系统中时，默认的目录）

续 表

目 录	说 明
LOGNAME	当前登录的用户名
HOSTNAME	主机名
SHELL	当前 Shell,它的值通常是/bin/bash

表 1—2 列出了常见的环境变量。如果要更改 Linux 中的环境变量,首先需要打开终端,输入命令"vi ～/.bashrc"来打开 bashrc 文件。然后,在文件中添加或修改相应的环境变量,例如:"export PATH= $PATH: /usr/local/go/bin",此命令将"/usr/local/go/bin"目录添加到 PATH 中。完成之后,保存并退出 vi 编辑器。为了立即使修改的环境变量生效,需要输入命令"source ～/.bashrc"。

除了对单一用户的配置外,还可以对所有用户进行环境变量的配置。比如,可以在"/etc/profile"文件中添加变量,对 Linux 下所有用户都有效,并且是"永久的"。如果希望立即使刚才的修改生效,需要执行"source/etc/profile"。另一种方法是在用户目录下的.bash_profile 文件中增加变量,只会对当前用户有效,并且是"永久的"。要使刚才的修改马上生效,需要在用户目录下执行"source .bash_profile"。

如果只是需要临时修改环境变量,命令示例如下:

```
export VARIABLE_NAME=VALUE
```

如果要查看某个 Linux 环境变量,命令示例如下:

```
echo $VARIABLE_NAME
```

或

```
printenv VARIABLE_NAME
```

如果要删除某个环境变量,命令示例如下:

```
unset VARIABLE_NAME
```

或

```
export VARIABLE_NAME=""
```

1.1.6 文本编辑器 Vi

Vi(Visual Input)和 Vim(VI Improved)是 Unix/Linux 世界中最流行和广泛使用的两个命令行文本编辑器。这两个程序最初都是基于最初的 UNIX 编辑器"ex"开发的,并且共享类似的语法和功能。Vi 在几乎所有 Linux 发行版中都可用,并且默认安装。相比之下,Vim 需要显式安装,并且通常预装在大多数现代系统中。两者都有图形化版本,但通常只关注终端版本。

Vi 被认为是强大的,但很难学习,因为需要记住许多命令。尽管有这个缺点,但 Vi 提供了在 Shell 脚本中执行文本操作的灵活性。因此,对于系统管理员和高级用户来说,熟悉它仍然很重要。为了在 Vi 中有效地操作,理解一些基本概念是至关重要的。Vi/Vim 共分为三种模式,分别是命令模式(Command mode),输入模式(Insert mode)和底线命令模式(Last line mode)。

1) 命令模式

用户刚刚启动 Vi/Vim,便进入了命令模式。此状态下敲击键盘动作会被 Vim 识别为命令,而非输入字符。比如:此时按下 i,并不会输入一个字符,i 被当作了一个命令。如下是常用的几个命令:

➢ i——切换到输入模式,在光标当前位置开始输入文本。
➢ x——删除当前光标所在处的字符。
➢ :——切换到底线命令模式,以在最底一行输入命令。
➢ a——进入插入模式,在光标下一个位置开始输入文本。
➢ o——在当前行的下方插入一个新行,并进入插入模式。
➢ O——在当前行的上方插入一个新行,并进入插入模式。
➢ dd——删除当前行。
➢ yy——复制当前行。
➢ p(小写)——粘贴剪贴板内容到光标下方。
➢ P(大写)——粘贴剪贴板内容到光标上方。
➢ u——撤销上一次操作。
➢ Ctrl + r——重做上一次撤销的操作。

2) 输入模式

在命令模式下按下 i 就进入了输入模式。在输入模式中,可以使用如下按键:

➢ 字符按键以及 Shift 组合,输入字符。
➢ Enter,回车键,换行。
➢ Back space,退格键,删除光标前一个字符。
➢ Delete,删除键,删除光标后一个字符。
➢ 方向键,在文本中移动光标。
➢ Home/End,移动光标到行首/行尾。
➢ Page Up/Page Down,上/下翻页。
➢ Insert,切换光标为输入/替换模式,光标将变成竖线/下划线。
➢ Esc,退出输入模式,切换到命令模式。

3) 底线命令模式

在命令模式下按下":"(英文冒号)就进入了底线命令模式。底线命令模式可以输入单个或多个字符的命令,基本的命令有:

- q——退出文件。
- w——保存文件。
- q！——不保存文件并退出。
- wq——保存文件并退出。
- 按 Esc 键可随时退出底线命令模式。

4）使用案例

如下是使用 Vi 编辑器为文件编写内容的例子：首先需要创建一个名为 example.txt 的文件。在终端中输入以下命令：

```
touch example.txt
```

接下来将使用 Vi 编辑器打开并编辑这个文件。在终端中输入以下命令：

```
vi example.txt
```

当前，已经进入了 Vi 编辑器，并且处于命令模式。为了给文件输入内容，需要在该命令模式下按 i 键进入输入模式。此时在编辑器中，可以输入文本。例如，可以输入以下内容：

```
Hello, World!
This is an example file.
```

接着保存并退出 Vi 编辑器，先按 Esc 键进入命令模式，然后输入“：”进入底线命令模式，最后输入 wq 并按 Enter 键表示保存退出。这将保存文件并退出 Vi 编辑器。

1.2 Shell 基本命令

1.2.1 如何使用 Shell

终端窗口是 Linux 操作系统的命令行界面，可以通过快捷键 Ctrl+Alt+T 来打开。在终端窗口可以输入 Shell 命令来操作 Linux 系统。在 Linux 中想要了解 Shell 命令，可以通过 man[命令]来查看详细用法。例如，输入 man ls 可以查看 ls 命令的详细用法。

总之，Linux 操作系统的命令行界面是非常强大的，通过 Shell 命令可以完成各种各样的操作。熟练掌握 Shell 命令可以提高工作效率，以便于更好地管理和维护 Linux 系统。

1.2.2 文件和目录命令

众所周知，Linux 的目录结构为树状结构，根目录/。但目录有两种表示方法，一种是绝对路径，另一种是相对路径。绝对路径由根目录/写起，例如：/usr/local/bin 这个目录。相对路径则不能以/写起，而是要从当前路径开始往后延续。比如，当前在/usr 目录下，想要访问/usr/local/bin 目录，则可以使用 local/bin 该相对路径。同时，在 Linux 的目录中，有两个特殊目录，“.”表示当前目录，“..”表示上一级目录。比如刚才这个例子也可以使用./local/

bin 来访问该目录。假如在/usr 目录想要访问上一级目录，也就是根目录/，则可以使用..来访问。

了解了绝对路径和相对路径后，可以轻松地进行各种文件和目录的操作。此外，也可以使用 man[命令]来查看看各个命令的使用文档。表 1—3 列出了常用的操作命令。

表 1—3　常用操作命令

命令	英 文 全 拼	说 明
ls	list files	列出目录及文件名
cd	change directory	切换目录
pwd	print work directory	显示目前的目录
mkdir	make directory	创建一个新的目录
rmdir	remove directory	删除一个空的目录
cp	copy file	复制文件或目录
rm	remove file	删除文件或目录
mv	move file	移动文件与目录，或修改文件与目录的名称

1）ls 语法格式为：

```
ls [选项] [目录]
```

其中[选项]可以省略，[目录]也可以省略。在省略目录的情况下，默认值当前目录。选项参数包括：

- -a 为全部的文件，连同隐藏文件（开头为.的文件）一起列出。
- -d 为仅列出目录本身，而不是列出目录内的文件数据。
- -l 为长数据串列出，包含文件的属性与权限等等数据。

2）cd 的语法格式为：

```
cd [目录]
```

假设当在/root 目录下，在当前目录还有 a、b、c 三个子目录，可以使用如下命令切换目录。

```
cd /root/a # 切换到 a 目录
cd a # 切换到 a 目录
cd ./a # 切换到 a 目录
cd ../ # 切换到上一级目录，即根目录
```

3) pwd 命令会显示当前路径,其语法格式为:

```
pwd [-P]
```

其中使用-P 会显示真实的路径,如果当前所在的目录是一个链接的目录,则会显示链接的真实的目录,而不是当前的目录。否则还是显示当前的目录。

4) mkdir 命令为创建新的目录,其语法格式为:

```
mkdir [-mp] 目录名称
```

其选项为:

➢ -m:配置文件的权限。
➢ -p:直接将所需要的目录(包含上一级目录)递归创建。

例如:

```
mkdir /root/test # 在/root 目录下创建 test 目录
mkdir /root/a/b/c # 无法创建,因为必须先创建 a,再创建 b,最后才能创建 c 目录
mkdir -p /root/a/b/c # 使用 -p 选项,可一次性递归创建目录。
```

5) rmdir 为删除空的目录,其语法格式为:

```
rmdir [-p] 目录名称
```

例如:

```
rmdir /root/test # 删除/root/test 目录
rmdir /root/a # 无法删除,因为 a 目录下还有 b 目录
rmdir -p /root/a/b/c # 使用 -p 选项,就可以一次删除所有目录。
```

6) cp 为复制文件和目录,其语法格式为:

```
cp [-adfilprsu] 原文件 目标文件
cp [options] source1 source2 source3 ... directory
```

其选项为:

➢ -a 与-pdr 相同。
➢ -d 当复制符号链接时,把目标文件或目录也建立为符号链接,并指向原始文件或目录。
➢ -f 为强制(force)的意思,强行复制文件或目录,不论目的文件或目录是否已经存在。
➢ -i 若目标文件已经存在,先询问用户。
➢ -l 对源文件建立硬链接,而非复制文件本身。
➢ -p 同时复制文件的属性,而非使用默认属性。
➢ -r 递归处理,将指定目录下的文件与子目录一并处理,用于目录的复制行为。

➢ -s 对源文件建立符号链接，而非复制文件。
➢ -u 使用这项参数之后，只会在源文件的修改时间较目标文件更新时，或是名称相互对应的目标文件并不存在时，才会复制文件。

7）rm 为移除文件或目录，其语法格式为：

```
rm [-fir] 文件或目录
```

其选项为：

➢ -f 是 force 的意思，忽略不存在的文件，不会出现警告信息。
➢ -i：互动模式，在删除前会询问使用者是否执行删除。
➢ -r：递归删除目录。

8）mv 为移动文件与目录，或修改名称，其语法格式为：

```
mv [-fiu] source destination
mv [options] source1 source2 source3 ... directory
```

其选项为：

➢ -f 为 force，强制的意思，如果目标文件已经存在，不会询问而直接覆盖。
➢ -i 为若目标文件已经存在时，会询问是否覆盖。
➢ -u 使用这项参数之后，只会在源文件的修改时间较目标文件更新时，或是名称相互对应的目标文件并不存在时，才会移动文件。

值得注意的是，mv 命令既有移动的作用，也有更改文件或目录名称的作用。如果移动的目录存在，则会移动到该目录下，如果不存在，则会将其改名为该目录名。

1.2.3 用户和用户组命令

Linux 是一种多用户操作系统，每个用户都有自己的账户和密码，可以登录系统并使用系统资源。用户可以属于一个或多个用户组，用户组是一组用户的集合，可以方便地管理和控制用户的权限。

在 Linux 中，用户和用户组的信息存储在/etc/passwd 和/etc/group 文件中。每个用户都有一个唯一的用户 ID(UID)，而每个用户组都有一个唯一的组 ID(GID)。用户可以通过命令行或图形界面创建、修改和删除用户和用户组。

Linux 中的用户和用户组可以用于控制文件和目录的访问权限，以及限制用户对系统资源的使用。管理员可以通过设置用户和用户组的权限，来保护系统的安全性和稳定性。

1）useradd 命令为添加新的用户账号，其语法格式为：

```
useradd 选项 用户名
```

选项说明：

➢ -c 为 comment，指定一段注释性描述。
➢ -d 为指定用户主目录，如果此目录不存在，则同时使用-m 选项，可以创建主目录。

- -g 为指定用户所属的用户组。
- -G 为用户组,指定用户所属的附加组。
- -s 为 Shell 文件,指定用户的登录 Shell。
- -u 为指定用户的用户号,如果同时有-o 选项,则可以重复使用其他用户的标识号。

代码示例如下:

```
useradd -d /home/tom -m tom
```

使用该命令创建了一个用户 tom,其中-d 和-m 选项用来为登录名 tom 产生一个主目录/home/tom。

2) userdel 命令为删除一个已有的用户账号,其语法格式为:

```
userdel 选项 用户名
```

删除用户账号就是要将/etc/passwd 等系统文件中的该用户记录删除,必要时还删除用户的主目录。常用的选项主要为-r,其作用是把用户的主目录一起删除。

代码示例如下:

```
userdel -r tom
```

此命令删除用户 tom 在系统文件中(主要是/etc/passwd, /etc/shadow, /etc/group 等)的记录,同时删除用户的主目录。

3) usermod 命令为修改已有用户的信息,其语法格式为:

```
usermod 选项 用户名
```

修改用户账号就是根据实际情况更改用户的有关属性,如用户号、主目录、用户组、登录 Shell 等。常用的选项主要包括-c, -d, -m, -g, -G, -s, -u 以及-o 等,这些选项的意义与 useradd 命令中的选项一样,可以为用户指定新的资源值。

4) passwd 为指定和修改用户口令,其语法格式为:

```
passwd 选项 用户名
```

用户管理的一项重要内容是用户口令的管理。用户账号刚创建时没有口令,但是被系统锁定,无法使用,必须为其指定口令后才可以使用,即使是指定空口令。超级用户可以为自己和其他用户指定口令,普通用户只能用它修改自己的口令。

可使用的选项:

- -l 为锁定口令,即禁用账号。
- -u 为口令解锁。
- -d 为使账号无口令。
- -f 为强迫用户下次登录时修改口令。

如果在使用命令时不指定用户名,则修改当前用户的口令。

例如，假设当前用户是tom，需要修改该用户自己的口令，其命令示例如下：

```
$passwd
Old password: ******
New password: *******
Re-enter new password: *******
```

如果是超级用户，需要修改指定任何用户的口令，其命令示例如下：

```
# passwd tom
New password: *******
Re-enter new password: *******
```

普通用户修改自己的口令时，passwd命令会先询问原口令，验证后再要求用户输入两遍新口令。如果两次输入的口令一致，则会将这个口令指定给用户。而超级用户为用户指定口令时，就不需要知道原口令。

为了系统安全起见，用户应该选择比较复杂的口令。例如最好使用8位长的口令，口令中包含有大写、小写字母和数字，并且应该与姓名、生日等不相同。

5）groupadd命令为增加一个新的用户组，其语法格式为：

```
groupadd 选项 用户组
```

可以使用的选项有：

- -g为指定新用户组的组标识号(GID)。
- -o一般与-g选项同时使用，表示新用户组的GID可以与系统已有用户组的GID相同。

命令示例如下：

```
groupadd group1
```

此命令向系统中增加了一个新组group1，新组的组标识号是在当前已有的最大组标识号的基础上加1。

```
groupadd -g 3 group2
```

此命令向系统中增加了一个新组group2，同时指定新组的组标识号是3。

6）groupdel为删除一个已有的用户组，其语法格式为：

```
groupdel 用户组
```

命令示例如下：

```
groupdel group1
```

此命令从系统中删除组 group1。

7) groupmod 为修改用户组的属性,其语法格式为:

```
groupmod 选项 用户组
```

常用的选项有:

➢ -g 为用户组指定新的组标识号。
➢ -o 与-g 选项同时使用,用户组的新 GID 可以与系统已有用户组的 GID 相同。
➢ -n 将用户组的名字改为新名字。

命令示例如下:

```
groupmod -g 3 -n group2 group3
```

此命令将组 group2 的组标识号修改为 3,组名修改为 group3。

8) newgrp 为切用户换到其他用户组,其语法格式为:

```
newgrp 用户组
```

如果一个用户同时属于多个用户组,那么用户可以在用户组之间切换,以便具有其他用户组的权限。于是用户可以在登录后,使用该命令:

```
newgrp root
```

这条命令将当前用户切换到 root 用户组,前提条件是 root 用户组确实是该用户的主组或附加组。

1.2.4 磁盘管理命令

Linux 的磁盘管理主要包括以下几个方面:

1) 分区:在 Linux 中,磁盘需要先进行分区才能使用。分区可以将一个物理磁盘划分为多个逻辑分区,每个分区可以独立使用,方便管理和维护。

2) 格式化:分区完成后,需要对每个分区进行格式化,以便文件系统能够在其中存储数据。Linux 支持多种文件系统格式,如 ext2、ext3、ext4、XFS 等。

3) 挂载:格式化完成后,需要将分区挂载到 Linux 文件系统中,以便用户能够访问其中的数据。挂载可以通过命令行或者图形界面完成。

4) 磁盘配额:Linux 支持磁盘配额功能,可以限制用户或者组在磁盘上的使用空间,以避免磁盘空间被某个用户或者组占满。

5) RAID:Linux 支持多种 RAID 级别,可以将多个物理磁盘组合成一个逻辑磁盘,提高数据的可靠性和性能。

6) LVM:Linux 还支持逻辑卷管理(LVM),可以将多个物理磁盘组合成一个逻辑卷,方便管理和扩展。

总之,Linux 的磁盘管理功能非常强大,可以满足各种不同的需求。

1) Linux 的 df 命令是用于显示文件系统磁盘空间使用情况的命令。它可以显示文件系统的总容量、已用空间、可用空间和挂载点等信息。使用 df 命令时，可以加上不同的选项来显示不同的信息。df 命令的常用选项包括：

➢ -h 显示磁盘空间大小，如 GB、MB 等。
➢ -T 显示文件系统类型。
➢ -i 显示 inode 的使用情况。
➢ -x 排除指定文件系统类型的磁盘空间使用情况。

例如，使用 df -h 命令可以显示磁盘空间使用情况，命令示例如下：

```
$df -h
Filesystem       Size   Used   Avail   Use%Mounted on
/dev/sda1        20G    5.6G   14G     29% /
tmpfs            3.9G   0      3.9G    0% /dev/shm
/dev/sdb1        50G    20G    30G     41% /data
```

上面的输出结果显示了三个文件系统的磁盘空间使用情况，包括文件系统的总容量、已用空间、可用空间、使用百分比和挂载点等信息。

2) Linux 的 du 命令是用于查看文件或目录占用磁盘空间的命令。du 命令的全称是 disk usage，它可以显示指定目录或文件的磁盘使用情况，包括文件大小、目录大小、子目录大小等。du 命令的常用选项包括：

➢ -h 显示文件大小，如 1K、1M、1G 等。
➢ -s 只显示指定目录或文件的总大小，不显示子目录大小。
➢ -c 显示指定目录或文件的总大小，并显示所有子目录的总大小。
➢ -a 显示所有文件和目录的大小，包括隐藏文件和目录。

例如，要查看当前目录下所有文件和目录的大小，可以使用命令：

```
du -h
```

要查看指定目录的总大小，可以使用命令：

```
du -sh /path/to/directory
```

要查看指定目录的总大小，并显示所有子目录的总大小，可以使用命令：

```
du -ch /path/to/directory
```

要排除指定的文件或目录，可以使用命令：

```
du --exclude= *.log /path/to/directory
```

总之，du 命令是一个非常实用的磁盘空间管理工具，可以帮助用户快速了解文件和目录的大小，从而更好地管理磁盘空间。

3) Linux 的 fdisk 是用于对硬盘进行分区和管理的命令。它可以创建、删除、调整和查看硬盘分区,以及设置分区的类型和大小。使用 fdisk 需要管理员权限,可以通过以下命令打开 fdisk:

```
sudo fdisk /dev/sda
```

其中,/dev/sda 是要分区的硬盘设备名称。fdisk 命令常用的选项包括:

- p:显示分区表。
- n:创建新分区。
- d:删除分区。
- t:更改分区类型。
- w:保存分区表并退出。

例如,要创建一个新的主分区,可以按照如下步骤操作:首先输入 n 命令,选择要创建的分区类型(主分区、扩展分区或逻辑分区);然后输入分区号(例如 1),选择分区的起始和结束位置;最后输入 w 命令,保存分区表并退出。

fdisk 还可以用于查看硬盘的分区信息,例如:

```
sudo fdisk -l /dev/sda
```

该命令将显示硬盘的分区表和分区信息。

1.3 Shell 脚本编程

Shell 脚本是一种用名为 Bourne Again Shell(Bash)的编程语言编写的软件,它允许通过命令行界面自动化执行特定指令。这些脚本包含一系列 Shell 命令,一旦脚本运行,这些命令就会自动执行,通常是通过双击或通过终端执行。Shell 脚本的常见用途包括自动部署、简单配置管理、例行任务调度和数据操作。

1.3.1 如何使用 Shell 脚本

想要学习如何编写并运行 Shell 脚本,可以先来看一个在 Linux 中编写和运行基本 Hello World Shell 脚本的示例:

```
#!/bin/bash
echo "Hello, world!"
```

将此代码保存在名为 hello_world.sh 的纯文本文件中。确保它具有执行权限("chmod +x hello_world.sh")。打开一个终端窗口并导航到包含脚本的目录。最后,运行"./hello_world.sh"并观察输出。

作为参考,"#!/bin/bash"指令指定负责解释脚本其余部分的解释器,而 echo 则打印出引号之间的字符串作为结果。在这个例子中，运行脚本只是简单地打印“Hello，world!”在屏幕上。请注意，这个脚本非常初级，但它代表了更复杂的 Shell 脚本的基本构建块。

1.3.2 变量

变量在脚本中用于存储和检索值，通过前面带有“$”的名称来标识。下面是如何在 Bash 中声明变量：

```
variable="value"
```

此处声明了一个名为“variable”的变量，并将其赋值为“value”。可以在声明时初始化一个变量本身，但需要注意，变量名和等号之间不能有空格。同时，变量名的命名须遵循如下规则：

1）命名只能使用英文字母，数字和下划线，首个字符不能以数字开头。

2）中间不能有空格，可以使用下划线“_”。

3）不能使用标点符号。

4）不能使用 Bash 里的关键字（可用 help 命令查看保留关键字）。

比如这些变量名是有效的：

```
variable
MAX_VALUE
_var
var2
```

而这些变量名是无效的：

```
2var
?var
max * value
```

在声明变量后，通过使用前缀“$”来访问它的值。因此，如果声明了一个名为“variable”的变量，那么通过键入以下内容来显示它的值：

```
echo $variable
echo ${variable}
```

请注意，变量名外面的花括号是可选的，其中加花括号是为了帮助解释器识别变量的边界。

1.3.3 数组

在 Shell 脚本中，数组使用 Bash 中基于索引的语法创建。数组本质上是元素的集合，每个元素由其唯一的数字索引引用。例如：

```
array=(1 2)
```

也可以使用数字下标来定义数组元素：

```
array[0]=1
array[1]=2
```

读取数组元素值的一般格式是：

```
${array_name[index]}
```

例如：

```
echo "${array[0]}"# outputs 1
echo "${array[1]}" # outputs 2
```

其中数组的索引总是从零开始。若要打印所有的元素，可以通过以下代码：

```
echo "${array[*]}"# outputs 1 2
echo "${array[@]}" # outputs 1 2
```

打印数组中存储的所有元素，并以空格分隔。

1.3.4 运算符

Shell 和其他编程语言一样，支持多种运算符，包括：算数运算符、关系运算符、布尔运算符、字符串运算符、文件测试运算符。原生 Bash 不支持简单的数学运算，但是可以通过其他命令来实现，例如 awk 和 expr 等。需要注意的是，在对数据进行运算时，需要使用反引号，而不是单引号。此外，表达式和运算符之间要有空格，例如 1+1 是不对的，而要写成 1 + 1 才行。表 1—4 列出了常用的算数运算符。

表 1—4 算数运算符

运算符	说明
+	加法
-	减法
*	乘法
/	除法
%	取余
=	赋值

续 表

运算符	说明
==	比较两个数字是否相等,相同为 true,不同为 false
!=	比较两个数字是否不等,不同为 true,相同则为 false

使用算术运算符的示例如下:

```
#!/bin/bash

a=1
b=2

val='expr $a + $b'
echo "a + b = $val"

val='expr $a - $b'
echo "a - b = $val"

val='expr $a \* $b'
echo "a * b = $val"

val='expr $b / $a'
echo "b / a = $val"

val='expr $b % $a'
echo "b % a = $val"

if [ $a == $b ]
then
    echo "a 等于 b"
fi
if [ $a != $b ]
then
    echo "a 不等于 b"
fi
```

执行以上脚本,得到如下输出:

```
a + b = 3
a - b = -1
a * b = 2
b / a = 2
b % a = 0
a 不等于 b
```

除了算术运算符,运算符中还包括关系运算符,不过关系运算符一般只支持数字,不支持字符串,除非字符串的值是数字。表 1—5 列出了常见的关系运算符。

表 1—5 关系运算符

运算符	说明
-eq	判断两个数是否相等,相等为 true,不等为 false
-ne	判断两个数是否不相等,不等为 true,相等为 false
-gt	左边的数是否大于右边,左大于右则为 true,左小于等于右则为 false
-lt	左边的数是否小于右边,左小于右则为 true,左大于等于右则为 false
-ge	左边的数是否大于等于右边,左大于等于右则为 true,左小于右则为 false
-le	左边的数是否小于等于右边,左小于等于右则为 true,左大于右则为 false

使用关系运算符的示例如下:

```
#!/bin/bash

a=1
b=2

if [ $a -eq $b ]
then
    echo "$a -eq $b, a 等于 b"
else
    echo "$a -eq $b, a 不等于 b"
fi
if [ $a -ne $b ]
then
    echo "$a -ne $b, a 不等于 b"
```

```
else
    echo "$a -ne $b, a 等于 b"
fi
if [ $a -gt $b ]
then
    echo "$a -gt $b, a 大于 b"
else
    echo "$a -gt $b, a 不大于 b"
fi
if [ $a -lt $b ]
then
    echo "$a -lt $b, a 小于 b"
else
    echo "$a -lt $b, a 不小于 b"
fi
if [ $a -ge $b ]
then
    echo "$a -ge $b, a 大于或等于 b"
else
    echo "$a -ge $b, a 小于 b"
fi
if [ $a -le $b ]
then
    echo "$a -le $b, a 小于或等于 b"
else
    echo "$a -le $b, a 大于 b"
fi
```

执行以上脚本,得到如下输出:

```
1 -eq 2, a 不等于 b
1 -ne 2, a 不等于 b
1 -gt 2, a 不大于 b
1 -lt 2, a 小于 b
1 -ge 2, a 小于 b
1 -le 2, a 小于或等于 b
```

表 1—6 列出了常用的逻辑运算符。

表 1—6 逻辑运算符

运算符	说明
||	或运算,有一个表达式为 true 则返回 true
&&	与运算,两个表达式都为 true 才返回 true
!	非运算,表达式为 true 则返回 false,否则返回 true

使用逻辑运算符的示例如下:

```
a=1
b=2

if [[ $a == 1 && $b == 1 ]]
then
    echo "输出 true"
else
    echo "输出 false"
fi

if [[ $a == 1 || $b == 1 ]]
then
    echo "输出 true"
else
    echo "输出 false"
fi
```

执行脚本,得到如下输出:

```
输出 false
输出 true
```

因为第一个条件判断中逻辑与必须在两个表达式都为 true 时结果才为 true,而其中只有一个为 true,所以结果为 false。第二个条件判断中逻辑或只需一个条件为 true 即可,因此一个 true 一个 false 时,结果仍然为 true。

1.3.5 函数

要在 Linux Shell 中创建函数,需执行如下步骤:

```
[ function ] funname [()]
```

```
{
    action;
    [return int;]
}
```

简单地说,用函数名和括号定义函数,并在花括号内添加代码。其中在定义函数时可以带 function 定义函数,也可以直接定义函数。在返回参数时,可以使用 return 返回,如果不加,则将以最后一条命令运行结果作为返回值。例如:

```
fun(){
    echo "这是一个 Shell 函数"
}
fun
```

运行这段代码,则会输出"这是一个 Shell 函数"。如果在函数中需要使用传递的参数,则可以通过 $n 的形式来获取参数的值,例如,$1 表示第一个参数,$2 表示第二个参数。但要注意的是,如果参数过多,当参数的索引大于等于 10 时,需要加上花括号,即使用 ${10}、${11}表示。

```
fun() {
    echo "参数 1 为 $1 "
    echo "参数 2 为 $2 "
}
fun 1 2
```

此外,除了用数字来获取指定参数,还有一些特殊字符来处理参数。表 1—7 列出了这些特殊字符。

表 1—7 特殊参数

参 数	说 明
$#	表示传递到脚本或函数的参数个数
$*	表示以一个单字符串显示所有向脚本传递的参数
$$	表示脚本运行的当前进程 ID 号
$!	表示后台运行的最后一个进程的 ID 号
$@	与 $* 相同,但是使用时加引号,并在引号中返回每个参数

续 表

参 数	说 明
$-	表示 Shell 使用的当前选项,与 set 命令功能相同
$?	表示最后命令的退出状态。0 表示没有错误,其他任何值表明有错误

1.3.6 输入输出重定向

Linux 系统从用户的终端接收用户输入获取命令执行,然后将结果返回输出到用户终端。命令执行时通过标准输入读取输入数据,通过标准输出输出数据,默认情况下,在执行命令时,标准输入和标准输出都是用户的终端。其中文件描述符 0 通常是指标准输入(stdin),1 是指标准输出(stdout),2 是指标准错误输出(stderr)。有时,用户可能会希望将命令的输入和输出重定向到其他地方,如从一个文件获取输入数据,或者将命令输出输入到文件中,以便后续查看。这就需要命令的输入输出重定向功能来实现。

输出重定向是通常情况下最常使用的重定向,一般只需要在命令中插入特定的符号来实现,其语法格式为:

```
command1 > file1
```

执行该指令,将输出重定向到 file1 中。用户可以不用在终端上查看输出,而是可以过一段时间从文件中读取命令执行产生的输出。不过需要注意的是,执行该指令,会使得执行 command1 命令产生的输出覆盖掉 file1 中的内容,即原有的数据丢失,因此在使用时必须小心注意。假如用户需要将执行命令产生的输出追加到某个文件的末尾,而不是覆写文件的话,则可以使用>>操作符,避免文件中原有的数据被覆盖,其语法格式为:

```
command1 >> file1
```

例如执行如下命令,则在终端不会输出当前目录下的可见文件,而是将它们写入了文件 file1 中。只有当查看 file1,才会看到当前目录下的可见文件 file1,file2 和 file3。

```
ls > file1 # 不会在终端输出内容。
cat file1 # outputs file1 file2 file3
```

此时,尝试一下追加内容。可以看到,在文件中累积了两次的输出结果。

```
ls >> file1 # 不会在终端输出内容。
cat file1 # outputs file1 file2 file3file1 file2 file3
```

除了将输出重定向到文件,也可以将输出重定向到其他地方。比如,如果希望执行某个命令,但却不需要该命令的输出结果,即希望将该输出丢弃,也就是将输出重定向到类似于垃圾桶这么个地方。想要实现这一功能,则可以将输出重定向到 /dev/null。如下:

```
command > /dev/null
```

其中/dev/null是一个特殊的文件，所有写入到该文件的内容都会被丢弃。试图从该文件读取内容，结果什么也读不到。所以/dev/null文件就有“禁止输出”的作用，即当任何输出想要丢弃，则将其重定向到该文件即可。当用户希望屏蔽所有输出时，包括标准输出和标准错误输出，可以执行以下代码：

```
command > /dev/null 2>&1
```

接下来，介绍输入重定向。输入重定向的用法和输出重定向很类似，语法格式为：

```
command1 < file1
```

该命令获取的输入是从终端获取，即来自用户的键盘输入。通过输入重定向，则命令会从文件中读取文件内容作为输入。

学会使用输出和输入重定向之后，假设想要给一条命令既重定向输入又重定向输出该如何呢？语法格式为：

```
command > file 2>&1 # 将标准输出和标准错误输出合并重定向到文件中
command >> file 2>&1 # 将标准输出和标准错误输出合并重定向到文件中
command < file1 >file2 # 将标准输入重定向到file1，标准输出重定向到file2
```

作为总结，表1—8列出了常用的重定向命令：

表1—8　重定向命令

参　数	说　明
command > file	将输出重定向到file
command < file	将输入重定向到file
command >> file	将输出以追加的方式重定向到file
n > file	将文件描述符为n的文件重定向到file
n >> file	将文件描述符为n的文件以追加的方式重定向到file
n >& m	将输出文件m和n合并
<< tag	将开始标记tag和结束标记tag之间的内容作为输入

1.4　小结

本章介绍了Linux操作系统的内核和发行版，详细阐述了系统的目录结构和环境变量等内容。通过对 Linux 系统的文件和目录命令、用户和用户组命令和磁盘管理命令的介绍和举例,用户将学会如何使用命令行命令操作使用 Linux 操作系统。通过对 Shell 脚本编程中变量、数组、运算符、函数和重定向的讲解,用户将学会如何编写属于自己的 Shell 脚本,并能够运用其完成复杂的操作。本章为实现高效的系统管理和自动化任务处理提供了丰富的知识基础。

第二章

C语言编译过程和工具

在Linux操作系统环境下进行C语言开发，理解编译过程并能熟练使用相应的开发工具是成为一个成熟开发者的关键步骤。本章将探讨C语言的编译过程以及编译过程中涉及的若干常用工具。C语言的编译过程涉及多个阶段，每个阶段都发挥着关键作用，通过深入了解这些阶段，用户将更好地理解程序的运行机制，为写出高效、可靠的代码奠定基础。而对相关工具功能和使用方法的了解，将帮助用户更好地理解代码的转换过程，优化程序性能。

2.1 C语言的编译过程

C语言是一门高级的编译型语言，利用C语言可以轻松地编写程序。但机器并不认识C语言的代码，只能够识别“0/1”串，因此需要一个“桥梁”将编写完成的C语言代码转换成机器可以识别的“0/1”串，而这个“桥梁”就是编译过程。

2.1.1 C语言编译过程概述

C语言的编译过程，包括预处理、编译、汇编等过程，其目的就是将特定的C语言程序翻译成机器可以识别、可以执行的机器语言程序，通常将这个机器语言程序称为可执行文件(Linux下的后缀为.out文件，Windows下的后缀为.exe)。

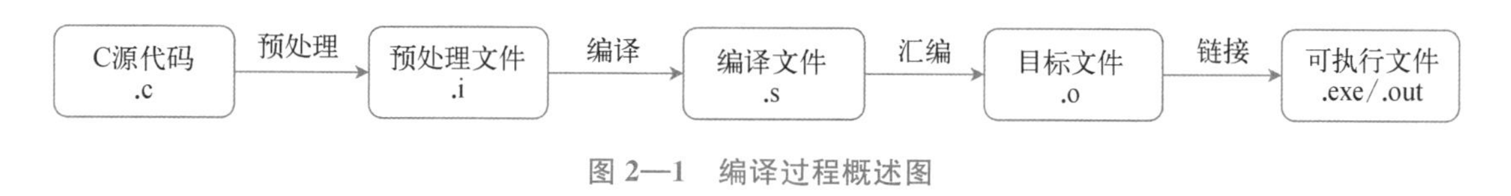

图2—1 编译过程概述图

2.1.2 预处理阶段

该阶段由预处理器完成，产生的结果为预处理文件(.i文件)，主要完成注释删除、宏替换和文件包含等功能。

注释不属于程序代码，不会对程序的运行起到任何作用，主要是为了对程序进行注解和说明,以便于阅读。所以预处理器会删除程序中所有的注释。

宏是使用"＃define"指令定义的一些常量值或表达式,宏替换本质上是文本替换,预处理器会将后续所有出现该定义的地方都替换为对应文本。

文件包含是使用"＃include＜文件名＞"指令完成的,将另一个包含一些预写代码的文件添加到 C 程序中。预处理器会在源代码中添加文件的全部内容。

2.1.3 编译阶段

该阶段由编译器完成,产生的结果为汇编文件(.s 文件),主要完成编译过程,包括词法分析、语法分析、语义分析、中间代码的生成和中间代码的优化。这里提到的中间代码就是汇编代码。汇编代码是目标处理器架构特有的汇编指令编写的,是与具体的硬件相关的。

2.1.4 汇编阶段

该阶段由汇编器完成,产生的结果为目标文件(.o 文件),主要完成将汇编代码通过汇编程序翻译成机器代码的功能。目标文件是二进制/十六进制的特定文件,所以称为目标文件。

2.1.5 链接阶段

该阶段由链接器完成,产生的结果为可执行文件(.exe 文件/.out 文件),主要完成将文件中调用的各种函数、静态库和动态库的链接一起打包合并形成最终目标文件的功能。

2.2 GCC 编译器

2.2.1 GCC 概述

上一节简单介绍了 C 语言的编译过程,可以发现该过程极为复杂,直接编码实现这个过程可能会花费大量的时间。因此,在后续的小节中介绍各种工具来简化开发。第一个工具就是 GCC(GNU Compiler Collection)。

GCC 是由 GNU 开发的编程语言编译器,最开始只能处理 C 语言,叫作 GNU C Compiler,后来很快进行了拓展,到现在已经能够处理 C＋＋、Fortran、Java 等各类处理器架构上的大量语言,所以改名 GNU Compiler Collection。大部分 Linux 发行版中都会默认安装它,并且大部分的开放源代码软件都在某种层次上依赖它。

2.2.2 GCC 支持的平台

GCC 最初是为 Linux 开发的编译器,因此它是 Linux 上最常用的编译器之一,支持多种 Linux 发行版,如 Ubuntu、Debian、Red Hat、CentOS 等。此外,GCC 也可以在 Windows 上运行,支持 Windows 2000、Windows XP、Windows 10 等多个版本,还支持与 Windows 兼容的 MinGW 和 Cygwin 环境。当然,GCC 也可以在 MacOS 上运行,支持最新版本的 MacOS。此外,GCC 还支持 FreeBSD、Solaris、AIX 等操作系统,以及支持 x86 架构、ARM 架构、PowerPC 架构等。

2.2.3 GCC 的各个部件

GCC 主要包括三部分，分别是 Gcc-Core、Binutils 和 glibc。

Gcc-Core 是 GCC 编译器，完成预处理和编译过程，将 C 代码转换为汇编，它包含很多的部分，但因为其中一些部分是与某种语言相关的，所以并不总是出现。

表 2—1 Gcc-Core 中的部分工具

工 具	描 述
gcc	gcc 是 GCC 的主要编译器，用于编译 C 语言程序。它也支持多种编程语言，包括 C++、Fortran 等。gcc 提供了广泛的编译选项，支持多种目标架构和操作系统
g++	g++是 GCC 的 C++编译器，专门用于编译和链接 C++源代码。它支持 C++标准，提供了对 C++的完整支持，包括面向对象编程、模板、异常处理等功能
collect2	collect2 是 GNU 链接器(ld)的一个前端。它负责协调和调用真正的链接器，根据链接选项进行合适的操作。通常，collect2 由 ccl 或 cclplus 调用，以执行链接操作
ccl	ccl 是一个通用的编译器启动器，它用于根据输入文件的类型选择适当的编译器。ccl 确保正确的编译器被调用以处理特定类型的源代码，例如调用 gcc 处理 C 代码
cclplus	cclplus 是用于编译和链接 C++代码的启动器。类似于 ccl，cclplus 用于调用适当的编译器和链接器，以编译和链接 C++源代码

Binutils 包括了汇编器 as，链接器 ld，目标文件格式查看器 readelf 等一系列小工具。在程序开发的时候，可能不会直接调用这些工具，而是在使用 GCC 编译指令的时候，由 GCC 编译器间接调用。

表 2—2 Binutils 中的部分工具

工 具	描 述
as	汇编器，把汇编语言代码转换为机器码(目标文件)
ld	链接器，把编译生成的多个目标文件组织成最终的可执行程序文件
readelf	可用于查看目标文件或可执行程序文件的信息
nm	可用于查看目标文件中出现的符号
objcopy	可用于目标文件格式转换，如.bin 转换成.elf、.elf 转换成.bin 等
objdump	可用于查看目标文件的信息，最主要的作用是反汇编
size	可用于查看目标文件不同部分的尺寸和总尺寸，例如代码段大小、数据段大小、使用的静态内存、总大小等

glibc 是 GNU 发布的 libc 库,即 C 运行库。glibc 是 Linux 系统中最底层的 API(应用程序开发接口),几乎其他任何的运行库都会倚赖于 glibc。glibc 除了封装 Linux 操作系统所提供的系统服务外,它本身也提供了其他一些功能服务。

表 2—3 glibc 提供的部分功能服务

服 务	描 述
string	字符串处理
signal	信号处理
dlfcn	管理共享库的动态加载
direct	目录和文件操作
iconv	不同字符集的编码转换
inet	网络通信

2.3 GCC 编译 C 程序

2.3.1 GCC 基础

GCC 的指令格式和主要参数是 GCC 编译器使用的基础知识,下面将对其进行简要介绍。

GCC 的指令格式如下:

```
gcc [options] [source files] [object files] [-o output file]
```

- options 是“gcc”命令的选项,控制操作的行为;
- source files 是源代码文件;
- object files 是目标文件;
- -o output file 是指定输出文件名的选项。

通过 GCC 的指令,可以实现对于由 C/C++、FORTRAN、JAVA、OBJC、ADA 等语言构成的程序的编译。

GCC 常用选项如下:

表 2—4 GCC 的常用选项

选 项	描 述
-c	表示将源代码编译成目标文件,不进行链接操作
-g	表示编译器会生成调试信息,方便程序员进行调试

续　表

选　项	描　　述
-O	表示启用优化选项，提高程序的性能
-Wall	表示编译器会生成所有警告信息，帮助程序员发现潜在的问题
-I	表示指定头文件搜索路径，方便编译器查找头文件
-L	表示指定链接库搜索路径，方便编译器链接库文件
-D	表示定义宏，方便程序员进行代码的宏替换操作
-E	表示只进行预处理操作，不进行编译、汇编和链接操作

以下是一个简单的示例：

```
$gcc -Wall -g  hello.c -o hello.out
```

该命令表示使用 GCC 编译 hello.c 文件，并生成可执行文件 hello.out，其中：

➢ -Wall 表示生成所有警告信息；
➢ -g 表示生成调试信息；
➢ -o 表示指定输出文件名为 hello.out。

2.3.2　GCC 实现 C 语言编译

在本章第一小节中介绍了 C 语言编译的全过程，即预处理、编译、汇编以及链接，本节采用 GCC 对该过程进行具体实现：

1）预处理：

```
$gcc -E hello.c -o hello.i
```

➢ -E 选项表示预处理；
➢ hello.c 是源代码文件；
➢ -o 选项指定输出文件名为 hello.i。

2）编译：

```
$gcc -S hello.i -o hello.s
```

➢ -S 选项表示编译；
➢ hello.i 是预处理后的代码文件；
➢ -o 选项指定输出文件名为 hello.s。

3）汇编：

```
$gcc -c hello.s -o hello.o
```

➢ -c 选项表示汇编；
➢ hello.s 是编译文件；
➢ -o 选项指定输出文件名为 hello.o。

4) 链接：

```
$gcc hello.o -o hello.out
```

➢ hello.o 是目标文件；
➢ -o 选项指定输出文件名为 hello.out。

通过以上步骤实现对 hello.c 文件的编译，值得注意的是，一般情况下编译 c 程序并不一定要执行这么多的指令。本节是为了让读者更好的了解整个过程的实现。接下来会介绍一些常用的 c 程序编译过程。

2.3.3 单源文件到可执行文件

在 C 语言的编译过程中，最简单的就是对单个源文件的编译执行。源文件“hello_linux.c”的代码示例如下：

```
#include<stdio.h>
int main()
{
    printf("hello linux!\n");
    return 0;
}
```

这里可以通过以下命令直接将该文件转换成可执行文件：

```
$gcc hello_linux.c
```

由于并没有使用参数-o 指定可执行文件的名字，GCC 使用了默认文件名 a.out。

接着可以运行该可执行文件，得到相应的结果。

```
$./a.out
hello linux!
```

一个很自然的问题产生了，为什么之前需要完成预处理、编译、汇编以及链接过程才能得到可执行文件？而此时一下子就得到可执行文件了呢？这是因为 GCC 会自动检查命令行参数中的文件名后缀，GCC 发现是单个 c 源代码文件时，会自动执行预处理、编译、汇编和链接这四个步骤，生成可执行文件。因此，虽然这里只运行了一行命令，但 GCC 仍执行全部的流程。

接下来可以再使用参数-o 指定可执行文件的名字：

```
$gcc hello_linux.c -o hello_linux.out
```

接着运行该可执行文件，也能得到相应的结果。

```
$./hello_linux.out
hello linux!
```

让我们再来看一个打印命令行参数的程序以及对应的编译运行命令的代码：

```
#include <stdio.h>

int main(int argc, char *argv[]) {
    printf("命令行参数个数：%d\n", argc);

    for (int i = 0; i < argc; ++i) {
        printf("第%d 个参数：%s\n", i, argv[i]);
    }

    return 0;
}
```

编译运行命令：

```
$gcc print_arguments.c -o print_arguments.out
$./print_arguments.out hello gcc
命令行参数个数：3
第 0 个参数：./print_arguments.out
第 1 个参数：hello
第 2 个参数：gcc
```

在 C 语言中，main()函数可以接受两个参数，其函数原型如下：

```
int main(int argc, char *argv[])
```

➢ argc 表示命令行的参数数量，包括程序名称本身。因此 argc 的值至少为 1。

➢ argv 是一个指向字符串数组的指针，每个字符串表示一个命令行参数。argv[0] 存储程序的名称，argv[1] 存储第一个命令行参数，依此类推。

在上述程序中，首先打印了命令行参数的个数，接着打印了各个命令行参数。程序的编译命令和之前的示例相同，但在程序执行的过程中，将“hello”和“gcc”作为参数传递给了程序。观察程序运行的结果可以发现，程序名称以及两个额外参数都被打印了出来。

2.3.4　多源文件到可执行文件

如果想要实现多个源文件编译成一个可执行文件，该怎么做呢？例如一个函数定义文件"func.c"以及一个函数调用文件"main.c"。函数定义文件"func.c"的代码示例如下,其定义了函数"say_hello_linux()":

```
#include<stdio.h>
void say_hello_linux()
{
    printf("hello linux!\n");
}
```

函数调用文件"main.c"的源代码如下,其调用了函数"say_hello_linux()":

```
#include<stdio.h>
int main()
{
    say_hello_linux();
    return 0;
}
```

如下给出两种方法:

方法一:手动执行链接操作。

首先使用-c 选项编译"func.c"以及"main.c",注意这里只是编译,不会进行编译生成可执行文件。

```
$gcc -c main.c -o main.o
$gcc -c func.c -o func.o
```

接下来需要将这两个目标文件链接到一起,并给可执行文件取名为"hello_linux.out":

```
$gcc main.o func.o -o hello_linux.out
```

接着运行该可执行文件,得到程序运行对应的结果。

```
$./hello_linux.out
hello linux!
```

方法二:GCC 自动处理链接。

首先可以通过以下命令直接将两个 c 文件转换成可执行文件:

```
$gcc func.c main.c -o hello_linux_new.out
```

接着运行该可执行文件,得到程序运行对应的结果。

```
$./hello_linux.out
hello linux!
```

至于其中的原因与2.3.3中介绍的一致，GCC是非常强大的编译工具，可以完成很多的自动化工作。

2.3.5 创建静态链接库

在C语言中，静态链接库（Static Link Library，SLL）是一种包含已编译目标代码的文件，它们可以被链接到程序中，使得程序在运行时包含这些库的功能，通常以“.a”为文件扩展名。而“ar”就是用于创建和维护这些静态链接库的常用工具。

ar的指令格式如下：

```
ar [options] [archive] [files]
```

- options是“ar”命令的选项，控制操作的行为；
- archive是静态链接库的名称；
- files是要添加到静态库的目标文件列表。

ar常用选项如下：

表2—5　ar的常用选项

选　项	描　　述
-r	用于向归档文件中添加文件，如果文件已经存在，则替换原有的文件。
-c	用于创建归档文件，如果归档文件已经存在，则先删除原有的归档文件。
-t	用于列出归档文件中的所有成员。
-x	用于从归档文件中提取指定的文件。
-d	用于从归档文件中删除指定的文件。

静态链接库在编译时被链接到目标程序中，使得目标程序可以使用静态链接库中的函数和变量。静态链接库的优点是可以确保程序的可移植性和兼容性，同时也可以减少程序的启动时间。但是，静态链接库会使得目标程序的大小增加，并且无法在运行时动态加载其他库。

首先需要先定义静态链接库中的一些目标文件。例如两个函数定义文件“func1.c”、“func2.c”以及一个函数调用文件“main.c”。函数定义文件“func1.c”的代码示例如下，其定义了函数“say_hello_linux()”：

```
#include<stdio.h>
void say_hello_linux()
{
    printf("hello linux!\n");
}
```

函数定义文件“func2.c”的代码示例如下，其定义了函数“say_hello_unix()”：

```
#include<stdio.h>
void say_hello_unix()
{
    printf("hello unix!\n");
}
```

函数调用文件“main.c”的代码示例如下，其调用函数“say_hello_linux()”与“say_hello_unix()”：

```
#include<stdio.h>
extern void say_hello_linux();
extern void say_hello_unix();
int main()
{
    say_hello_linux();
    say_hello_unix();
    return 0;
}
```

首先通过以下命令将两个函数定义文件编译成目标文件：

```
$gcc -c func1.c -o func1.o
$gcc -c func2.c -o func2.o
```

然后使用 ar 工具的-r 选项创建静态链接库，并在静态链接库中添加目标文件：

```
$ar -r libmy.a func1.o func2.o
```

这里需要注意的是静态链接库的命名习惯是以字母 lib 开头，以后缀.a 结束，并且所有的系统库都是用这种命名规则，因此需要遵守这个规则。

接下来需要编译 main.c 源代码文件，并将其链接到静态链接库中，生成可执行文件：

```
$gcc main.c libmy.a -o main.out
```

由于静态链接库的命名习惯都是以字母 lib 开头，所以可以通过-l 选项，直接在命令行中使用链接库名的缩写形式。同时，还需要使用-L 选项指定链接库搜索路径：

```
$gcc main.c -L. -lmy -o main.out
```

其中“-L.”指定搜索库文件的路径为当前目录“.”，“-lmy”表示要链接的库文件为“libmy.a”。

接着运行该可执行文件，得到程序运行对应的结果。

```
$./main.out
hello linux!
hello unix!
```

2.3.6 创建动态链接库

在C语言中，动态链接库(Dynamic Link Library, DLL)是一种在程序运行时加载的库，它不像静态链接库那样在编译时被链接到程序中，而是在程序运行时被动态加载到内存中。具体来讲，两者的主要区别在于链接时机和内存占用方式。静态链接库是将库代码和应用程序代码在编译期间链接在一起生成一个可执行文件，并在运行时不需要依赖外部库，因此可以独立于系统运行。但是静态链接库会将所有引用到的库代码都复制一份到应用程序中，导致应用程序变大，而且无法共享库代码，造成浪费。而动态链接库在编译时并不将库代码与应用程序代码链接，而是在程序运行时通过动态链接的方式将库代码加载到内存中。这样，多个应用程序可以共享同一个库代码，减少了内存占用，同时也方便了对库代码的更新和维护。但是如果运行时没有找到相应的库，程序是无法正常运行的。另外，静态链接库的调用速度较快，因为库代码已经被编译进了应用程序中；而动态链接库的调用速度相对较慢，因为需要在运行时进行动态链接和加载库代码，还可能会存在符号冲突等问题。

下面使用与静态链接库案例中相同的目标文件，也就是两个函数定义文件"func1.c"、"func2.c"以及一个函数调用文件"main.c"。

首先通过以下命令将两个函数定义文件编译成目标文件：

```
$gcc -c -fpic func1.c -o func1.o
$gcc -c -fpic func2.c -o func2.o
```

注意，这里使用了-fpic选项，通过使用相对地址和间接跳转，而不是使用绝对地址和直接跳转，使得最终生成的目标文件是可重定位的、与位置无关的，是可以在不同的内存地址上加载和执行的。

然后使用GCC的-shared选项创建动态链接库：

```
$gcc -shared func1.o func2.o -o libmy.so
```

当然，为了方便也可以把上面的两个过程合为一个，让GCC智能地来实现动态链接库的创建：

```
$gcc -fpic -shared func1.c func2.c -o libmy.so
```

接下来需要编译main.c源代码文件，并将其链接到动态链接库中，生成可执行文件：

```
$gcc main.c libmy.so -o main.out
```

接着运行该可执行文件,会发现以下报错:

```
$./main.out
./main.out: error while loading shared libraries: libmy.so: cannot open shared object file: No such file or directory
```

报错显示没有找到动态链接库"libmy.so",可以尝试通过 GCC 中的 ldd 工具来用于显示"main.out"所依赖的动态链接库,来验证这个错误。具体来说,ldd 命令可以列出一个可执行文件或共享库文件所依赖的动态链接库的名称和路径,以及这些库是否存在、是否可用等信息。

```
$ldd main.out
linux-vdso.so.1 (0x00007ffd125f5000)
libmy.so => not found
libc.so.6 => /lib/x86_64-linux-gnu/libc.so.6 (0x00007f0f42165000)
/lib64/ld-linux-x86-64.so.2 (0x00007f0f42758000)
```

发现是无法找到动态链接库"libmy.so",这是由于可执行文件在运行时通过动态链接的方式加载库代码,而默认的加载路径是"/usr/lib"。因此,只需要将动态链接库"libmy.so"移动到默认路径下就可以了:

```
$sudo cp libmy.so /usr/lib/
```

接着运行该可执行文件,就可以得到程序运行对应的结果了。

```
$./main.out
hello linux!
hello unix!
```

这里再次使用 ldd 工具显示"main.out"所依赖的动态链接库:

```
$ldd main.out
linux-vdso.so.1 (0x00007ffc2c1e0000)
libmy.so => /usr/lib/libmy.so (0x00007f8ece02b000)
libc.so.6 => /lib/x86_64-linux-gnu/libc.so.6 (0x00007f8ecdc3a000)
/lib64/ld-linux-x86-64.so.2 (0x00007f8ece42f000)
```

发现动态链接库"libmy.so"的位置是"/usr/lib/libmy.so"。

当然,和创建静态链接库时一样,也可以通过-l 选项,直接在命令行中使用链接库名的缩写形式,也可以使用-L 选项指定链接库搜索路径。但注意,此时需要通过-Wl, -rpath 选项指定运行时的库搜索路径,告诉编译器在链接时将指定的路径添加到运行时库搜索路径中,以便在程序运行时能够正确地找到所需的库文件:

```
$gcc main.c -L. -lmy -Wl,-rpath=. -o main.out
```

这里再次通过 ldd 工具来用于显示此时“main.out”所依赖的动态链接库：

```
$ldd main.out
linux-vdso.so.1 (0x00007ffde2d61000)
libmy.so => ./libmy.so (0x00007f6735cf4000)
libc.so.6 => /lib/x86_64-linux-gnu/libc.so.6 (0x00007f6735903000)
/lib64/ld-linux-x86-64.so.2 (0x00007f67360f8000)
```

此时动态链接库“libmy.so”的位置是“./libmy.so”。

2.4　Make 编译 C 程序

2.4.1　Make 概述

第二小节和第三小节简单介绍了 GCC 编译器以及如何通过 GCC 编译器编译 C 程序，虽然 GCC 编译器已经可以编译大部分的 C 程序了，但它并不能自动化地管理软件项目的构建过程。本节将要介绍的 Make 编译器可以通过 Makefile 文件来管理软件项目的构建过程，自动检测依赖关系，从而实现自动化构建。

Make 是一个常用的自动化构建工具，通过 Makefile 文件来管理软件项目的构建过程，允许用户定义任务以及任务之间的依赖关系，并利用这些信息自动化地构建软件项目。Makefile 文件描述了构建过程中需要执行的任务以及它们之间的依赖关系。Make 根据 Makefile 文件中定义的规则来自动执行任务，例如编译源代码、链接目标文件等。Make 的另一个优点是它支持增量编译，因此在重新构建项目时，只会编译那些已经发生变化的文件，从而提高了编译效率。

下面简单的对比一下 Make 编译器以及 GCC 编译器：

1) GCC 编译器能够将源代码编译成可执行文件或库文件，而 Make 编译器是一种构建工具，可以自动化地管理软件项目的构建过程。

2) GCC 编译器需要手动编译每一个源文件，并手动链接它们生成可执行文件或库文件，而 Make 编译器可以根据 Makefile 文件自动编译和链接源文件，从而简化了编译过程。

3) GCC 编译器只能编译源代码，而 Make 编译器可以编译不同的文件类型，包括源代码、头文件、库文件等。

4) Make 编译器可以自动检测依赖关系，只编译需要重新编译的文件，从而提高了编译效率。

综上所述，GCC 编译器和 Make 编译器是两个不同的工具，它们各自有着不同的用途和优势。Make 编译器可以自动化地管理软件项目的构建过程，从而提高开发效率，降低出错率。

2.4.2 Make 使用案例

通过一个简单的示例来看一下 Make 相对于 GCC 的优势：假设有一个包含 10 个 C 语言源文件的项目，需要使用 GCC 分别编译它们，并将它们链接成一个可执行文件。使用 GCC 时，需要手动编译每一个源文件，并手动链接它们，示例如下：

```
$gcc -c main.c -o main.o
$gcc -c func1.c -o func1.o
...
$gcc -c fun9c.c -o func9.o
$gcc main.o func1.o ... func9.o -o res.out
```

这种方式虽然可行，但是在编译大型项目时会非常繁琐和耗时。例如当修改了 func1.c 和 func2.c 两个源文件，就需要使用 GCC 命令编译这两个源文件，并且重新进行链接，降低开发效率。

相比之下，使用 Make 可以更加方便地编译和管理项目。只需要在 Makefile 文件中定义源文件和目标文件的依赖关系，并定义编译和链接的命令即可。Makefile 文件的代码示例如下：

```
CC=gcc
SOURCES=main.c func1.c func2.c ... func9.c
OBJECTS= $(SOURCES:.c=.o)
res.out: $(OBJECTS)
	$(CC) $(OBJECTS) -o res.out
%.o: %.c
	$(CC) -c $< -o $@
```

以上 Makefile 文件定义了一个名为 res.out 的目标，依赖于所有的目标文件 $(OBJECTS)。而 $(OBJECTS)是通过将所有的源文件 $(SOURCES)编译得到的，Make 会自动根据规则编译每一个源文件，并将它们链接成一个可执行文件 res.out。

接着执行 make 命令就可以完成编译：

```
$make
```

注意，make 会默认在当前目录下找文件名叫“Makefile”或“makefile”的文件，所以如果给 Makefile 文件命名为“Makefile”或者“makefile”，就可以直接使用 make 不添加额外参数进行编译了。如果给 Makefile 文件命名为其他，就需要使用“-f”选项添加 Makefile 文件的文件名，例如本例中的 Makefile 文件的文件名为“my_makefile”：

```
$make -f my_makefile
```

那么回到刚才的问题，如果修改了 func1.c 和 func2.c 两个源文件，只需要再次运行 make 命令就可以了，不再需要手动执行 GCC 命令了，并且即使代码文件有增减，也只需要修改 makefile 对应的一小部分内容，然后执行 make 就行了。

2.4.3 Makefile 概述

通过上一节的使用案例可以发现，Make 的核心是 Makefile，本节将对 Makefile 进行一个基本的介绍。

Makefile 的基本规则如下：

```
目标 1:依赖 1
[tab 字符]命令 1
目标 2:依赖 2
[tab 字符]命令 2
目标 3:
[tab 字符]命令 3
...
```

这里的目标主要分为两类，一类是文件，包括可执行文件、源代码文件、汇编代码文件等，另一类是动作或者伪目标，也就是想要 make 执行的动作名称，例如常用的 clean 等。注意，动作或者伪目标后面没有文件依赖，make 不会为伪目标查找文件依赖，也不会执行后面的命令。对于伪目标中的命令，可以通过 make+伪目标名的方式进行，例如：

```
$make clean
```

这里的依赖也可以分为两类，一类是生成该目标所需要的文件，另一类是其余规则中的目标，例如依赖 1 可以直接就是目标 2。

这里的 tab 字符是命令开始的标记，告诉 make 本行中接下来的内容是命令。注意，有些编译器例如 vscode，tab 键插入的是空格，需要进行额外的设置，否则会导致 make 报错，例如：

```
makefile:6: *** 遗漏分隔符 (null)。停止。
```

Makefile 里的命令可以是任意的 Shell 语句，一般都是起到从依赖生成目标的作用。

从整体来看，目标之间的关系可以是独立的，例如 makefile1：

```
hello_linux.out:hello_linux.c
	gcc hello_linux.c -o hello_linux.out
clean:
	rm -rf *.out
```

在这里定义了两个目标，hello_linux.out 与 clean，两者之间并没有什么依赖关系。

目标之间的关系也可嵌套依赖的,makefile2 的代码示例如下:

```
hello_linux.out:main.o func.o
	gcc main.o func.o -o hello_linux.out
main.o:main.c
	gcc -c main.c -o main.o
func.o:func.c
	gcc -c func.c -o func.o
```

在这里定义了三个目标,hello_linux.out、main.o 以及 func.o,其中 hello_linux.out 的依赖是另外两个目标 main.o 和 func.o。

接下来看一下 Makefile 的解析流程:首先,Make 会将 Makefile 中的第一个目标文件作为最终的目标文件。如果最终的目标文件不存在,或者它的某个依赖存在修改,Make 就会通过该目标对应的命令重新生成该目标文件。同理,如果它的某个依赖不存在或者它对应的依赖存在修改,Make 也会重新生成。如果没有这些情况的话,Make 将会跳过编译步骤。

以 makefile2 为例来看一下这个过程:

第一次执行 Make:

```
$make -f makefile2
gcc -c main.c -o main.o
gcc -c func.c -o func.o
gcc main.o func.o -o hello_linux.out
```

从上述代码可以发现,Make 先生成了 main.o 和 func.o 文件。这是因为 hello_linux.out 是 Makefile 文件中第一个目标文件,也就是最终的目标文件。最开始,目录中不存在 hello_linux.out 文件,也不存在它的依赖 main.o 以及 func.o。因此 Make 会执行 main.o 和 func.o 对应的命令去生成它们,而它们对应的依赖 main.c 和 func.c 是存在的,因此 Make 就生成了 main.o 和 func.o。此时,目录中依旧不存在 hello_linux.out 文件,但它的依赖 main.o 和 func.o 已经存在了,MAKE 就可以通过命令来构建 hello_linux.out 了。

第二次执行 Make:

```
$make -f makefile2
```

make:"hello_linux.out"已是最新。

hello_linux.out 存在,并且它的依赖 main.o 和 func.o 不存在改动,main.o 和 func.o 对应的依赖 main.c 和 func.c 也不存在改动,因此 MAKE 直接跳过了编译步骤。

如果稍微修改 func.c 文件之后,再第三次执行 MAKE:

```
$make -f makefile2
gcc -c func.c -o func.o
gcc main.o func.o -o hello_linux.out
```

此时 Make 只编译了改动的 func.c,并没有编译未改动的 main.c,大大提升了效率。

2.4.4 Makefile 高级应用

本节将对 Makefile 进行进一步的介绍。首先是 Makefile 中一个重要的概念——变量,它允许用户为一些经常使用的值或字符串命名,以便在 Makefile 中进行引用。当然,也可以是对其余变量或者函数的命名。变量名是不包括"："" # ""="、前置空白和尾空白的任何字符串,并且变量名最好由字母、数字和下划线组成。值得注意的是,变量名对于大小写是敏感的。可以使用"$(varName1)"或者"${varName2}"来对变量进行引用,这个引用类似于 C 语言中的宏,也就是相当于文本替换。变量的定义可以使用"="或":="符号。前者在引用变量的地方对该变量引用的变量进行展开,而不是在变量定义时展开,因此它可以引用在其后定义的其他变量。后者在变量定义时就展开该变量引用的变量和函数,因此它不可以引用在其后定义的变量。

一个使用了变量定义的 Makefile 文件的代码示例如下:

```
CC=gcc
TARGET=hello_linux.out
$(TARGET): main.o func.o
	$(CC) main.o func.o -o $(TARGET)
main.o:main.c
	$(CC) -c main.c -o main.o
func.o:func.c
	$(CC) -c func.c -o func.o
```

可以看到,首先使用变量 CC 定义了编译器,然后使用变量 TARGET 定义了最终的目标文件。在后续的代码中,可以直接使用$(CC)和 $(TARGET)来引用对应的变量,从而避免重复输入相同的字符串。

在变量中引用其他变量的代码示例如下:

```
CC=gcc
TARGET=hello_linux.out
SOURCES=main.c func.c
OBJS= $(SOURCES:.c=.o)
$(TARGET): $(OBJS)
	$(CC) $(OBJS) -o $(TARGET)
main.o:main.c
	$(CC) -c main.c -o main.o
func.o:func.c
	$(CC) -c func.c -o func.o
```

可以看到,首先使用 SOURCES 这个变量定义了所有的源文件。接着在 OBJS 中引用了变量 SOURCES,并使用内置的字符串替换语法,将 SOURCES 变量中的所有.c 文件替换为.o 文件。这样,OBJS 变量就存储了所有的目标文件名,即 main.o 和 func.o。在后续的代码中,可以使用 $(OBJS)来引用所有的目标文件,避免手动输入所有的目标文件名。同时,如果源文件名称发生改变,只需修改 SOURCES 这个变量即可。

在 Makefile 中,内置的字符串替换语法非常常见,用于生成目标文件名、生成依赖文件名等。它的基本格式为 $(VARNAME: old=new),其中 VARNAME 是变量名,old 是要被替换的字符串,new 是替换后的字符串。需要注意的是,这种语法只能替换变量中的字符串,不能替换文件名中的字符串。

对比"="或":="符号定义的变量,如果在当前代码中只是将"="替换为":=",代码示例如下:

```
CC:=gcc
TARGET:=hello_linux.out
SOURCES:=main.c func.c
OBJS:= $(SOURCES:.c=.o)
$(TARGET): $(OBJS)
	$(CC) $(OBJS) -o $(TARGET)
main.o:main.c
	$(CC) -c main.c -o main.o
func.o:func.c
	$(CC) -c func.c -o func.o
```

运行发现结果没有变化,也就是当前情况下"="或":="符号定义的变量没有区别。

但如果将 SOURCES 变量和 OBJS 变量的定义互换,代码示例如下:

```
CC=gcc
TARGET=hello_linux.out
OBJS= $(SOURCES:.c=.o)
SOURCES=main.c func.c
$(TARGET): $(OBJS)
	$(CC) $(OBJS) -o $(TARGET)
main.o:main.c
	$(CC) -c main.c -o main.o
func.o:func.c
	$(CC) -c func.c -o func.o
```

使用"="符号定义的变量没有出现问题,如下:

```
CC:=gcc
TARGET:=hello_linux.out
```

```
OBJS:= $(SOURCES:.c=.o)
SOURCES:=main.c func.c
$(TARGET): $(OBJS)
	$(CC) $(OBJS) -o $(TARGET)
main.o:main.c
	$(CC) -c main.c -o main.o
func.o:func.c
	$(CC) -c func.c -o func.o
```

但使用“:=”符号定义的变量就出现了问题：

```
$make -f makefile5
gcc   -o hello_linux.out
gcc: fatal error: no input files
compilation terminated.
makefile5:6: recipe for target 'hello_linux.out' failed
make: *** [hello_linux.out] Error 1
```

这也就是前面所说的，“:=”符号定义的变量在定义时就展开该变量引用的变量和函数，因此它不可以引用在其后定义的变量。

接下来是Makefile中另一个重要的概念——自动推导，它允许Make自动推导出生成一个目标文件所需要的命令。自动推导的规则是根据文件的后缀名来确定的。在Makefile中，可以使用规则来指定目标文件和依赖文件之间的关系，并且让Make自动推导出生成目标文件所需要的命令，代码示例如下：

```
hello_linux.out:main.o func.o
gcc main.o func.o -o hello_linux.out
main.o:main.c
func.o:func.c
```

可以看到，Makefile中没有显式地指定如何根据main.c以及func.c生成main.o和func.o文件，但是Make会根据main.c以及func.c的后缀名自动推导出生成main.o和func.o所需要的命令。也就是说，在执行make命令时，Make会自动执行以下命令，代码示例如下：

```
gcc -c main.c -o main.o
gcc -c main.c -o main.o
```

自动推导可以简化Makefile的编写，因为它允许Make自动推导出生成目标文件所需要的命令，但自动推导只适用于常见的文件类型。对于不常见的文件类型，需要手动指定生成目标文件所需要的命令。

接下来是 Makefile 中另一个必不可少的动作 clean。(在 3.4.3 中介绍到目标主要分为两类，一类是文件，另一类就是动作或者伪目标。伪目标后面没有文件依赖，make 不会为伪目标查找文件依赖，也不会执行后面的命令。对于伪目标中的命令，可以通过 make+伪目标名的方式进行。伪目标中用的最多的就是 clean，一般用它来清理编译生成的中间文件和目标文件。)通常情况下，在编写 Makefile 时都会加上 clean 规则，以方便日后的维护和管理。clean 规则通常的格式如下：

```
clean:
rm -f $(OBJS) $(TARGET)
```

其中，clean 是规则的名称，冒号后面是规则的依赖关系。当前 clean 规则没有依赖关系。在规则的命令部分，使用 rm 命令，用于删除中间文件和目标文件。具体来说，$(OBJS)表示所有的中间文件，$(TARGET)表示最终的目标文件。-f 选项表示强制删除，即使文件不存在也不会报错。

代码示例如下：

```
hello_linux.out: main.o func.o
gcc main.o func.o -o hello_linux.out
main.o:main.c
func.o:func.c
clean:
rm -f *.o *.out
```

在 Makefile 中定义了需要清理掉的目标，是所有以.o 结尾的和以.out 结尾的文件，也就是所有的中间文件以及最终的目标文件。当需要重新编译之前，就使用如下指令清理掉不必要的文件，避免因残留的中间文件而导致编译错误：

```
$make clean
```

2.5 Code::Blocks 编译 C 程序

2.5.1 Code::Blocks 概述

Code::Blocks 是一款免费开源、跨平台的集成开发环境(IDE)，旨在为 C、C++和 Fortran 程序员提供一个易于使用的开发工具，具有友好的用户界面、编译器配置管理、调试工具等功能，可以简化程序的开发过程。Code::Blocks 可以在 Windows、Linux 和 macOS 等多种操作系统上运行，并且支持多语言，如 C、C++、Fortran 等，还可以通过插件扩展其他语言的支持。另外它还提供了许多有用的工具和插件，如代码高亮、自动完成、智能提示、自动格式化等，帮助更快速地编写代码和提高代码的质量。另外，Code::Blocks 还支持多种编译器和调试工具，以满足不同用户的需求。

2.5.2　Code::Blocks 安装

在 Linux 操作系统下安装与使用 Code::Blocks 比较方便，首先通过 apt install 命令在基于 Ubuntu 的发行版上安装 Code::Blocks：

```
$sudo apt update
$sudo apt install codeblocks
```

接着在 Ubuntu 的系统菜单中直接搜索"Code Blocks"，就能轻松找到它。然后通过双击打开 Code::Blocks，当首次启动 Code::Blocks 的时候，它会寻找系统中所有可用的编译器，并将其添加到路径中。例如之前安装的 GCC 编译器；在选择完编译器之后就进入主界面，这也就代表着成功安装完成 Code::Blocks 软件。

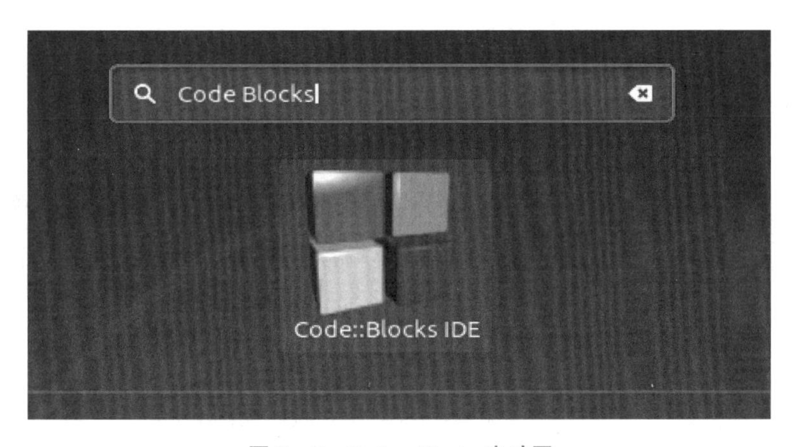

图 2—2　Code::Blocks 启动图

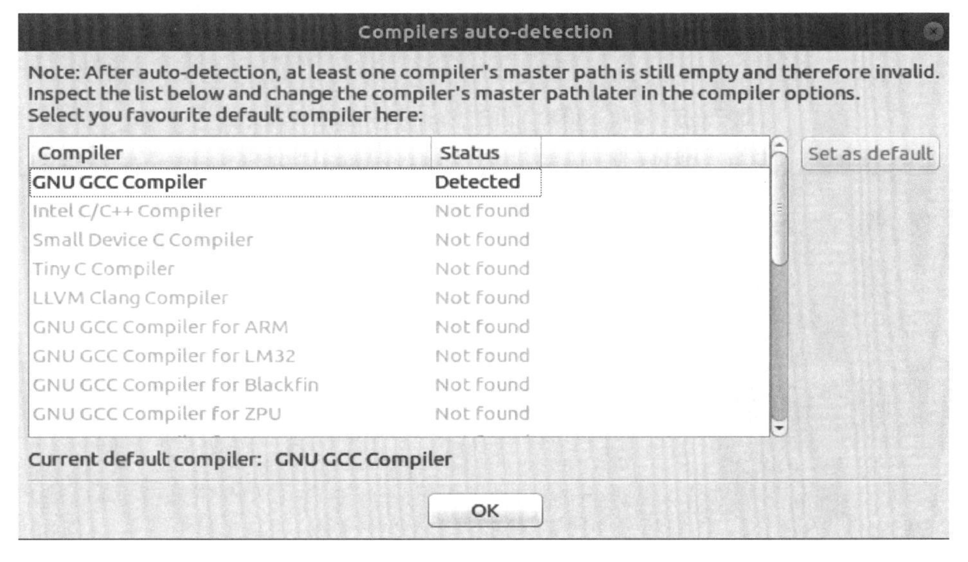

图 2—3　Code::Blocks 编译器配置图

图 2—4　Code::Blocks 主界面图

2.5.3　Code::Blocks 创建 C 项目

通常可以通过 Start Page 中的“Create a new project”选项或者“File－＞new－＞Project”的方式来创建 Code::Blocks 中的项目。

图 2—5　Code::Blocks 通过 Start Page 创建 c 项目图

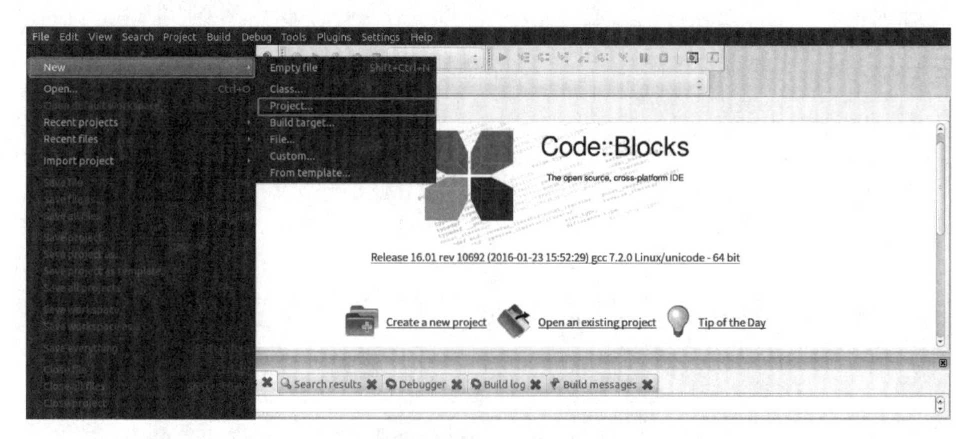

图 2—6　Code::Blocks 通过 File 菜单创建 c 项目图

在当前界面中，选择“Console application”作为项目类型。

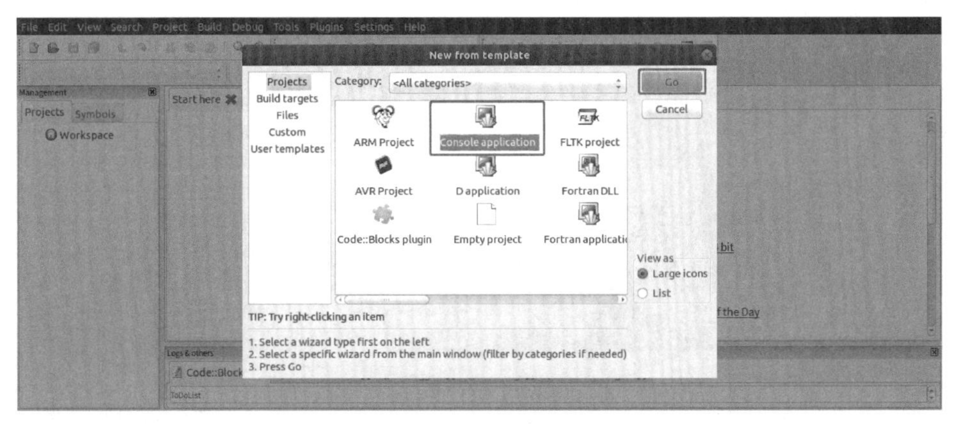

图 2—7　Code::Blocks 项目类型选择图

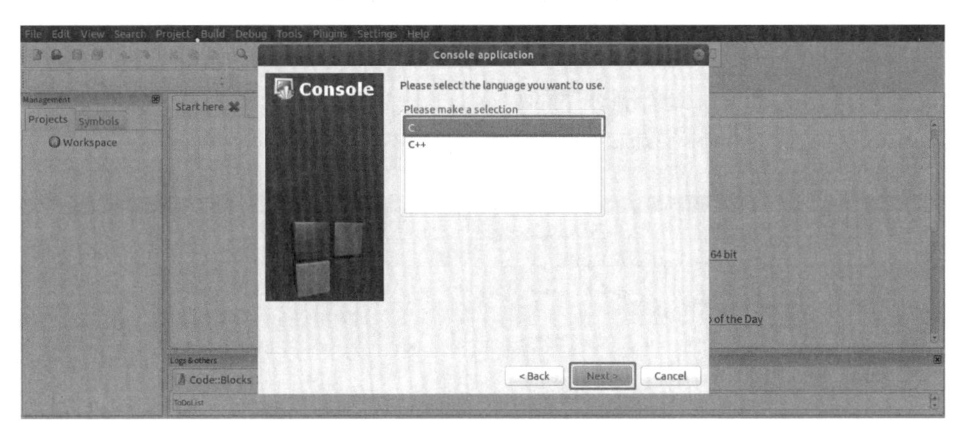

图 2—8　Code::Blocks 项目编程语言选择图

这里选择C语言作为将要使用的语言。接下来输入项目名称以及项目存储的地址，例如当前的项目名称为“hello_world”，其存储地址为“/home/yxx/c_code/chapter/2.5.3”。注意，剩下的项目文件名以及结果文件名 Code::Blocks 会根据输入自动生成。

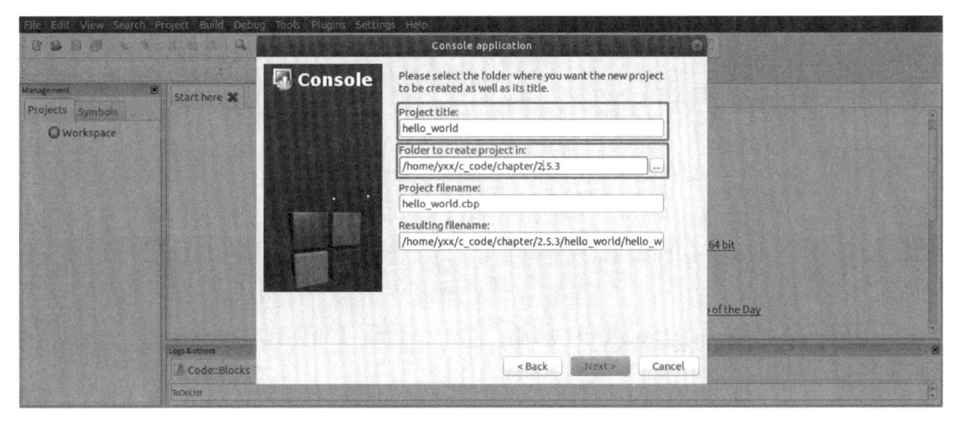

图 2—9　Code::Blocks 项目名称以及项目地址设置图

接下来是项目采用的编译器、Debug 配置以及 Release 配置等配置信息,这里可以使用 Code::Blocks 默认的配置了。这部分配置完成之后,点击“Finish”就完成了 C 项目的创建。

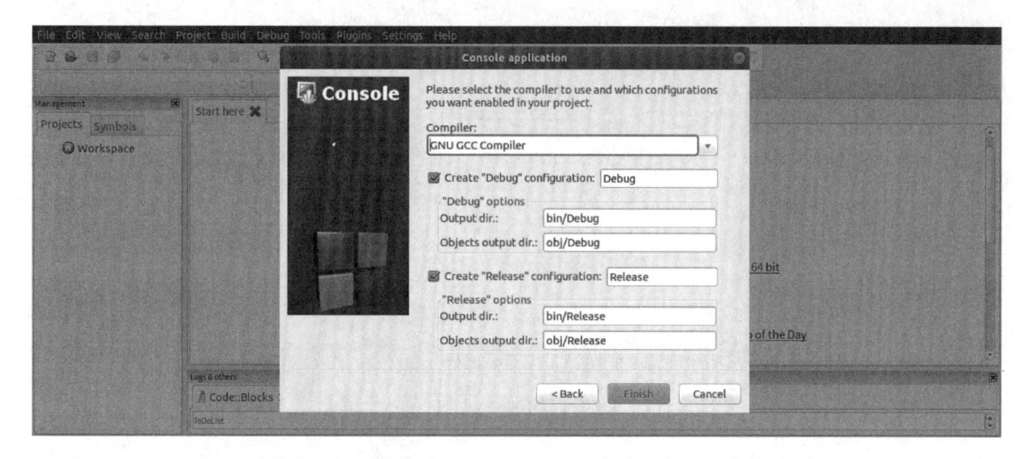

图 2—10　Code::Blocks 项目编译器等信息设置图

完成 C 项目创建之后可以看到如下的界面,点击左侧“WorkSpace—>Sources”,可以发现 Code::Blocks 已经创建好了项目的 c 文件“main.c”。

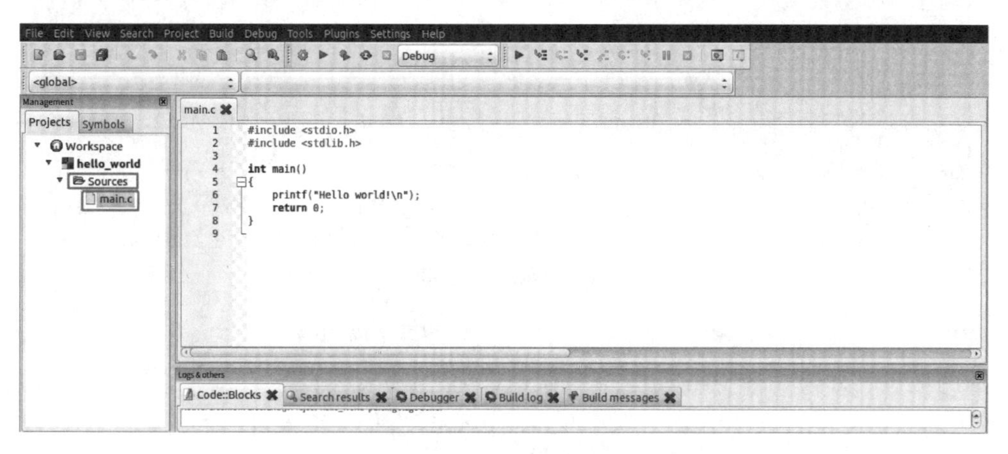

图 2—11　Code::Blocks 创建 c 项目成功图

2.5.4　Code::Blocks 界面介绍

接下来将介绍 Code::Blocks 的界面,在 Code::Blocks 的主界面中,最上方有一排菜单栏,包括 File、Edit、View、Search、Project、Build、Debug、Tools、Plugins、Settings、Help 等菜单。这些菜单提供了 Code::Blocks 所有可用的功能命令,以下是各个菜单的主要内容:File(文件)提供了项目的新建、打开、保存、导入和导出等操作,也包含了打印、退出等功能;Edit(编辑)提供了对代码的编辑、查找、替换、剪切、复制、粘贴和撤销等功能,同时支持多种文本格式;View(视图)提供了对代码窗口、工具栏、状态栏等界面元素的显示和隐藏,可以根据需要自定义显示效果;Search(搜索)提供了对代码中指定关键字的查找和替换功能,也可以搜索整个项目或者当前选择的文件;Project(项目)提供了项目的编译、运行、调试等操作,以及项目属性的设置和管理;Build(构建)提供了编译和构建项目的功能,支持多种编译器和构建选项,可以灵活地配置编译和链接器选项;Debug(调试)提供了程序的调试功能,包括断点设置、变量监视、堆栈追踪等功能;Tools(工具)提供了各种工具的调用,包括版本控制、代码格式化、图标编辑等工具;Plugins(插件)提供了对插件的管理和配置,可以通过插件扩展 Code::Blocks 的功能;Settings(设置)提供了对 Code::Blocks 的各种设置的管理,包括界面风格、编译器选项、快捷键等;Help(帮助)提供了对 Code::Blocks 的帮助文档、FAQ 等资源的访问。

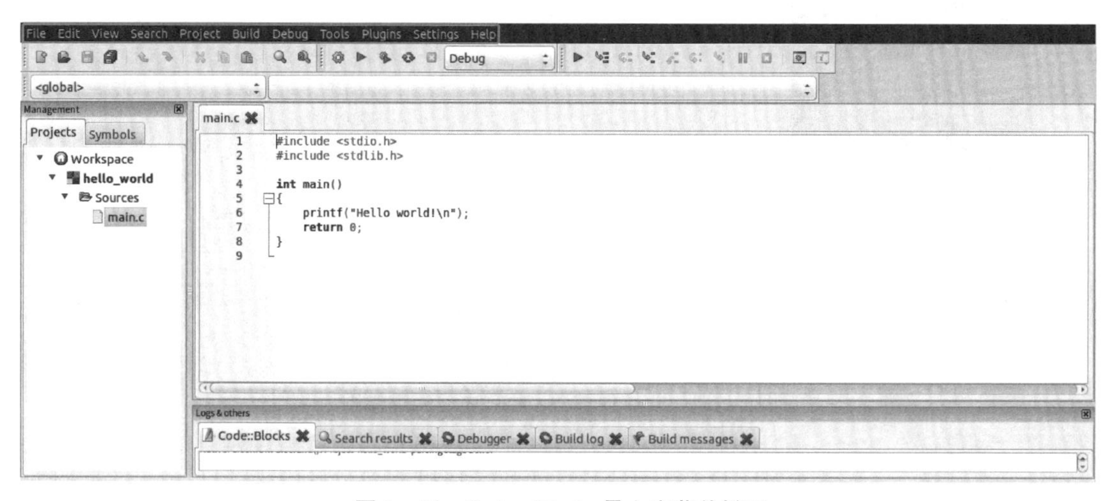

图 2—12 Code::Blocks 最上方菜单栏图

在菜单栏的下方是快捷图标栏,这些图标栏提供了三类常用功能:文件操作、编译运行、Debug 操作的快捷访问,例如文件操作中的新建文件、打开文件、保存文件等操作,编译运行中的构建、运行、重新构建等操作,Debug 操作中的跳到下一个断点、逐行执行、进入函数等操作。

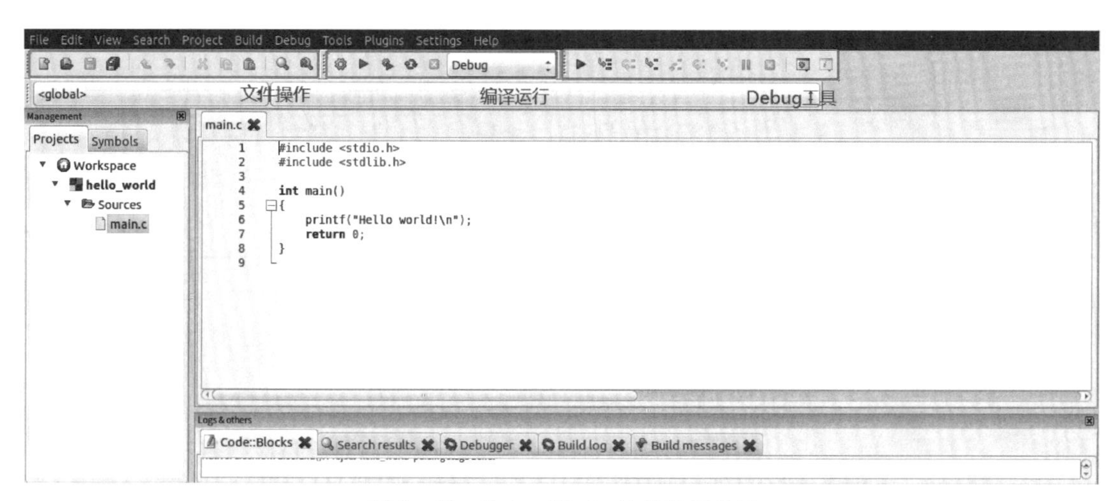

图 2—13 Code::Blocks 快捷图标栏图

在 Code::Blocks 的主界面中,最重要的自然是代码窗口。除此之外界面元素的隐藏与显示都可以很方便地通过 Code::Blocks 最上面的 View 菜单进行控制。例如:现在点击 View 菜单就可以发现,当前状态下 Manager、Logs、Status bar 这三个菜单被选中了,这也就代表着当前界面中其余的三个元素是显示的。

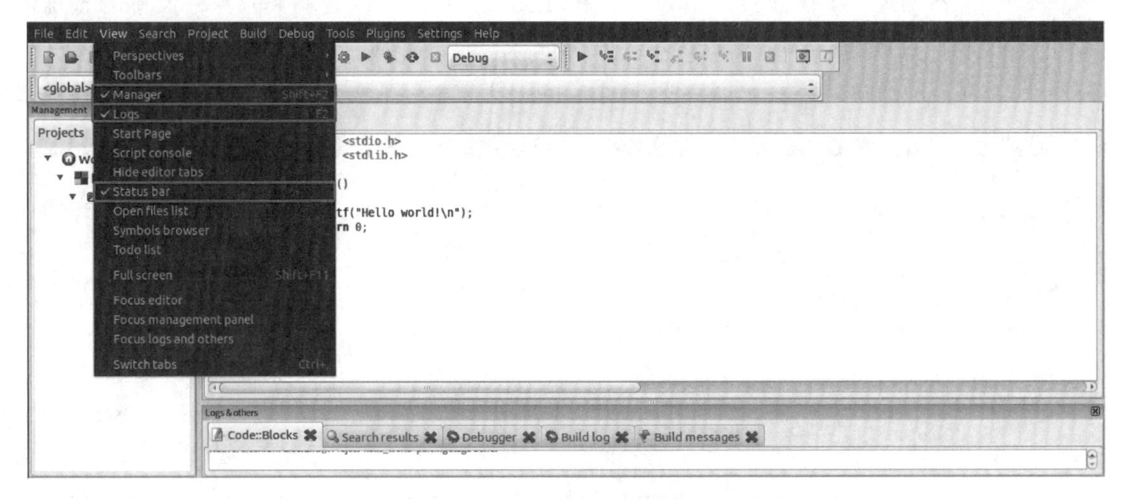

图 2—14 Code::Blocks view 中元素选择图

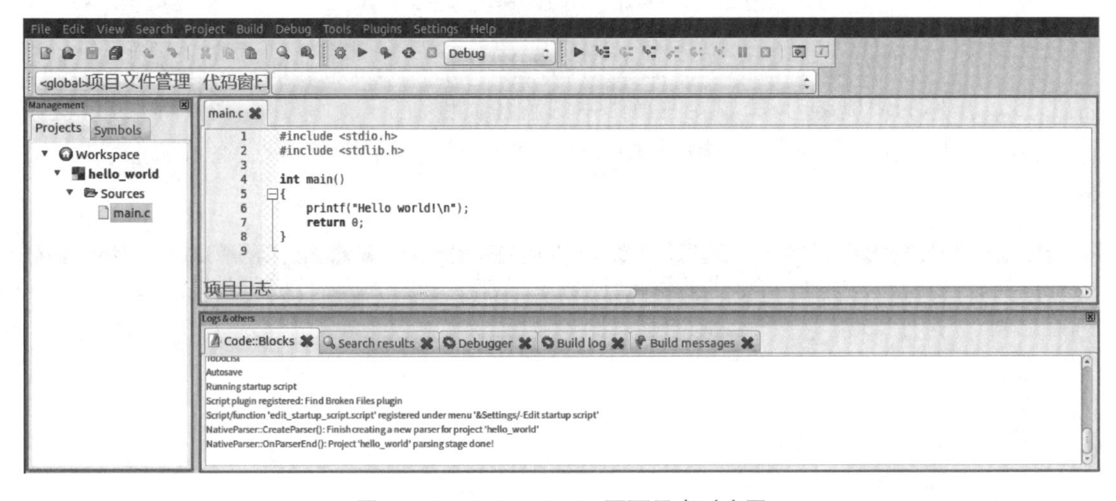

图 2—15 Code::Blocks 页面元素对应图

2.5.5 基于 Code::Blocks 编译运行 C 程序

项目的编译运行和之前直接使用 GCC 一样,可以通过 Code::Blocks 的编译按钮先将代码编译为可执行文件:

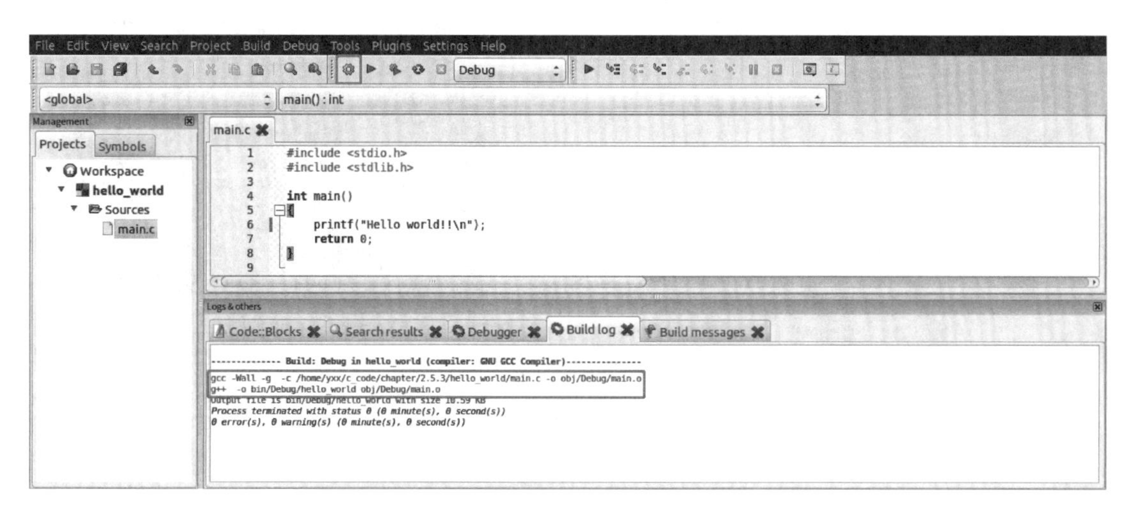

图 2—16　Code::Blocks 代码构建图

在日志这个界面元素中的“Build log”标签页中可以发现，Code::Blocks 编译使用的命令和之前使用的编译命令并没有什么差别，Code::Blocks 将这些细节进行了封装，只需要点击编译按钮即可实现代码的编译而不用编写 GCC 命令。

通过 Code::Blocks 的运行按钮运行该可执行文件：

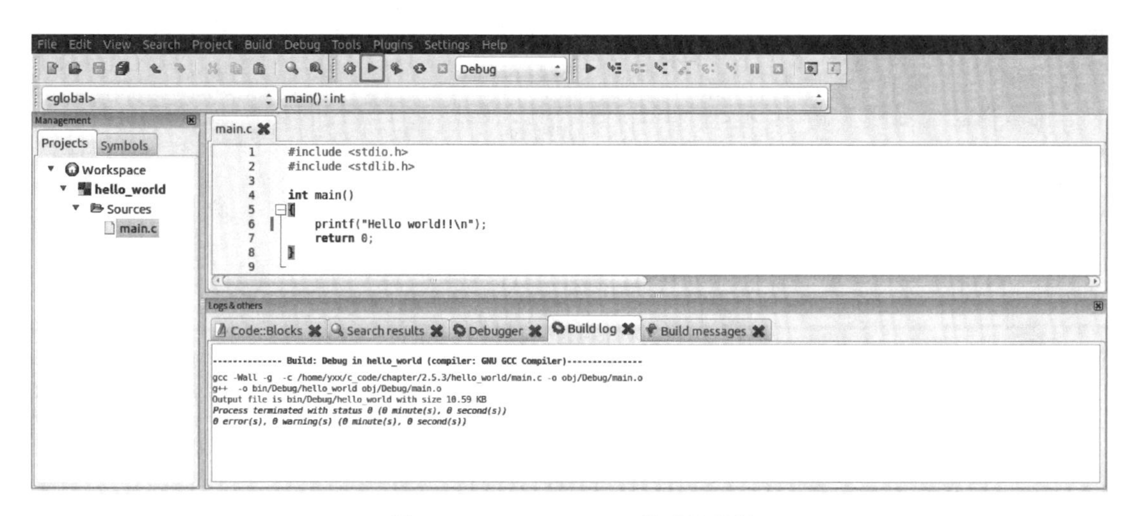

图 2—17　Code::Blocks 代码运行图

下面是运行的结果：

在日志这个界面元素中的“Build log”标签页中同样可以发现，Code::Blocks 首先检查可执行文件是否存在，接着执行该可执行文件，并在命令行窗口中将该结果显示了出来。

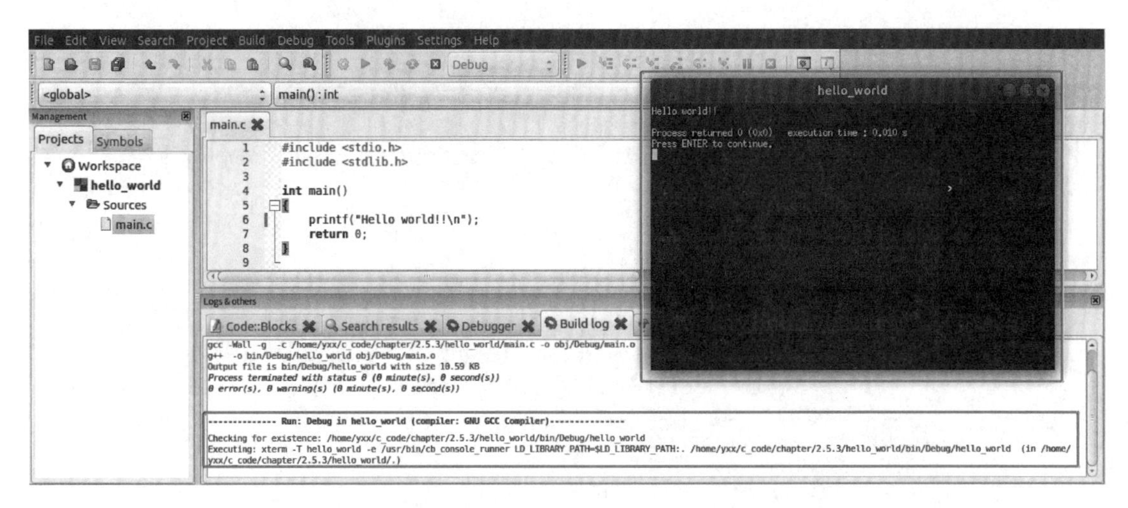

图 2—18 Code::Blocks 代码运行结果图

2.6 小结

本章为实现对 C 语言的深刻理解提供了丰富的知识基础。主要介绍了 C 语言编译相关的内容,包括 C 语言编译过程以及相关的编译工具,如 GCC、Make 和 Code::Blocks。在 C 语言编译过程的学习中,用户应重点掌握编译各个环节,了解其作用以及产生的结果文件。GCC 的指令格式以及常见选项应牢记,用户应重点掌握单文件编译、多文件的编译、静态链接库创建使用、动态链接库创建使用等操作。Makefile 是 Make 的核心,它的基本规则以及一些高级概念应足够了解。Code::Blocks 是常用的 IDE,对于软件的安装、操作以及界面菜单等内容用户也应熟练使用。

第三章

C 语言编程基础

本章将探讨 C 语言的基本概念、语法和结构。C 语言是一种广泛使用的编程语言，它以简洁、高效和可移植性而闻名。自 20 世纪 70 年代诞生以来，C 语言已经成为计算机科学和工程领域的基础，为许多现代编程语言和技术奠定了基础。C 语言的语法简洁、规范，易于理解和学习。它支持面向过程的编程方式，可以进行模块化设计，使得程序的维护和修改更加方便。C 语言还提供了丰富的库函数，可以方便地进行文件操作、字符串处理、数学计算等操作。C 语言的编译器和解释器都非常成熟，可以在各种操作系统上运行，包括 Windows、Linux 等。C 语言还有高效的执行速度和占用资源少的特点，因此被广泛应用于嵌入式系统和高性能计算领域。总之，C 语言是一种非常重要的编程语言，它的应用范围广泛，是学习计算机编程的必备语言。

3.1 C 语言基础知识

3.1.1 C 语言的基本数据类型

程序处理的对象是数据，数据有很多形式，如数值、文字、声音和图形等。由于程序中数据的多样性，其对不同数据的处理也存在差别，比如对整数，可进行加、减、乘、除等运算，但对文字数据，进行乘除运算就毫无意义。再者，数据在计算机中都是以二进制存放的，程序应该怎样区分数字和文字呢？因此，在程序中，要对不同的数据进行分类，以便能够进行适当的处理。

1. 整型常量和变量

整型常量就是整常数，可以用三种进制形式表示。

1）十进制数：以非 0 开头的数，每个数字位可以是 0～9，如 329，－329。

2）八进制数：以 0 开头的数，每个数字位可以是 0～7，如 0325，－0325。

3）十六进制数：以 0x(或 0X)开头的数，每个数字位可以是 0～15，A～F(或 a～f)，如 0x258d，－0x258。

整型变量分为：

1）基本型：int

2）短整型：short int 或 short

3）长整型：long int 或 long

4) 无符号整型：unsigned int

5) 无符号短整型：unsigned short

6) 无符号长整型：unsigned long

在 C 语言中，变量的定义格式和代码示例如下：

```
<类型说明符> <变量名 1>[,<变量名 2>,……<变量名 n>];
int a;
int n, m;
```

以 Code::Blocks 编译环境为例，表 3—1 列出了基本变量类型。

表 3—1 变量类型

类　型	存储大小	值　范　围
char	1 字节	−128 到 127 或 0 到 255
unsigned char	1 字节	0 到 255
signed char	1 字节	−128 到 127
int	2 或 4 字节	−32,768 到 32,767 或 −2,147,483,648 到 2,147,483,647
unsigned int	2 或 4 字节	0 到 65,535 或 0 到 4,294,967,295
short	2 字节	−32,768 到 32,767
unsigned short	2 字节	0 到 65,535
long	4 字节	−2,147,483,648 到 2,147,483,647
unsigned long	4 字节	0 到 4,294,967,295
long long	8 字节	−9,223,372,036 到 9,223,372,036

2. 浮点型常量和变量

实型常量又称为实数或浮点数，有如下两种表示形式。

1) 小数形式：这种形式的数由整数部分、小数点和小数部分组成。如 1.23、0.45、.234 等。

2) 指数形式：这种形式的数由实数部分、字母 E(或 e)和整数部分组成。如 1.23×10^{-7} 可以表示为 1.23E−7、1×10^{5} 可以表示为 1e5 等。需注意的是 E(或 e)前面必须有数字，E(或 e)后面的数字必须是整数。如 1.23E3.2、e5 等都是不合法的指数形式。

浮点型变量包括单精度浮点型、双精度浮点型和长双精度浮点型三类，其对应的类型说明符分别为 float、double 和 long double。表 3—2 列出了浮点型变量类型。

1) 单精度浮点型(float 型):此类型数据在内存中占 4 个字节(32 位),提供 6～7 位有效数字。

2) 双精度浮点型(double 型):此类型数据在内存中占 8 个字节(64 位),提供 15～17 位有效数字。

3) 长双精度浮点型(double long 型):此类型数据在内存中占 16 个字节(128 位),提供 19～21 位有效数字。

表 3—2 变量类型

类 型	存储大小	值 范 围	精 度
float	4 字节	1.2E−38 到 3.4E+38	6 位有效位
double	8 字节	2.3E−308 到 1.7E+308	15 位有效位
long double	16 字节	3.4E−4 932 到 1.1E+4 932	19 位有效位

3. 字符常量和变量

字符常量表示的是一个字符,用单引号括起来。在内存中只占用一个字节(8 个二进制位)。

1) 基本字符:计算机系统所采用字符集的任意字符。大多数计算机系统采用 ASCII 码表示一个字符,常用 ASCII 码与字符的对应关系见附录 C。字符常量“A”“a”“2”“!”对应的十进制 ASCII 码值分别是 65、97、50、33。

2) 转义字符:一些字符,如换行符、退格符等控制符,只能用转义字符表示。转义字符以\开头,后跟字符或数字。转义字符将\后面的字符转变成另外的意义,虽然转义字符形式上由多个字符组成,但它是字符常量,只代表一个字符。表 3—3 列出了常用的转义字符。

表 3—3 转义字符

转义字符	含 义	转义字符	含 义
\n	换行	\\	反斜杠\
\t	横向跳格	\’	单引号’
\v	竖向跳格	\”	双引号”
\b	退格	\ddd	1 至 3 位八进制所代表的字符
\r	回车	\xhh	1 至 2 位十六进制所代表的字符
\f	走纸换页		

字符变量用来存放单个字符,定义形式如下:

```
char c1,c2;
```

上述语句定义 c1 和 c2 为字符变量,可以对 c1 和 c2 赋值,如:

```
c1='A'; c2='a';
```

字符串常量是用双引号括起来的字符序列。如“Hello”“This is my first prom”。C 语言规定字符串的存储方式为:串中的每个字符(转义字符只能被看成一个字符)按照他们的 ASCII 码值的二进制形式存储在内存中,并在存放串中在最后一个字符后面再存入一个字符“\0”(ASCII 码为 0),“\0”是字符串结束的标志。

4. 输入输出格式

printf()和 scanf()是 C 语言中两个常用的标准库函数,用于格式化输出和输入数据。printf()函数用于将格式化的数据输出到标准输出流(终端显示),而 scanf()函数用于从标准输入流(键盘输入)中按照指定格式读取数据。

1) printf()函数:用于将格式化的数据输出到标准输出流。printf()函数原型如下:

```
#include <stdio.h>
int printf(const char *format, ...);
```

其中,const char *format 是指格式控制符。printf()函数使用格式控制符指定输出的格式和数据类型,格式控制符主要有:

```
%d:以带符号的十进制形式输出整数(但正数不输出正号+)
%u:以不带符号的十进制形式输出整数
%f:以小数形式输出单、双精度数,默认输出 6 位小数
%s:输出一个或多个字符
%c:输出一个字符
%x:以不带符号的十六进制形式输出整数
%o:以不带符号的八进制形式输出整数
```

另外,可以使用反斜杠(\)作为转义字符,表示特殊字符的输出。

利用 printf()函数打印字符串、整数、浮点数的代码示例如下:

```
#include <stdio.h>
int main()
    {
        int age = 25;
        float height = 1.75;
        char name[] = "John";

        printf("姓名:%s\n", name);
```

```
    printf("年龄:%d\n", age);
    printf("身高:%.2f\n", height);
  return 0;
  }
```

程序输出：

```
姓名：John
年龄：25
身高：1.75
```

2）scanf()函数：用于从标准输入流中按照指定格式读取数据。scanf()函数原型如下：

```
#include <stdio.h>
int scanf(const char *format, ...);
```

其中，const char *format 是指格式控制符。scanf()函数使用格式控制符指定要读取的数据类型和格式。与 printf()函数中的格式控制符相似，常见的格式控制符包括 %d、%f、%s、%c 等。为了将读取的数据存储到相应的变量中，需要提供变量的地址作为 scanf() 函数的参数。

利用 scanf()函数接受整数、浮点数、字符串作为输入的示例如下：

```
#include <stdio.h>
#include<string.h>
int main()
  {
    int age;
    float height;
    char name[50];
    printf("请输入您的年龄、身高和姓名:");
    scanf("%d", &age);
    scanf("%f", &height);
    scanf("%s", name);
    printf("姓名:%s\n", name);
    printf("年龄:%d\n", age);
    printf("身高:%.2f\n", height);
    return 0;
  }
```

需要注意的是，在 scanf()函数中，要使用取地址符(&)来获取变量的地址，以便将输入的值存储到变量中，但是当输入字符串时不用加 &，因为在C语言中数组名就代表该数组的起始地址。

printf()/scanf()函数主要功能是按指定格式输入/输出内容。主要包括：

① 打印字符，如下所示：

```
char c;
printf("%c", c);
```

② 打印整形，如下所示：

```
int n;
printf("%d", n);        //有符号十进制
printf("%u", n);        //无符号十进制
```

③ 打印浮点数，如下所示：

```
float f;
printf("%f", f);
```

④ 打印指针，如下所示：

```
int *p;
printf("%p", p);  //前面加上 0x,以十六进制输出
```

⑤ 打印八进制与十六进制，如下所示：

```
printf("%o", n);
printf("%x", n);
```

⑥ 打印 64 位变量，如下所示：

```
printf("%lld", n);
```

⑦ 忽略某些位(%*)，如下所示：

```
#include <stdio.h>
int main (void)
{
    int a, b;
    scanf ("%2d%*2d%1d" , &a, &b);
    printf ("%d\n", a-b);
    return 0;
}
```

输入：

12345

输出：

7

解析：

执行 12－5，忽略中间两位，结果为 7

3.1.2　C 语言运算符

C 语言的运算符十分丰富，除了控制语句和输入输出以外的几乎所有的基本操作都作为运算符处理。C 语言的运算符包括算术运算符、关系运算符、逻辑运算符、赋值运算符、条件运算符、逗号运算符、求字节数运算符和位运算符等。表达式是由变量、常量、函数调用以及运算符构成的符合 C 语言语法的式子。

1. 赋值运算符与表达式

赋值运算符“＝”的功能是将赋值运算符右边的表达式的值赋给其左边的变量。为了简化程序并提高编译效率，C 语言允许在赋值运算符“＝”之前加上其他运算符以构成复合赋值运算符，C 语言中的复合赋值运算符包括：

1) 算术运算符组成的复合运算符：＋＝，－＝，＊＝，/＝，%＝。

2) 位运算符组成的复合运算符：<<＝，>>＝，&＝，^＝，|＝。

赋值表达式由赋值运算符将一个变量和一个表达式连接起来的式子称为赋值表达式。如 n＝2 就是将 2 赋给变量 n。

2. 算术运算符

算术运算符有：＋、－、＊、/、%、＋(正号)、－(负号)、＋＋、－－。

算术表达式是由算术运算符和括号将运算对象(操作数)连接起来的，符合 C 语法规则的式子。运算对象可以是常量、变量、函数。表 3—4 列出了算术运算符。

表 3—4　算数运算符

运算符	描　　述
＋	两个操作数相加
－	第一个操作数减去第二个操作数
＊	两个操作数相乘
/	分子除以分母

续 表

运算符	描　　述
%	取模运算符,整除后的余数
++	自增运算符,整数值增加 1
--	减运算符,整数值减少 1

3. 关系运算符与表达式

关系运算符有:＞ 、＜、==、＞=、＜=、!=。

关系表达式是指由关系运算符将两个表达式连接起来的式子。如: x+y＞z 和 n!=0 都是关系表达式。关系表达式的值只有两个,即 1 和 0,假如表达式为真,其值为 1,否则值为 0。可以将关系表达式的结果赋给一个整型或字符型变量,例如 z=x!=y。表 3—5 列出了关系运算符。

表 3—5　关 系 运 算 符

运算符	描　　述
==	检查两个操作数的值是否相等,如果相等则条件为真
!=	检查两个操作数的值是否相等,如果不相等则条件为真
＞	检查左操作数的值是否大于右操作数的值,如果是则条件为真
＜	检查左操作数的值是否小于右操作数的值,如果是则条件为真
＞=	检查左操作数的值是否大于或等于右操作数的值,如果是则条件为真
＜=	检查左操作数的值是否小于或等于右操作数的值,如果是则条件为真

4. 逻辑运算符与表达式

逻辑运算符有:!(逻辑非)、&&(逻辑与)、||(逻辑或)。

逻辑表达式是指由逻辑运算符将关系表达式连接起来的式子。逻辑表达式的值也只有两个,即 1 和 0,1 表示真,0 表示假。表 3—6 列出了 C 语言中的逻辑运算符。

表 3—6　逻 辑 运 算 符

运算符	描　　述
&&	如果两个操作数都非零,则条件为真
||	如果两个操作数中有任意一个非零,则条件为真
!	用来逆转操作数的逻辑状态。如果条件为真,则逻辑非运算符将使其为假

5. 条件运算符与表达式

条件运算符?：是一个三目运算符，它是C语言中唯一的一个三目运算符。

条件表达式是指由条件运算符将三个表达式连接起来的式子。其一般形式为：

表达式1 ? 表达式2 : 表达式3

条件表达式执行过程是先计算表达式1的值，当表达式1的值为真(非0)时，计算表达式2的值，并把该值作为运算结果，否则将表达式3的值作为运算结果。

6. 位运算符与表达式

1) 位运算符：是指进行二进制位的运算，位运算符有：&、|、^、~、<<、>>。

2) 位表达式：由位运算符将运算对象连接起来的式子。复合位赋值运算符就是在=前面加上位运算符。C语言中的复合位赋值运算符有：+=、-=、*=、<<=、>>=、&=、^=、|=。表3—7列出了C语言中的位运算符和运算规则。

表3—7　位运算符

运算符	描述	运算规则
&	按位与操作，按二进制位进行“与”运算	0&0 值 0 0&1 值 0 1&0 值 0 1&1 值 1
|	按位或运算符，按二进制位进行“或”运算	0|0 值 0 0|1 值 1 1|0 值 1 1|1 值 1
^	异或运算符，按二进制位进行“异或”运算	0^0 值 0 0^1 值 1 1^0 值 1 1^1 值 0
~	取反运算符，按二进制位进行“取反”运算	~1 值-2 ~0 值-1
<<	二进制左移运算符	将一个运算对象的各二进制位全部左移若干位(左边的二进制位丢弃，右边补0)
>>	二进制右移运算符	将一个数的各二进制位全部右移若干位，正数左补0，负数左补1，右边丢弃

7. 类型转换

字符数据在内存中是以ASCII码形式存储的，与整数的存储形式类似。因此字符型数据和整型数据之间可以通用。

自动类型转换 C 语言允许在整型、单精度浮点数和双精度浮点数之间进行混合运算。在进行混合运算时，不同类型的数据首先要转换成同一类型，然后才能进行运算。当自动类型转换达不到目的时，可以进行强制类型转换。强制类型转换的一般形式为：

```
(类型标识符)(表达式)
```

下面来看一个类型转换的例子：

```
5+'B'+2.3*3
```

其运算过程如下：

1) 字符 B 转换成整数即 66，5+66 得 71；

2) 整数 3 转换成 double 型即 3.0，2.3*3.0 得 6.9；

3) 71 转换成 double 型即 71.0，71.0+6.9 得 77.9。

然后再来看一个类型强制转换的例子：

运行如下过程，n 的值为多少？

```
int n;
double m=3.5;
n=m/3
// 隐含计算过程是 3.5/3.0，并将整数部分 1 赋值给 n
```

如果强制类型转化 m 变为整数，再运行，n 的值为多少？

```
int n;
double m=3.5;
n=(int)m/3
// 隐含计算过程是 3/3，并将 1 赋值给 n
```

3.1.3 选择结构程序设计

C 语言程序控制结构中的选择结构是指根据条件的真假来决定程序执行的路径。C 语言中的选择结构有两种：if 语句和 switch 语句。选择结构根据条件判断的结果决定程序执行流向，因此该结构也被称为判断结构。非 0 代表条件为“真”，即条件成立；0 代表条件为“假”，即条件不成立。if 后面的“表达式”，通常是能产生“真”或“假”结果的关系表达式或逻辑表达式，也允许是其他类型的数据，如整型、浮点型、字符型等。在 C 语言中，表示条件一般用关系表达式或逻辑表达式。

if 语句是最基本的选择结构，它的语法格式为：

```
if (条件表达式) {
    // 如果条件表达式为真，执行这里的语句
}
```

如果条件表达式为真，就会执行花括号中的语句；如果条件表达式为假，就会跳过花括号中的语句，继续执行后面的语句。

if 语句还可以加上 else 语句，形成 if-else 语句，语法格式为：

```
if (条件表达式) {
    // 如果条件表达式为真，执行这里的语句
} else {
    // 如果条件表达式为假，执行这里的语句
}
```

如果条件表达式为真，就会执行 if 后面的花括号中的语句；如果条件表达式为假，就会执行 else 后面的花括号中的语句。

如果需要多条条件判断语句，则可以使用 else-if 语句，else-if 语句的语法格式为：

```
if(条件 1){
    语句 1
} else if(条件 2) {
    语句 2
}
  ……
else if(条件 n) {
    语句 n
}
else {
    语句 n+1
}
```

最后一个 else 可以省略，此时该 if 结构在 n 个条件都不满足时，将不执行任何操作。

下面做一个练习：

判断一个年份是否是闰年？

闰年的数学逻辑是能被 4 整除但不能被 100 整除，或者能被 400 整除。于是转换为 C 语言为：

```
if (  year % 4==0 && year%100!=0 || year%400==0 )
```

再来看一个实际的例子：

输入任意三个整数 num1，num2，num3，求三个数中的最大值。经过分析可知，求最大值，需要对三个数两两进行比较，而每一次比较，就需要一个条件表达式。

```
#include <stdio.h>
int main()
{
```

```
    int num1, num2, num3, max;
    printf("Please input three numbers:");
    scanf("%d,%d,%d", &num1, &num2, &num3);
    max=num1;
    if (num2>num1)
        max=num2;
    if (num3>max)
        max=num3;
    printf("The three numbers are:%d,%d,%d\n", num1, num2, num3);
    printf("max= %d\n", max);
    return 0;
}
```

通过 if 条件判断语句,可以实现求数的最大值或者最小值。接下来再来看一个例子,如何使用 if-else 来判断一个数是否属于偶数:

```
#include <stdio.h>
int main()
{
int a;
scanf("%d", &a); //提供数据
if(a%2==0)
    printf("Yes"); //偶数
else
    printf("No"); //奇数
return 0;
}
```

然后再来看一个 else-if 的例子:

通过多条条件判断语句,来计算学生的绩点。

```
//a 是成绩,b 是绩点,都是 double 类型
double a;
double cent;
if (a>=90)
    cent =4.0
else if (a>=80)
    cent=3.0
else if (a>=70)
```

```
        cent=2.0
    else if (a>=60)
        cent=1.0
    else
        cent=0;
    printf("%lf",cent);
```

switch 语句也是一种选择结构，它的语法格式为：

```
switch (表达式) {
    case 常量 1:
        // 如果表达式的值等于常量 1,执行这里的语句
        break;
    case 常量 2:
        // 如果表达式的值等于常量 2,执行这里的语句
        break;
    ...
    default:
        // 如果表达式的值不等于任何一个常量,执行这里的语句
        break;
}
```

switch 语句中的表达式的值会依次与每个常量进行比较，如果相等就执行对应的语句，如果不相等就继续比较下一个常量。如果表达式的值不等于任何一个常量，就会执行 default 后面的花括号中的语句。关于 switch 结构也有一些需要注意的地方：

1）每个 case 后面的常量表达式的值必须互不相同，以免程序执行的流程产生矛盾。

2）switch 后面括号内的表达式可以是整型表达式、字符表达式等。

3）多个 case 可以公用一组执行语句，例如：

```
case 4:
case 5:
case 6: d=8;
//当 switch 结构的表达式的值为 4、5 或 6 时,都执行同一组语句:"d=8;"
```

4）若要在执行一条 case 分支语句后，使程序执行流程退出 switch 结构，那么可以加入 break 语句。

下面以一个代码示例，编写程序输入一个 5 位或 5 位以下的正整数，逆序输出该数。如输入 54321，则输出 12345。

```
#include <stdio.h>
int main()
{
    long a;
    int n;
    scanf("%ld", &a);
    if(a>0&&a<=99999)
    {
        n=a<10?1:a<100?2:a<1000?3:a<10000?4:a<100000?5:0;
        printf("%d digits, inversed number: ", n);
        switch(n)
        {
            case 5:
            printf("%ld", a%10); a=a/10;
            case 4:
            printf("%ld", a%10); a=a/10;
            case 3:
            printf("%ld", a%10); a=a/10;
            case 2:
            printf("%ld", a%10); a=a/10;
            case 1:
            printf("%ld\n", a%10);
        }
    }
    else printf("The number is not a valid num!\n");
    return 0;
}
```

一个用 switch 语句处理四则运算的示例如下：

```
#include <stdio.h>
int main()
{
    float v1,v2;
    char op;
    printf("Please type your expression: ");
    scanf("%f %c %f", &v1, &op, &v2);
    switch(op)
```

```
    {
        case '+':
            printf("%f+%f=%f\n", v1, v2, v1+v2);
            break;
        case '-':
            printf("%f-%f=%f\n", v1, v2, v1-v2);
            break;
        case '*':
            printf("%f*%f=%f\n", v1, v2, v1*v2);
            break;
        case '/':
            if(v2==0) {
                printf("division by zero!\n");
            }
            else {
                printf("%f/%f=%f\n", v1, v2, v1/v2);
            }
            break;
        default:
            printf("unknown operator.\n");
    }
    return 0;
}
```

总之，选择结构是C语言程序控制结构中非常重要的一种，它可以根据条件的真假来决定程序执行的路径，使程序更加灵活和智能。

3.1.4　循环结构程序设计

C语言程序控制结构中的循环结构是一种重复执行某段代码的结构。循环结构解决的问题是在某一条件下，要求程序重复执行某些语句或某个模块。循环的实现一般包括4个部分，即初始化、条件控制、重复的操作语句以及通过改变循环变量值最终改变条件的真假值，使循环能正常结束。循环条件所用表达式，可以是算术表达式、关系表达式、逻辑表达式或最终能得到非0值或0值的其他表达式。重复执行的语句或模块，被称为循环体。

C语言中有三种循环结构：while循环、do-while循环和for循环。C语言中有两条辅助语句：break和continue语句，一般用来控制程序中的某个循环结构是继续执行还是跳出循环结构。

1）while 循环语句的语法格式为：

```
while(表达式){
    循环体语句
}
```

while 循环语句先判断条件再执行循环语句，因此，while 语句的作用是当条件成立时，使语句(即循环体)反复执行。在 while 的内嵌语句中应该增加对循环变量进行修改的语句，使循环趋于结束，否则将使程序陷入死循环。

下面来看一个例子，用 while 循环语句写一个程序，统计从键盘输入的数字字符出现的次数，并把其中的数字字符依次输出。

```
#include <stdio.h>
int main()
{
    char c;
    int ct=0;
    while ((c=getchar())!='\n')
    {
        if('0'<=c&&'9'>=c)
        {
            ct++;
            printf("%c ", c);
        }
    }
    printf("\nThere are %d digits!\n", ct);
}
```

在上面的例子中，若条件表达式只用来表示等于零或不等于零的关系时，条件表达式可以简化成如下形式：

```
while (x!=0) 可写成 while (x)
while (x==0) 可写成 while (!x)
```

while 语句中的内嵌语句可以为空语句，也可以为单语句，或者是一条复合语句，注意复合语句一定要用一对花括号({})括起来。

2）do-while 循环语句的语法格式为：

```
do{
    循环体语句;
} while(表达式);
```

do-while 循环语句是先执行循环体，然后再判断表达式是否成立。无论循环条件的值如何，至少会执行循环体一次。

下面来看一个例子：编写程序，输入一个 5 位或 5 位以下的正整数，逆序输出该数并计算它是几位数。

```
#include <stdio.h>
int main()
{
    long num;
    int n=0;
    printf("Please input the number:");
    scanf("%ld", &num);
    printf("Inversed number is: ");
    do
    {
        printf("%d", num%10);
        n++;
        num=num/10;
    } while(num);
    printf("\nIt has %d bits.\n", n);
}
```

由于 while 和 do-while 语法结构非常相似，所以通常情况下 while 和 do-while 循环语句可以用来处理同一个问题，但有一点必须注意，while 循环语句可以一次也不执行循环体(循环条件一开始就不满足时)。而 do-while 循环语句则不同，程序执行到 do-while 循环语句时，至少要执行一次循环体后才会去判断循环条件。

3) for 循环语句的语法格式为：

```
for (表达式 1;表达式 2;表达式 3) {
    语句;
}
```

程序进入 for 循环后，首先求解表达式 1 的值，而后判断循环条件表达式 2 的值是真还是假，如果表达式 2 的值为真，则执行循环体部分的语句后再去求表达式 3 的值。

for 后面括号内的三个表达式用分号隔开。表达式 1 为初始化表达式，通常用来设定循环变量的初始值或者循环体中任何变量的初始值，可用逗号作为分隔符设置多个变量的值。表达式 2 为循环条件表达式。表达式 3 为增量表达式。增量表达式是在执行一次循环体后，接着求解一次增量表达式的值，目的是对循环条件表达式产生影响，使得循环条件表达式的值可能产生变化，从而终止循环的执行。表达式 3 也可以写成以逗号分隔的多个表达式,也可以包含一些本来可以放在循环体中执行的其他表达式,例如:(i++,j--)。

下面来看一个使用 for 循环求 1～100 间奇数之和的例子,即 1+3+5+……+99。

```
#include <stdio.h>
int main()
{
    int sum=0,i;
    for(i=1;i<=100;i++)
    {
        if(i%2==1){
            sum=sum+i;
        }
    }
    printf("sum=%d\n", sum);
}
```

由于 for 循环的初始化表达式、循环条件表达式、增量表达式都可以为空,并且写法较为自由,所以也可以写成如下格式:

```
#include <stdio.h>
int main()
{
    int sum=0,i;
    i=1;
    for(;i<=100;)
    {
        if(i%2==1)
            sum=sum+i;
        i++;
    }
    printf("sum=%d\n", sum);
}
```

break 语句被用在循环结构中,其作用是跳出它所在的循环体,提前结束循环。continue 语句的作用是结束本次循环,使程序回到循环条件,判断是否提前进入下一次循环。它们的区别是:continue 语句只结束本次循环,而不是终止整个循环的执行;而 break 语句则是结束循环,不再进行条件判断。下面来看一个例子:

```
//句段1)
while(表达式1)
{
    语句1;
    if(表达式2) break;
    语句2;
}
//句段2)
while(表达式1)
{
    语句1;
    if(表达式2) continue;
    语句2;
}
```

在句段1中,如果表达式2成立,则执行break语句,并且不再判断表达式1是否成立,直接跳出while循环。在句段2中,如果表达式2成立,则执行continue语句,意味着当前循环中的语句2被跳过,需要重新判断表达式1是否成立,以决定循环是否继续。

下面来看一个实际的例子。需要设计一个程序,来输出100到200之间最大能被3整除的数,则可以写出如下程序:

```
for(i = 200;i>=100;i--) {
    if( i % 3 == 0 ) {
        printf("%d  ",i);
        break;
    }
}
```

假如需要程序段输出100到200之间所有能被3整除的数,则可以将程序改为:

```
for(i = 100;i <= 200;i++) {
    if( i % 3 != 0 ) {
        continue;
    }
    printf("%d  ",i);
}
```

总的来说,循环结构可以帮助程序员简化代码,提高代码的可读性和可维护性。在实际编程中,根据不同的需求选择合适的循环结构可以使程序更加高效。

3.2 数组

3.2.1 一维数组

数组是一组有序数据的集合。数组元素在内存中连续存放,每个元素都属于同一种数据类型,最低地址单元对应于数组第一个元素,最高地址单元对应于数组最后一个元素。下标代表数组元素的序号,用数组名和下标可以唯一地确定数组元素并进行操作。数组的每一个元素都属于同一个数据类型,不能把不同类型的数据放在同一个数组中。

一维数组定义的形式如下:

```
类型说明符 数组名[常量表达式];
```

类型说明符可以是任一种基本数据类型或构造数据类型。数组名是用户自定义的标识符。方括号中的常量表达式表示数组元素个数,也称数组长度。例如:

```
int a[10]; //定义整型数组 a,有 10 个元素
float b[20]; //定义单精度浮点型数组 b,有 20 个元素
double c[30]; //定义双精度浮点数型数组 c,有 30 个元素
```

一维数组定义是一条完整的 C 语言语句,每条定义语句结束后,用分号“;”结束。当需要定义多个同类型数组时,用逗号“,”进行连续定义。例如:

```
int a[10],b[10]; //定义整型数组 a 和 b,分别可放 10 个元素
float c[20],d[20]; //定义单精度浮点型数组 c 和 d,分别可放 20 个元素
double e[30],f[30]; //定义双精度浮点型数组 e 和 f,分别可放 30 个元素
```

C 语言不允许缺省数组长度或缺省方括号,定义 int a 和 int a3 是定义一个变量而不是数组,数组名不能与其他变量名相同,C 语言数组长度必须是常量表达式,不能用变量来表示数组长度,但可用关键字 define 定义符号常量来标识数组长度。如下定义是错误的:

```
int a[];
int n=4;int a[n];
int a; float a[10];
```

一维数组存储方式是在内存中连续开辟存储空间,依次存放数据元素。数组分别存储 a[0] 到 a[N-1]的 N 个元素,其中 N 是描述数组长度的常量表达式。例如:int a[8];表示数组 a 有 8 个元素,其下标从 0 开始计算,分别为:a[0], a[1], a[2], a[3], a[4], a[5], a[6], a[7] 。

存储数组所需要的内存量与类型说明符的数据类型和数组长度有关,以字节为单位的总内存量计算公式为:

总字节数 = sizeof（数据类型）×数组长度。

例如：int a[8]；若初始地址为 22040，每个整型变量占 4 个字节，共 32 字节。因此，地址依次为 22040(a[0])，22044(a[1])，22048(a[2])……22068(a[7])。

对一维数组而言，目标地址的计算由基地址和偏移量决定，其中偏移量是数组第 i 个元素与第 0 个元素的偏差。计算公式为：

a[i]地址 = 基地址 + sizeof（数据类型）×i。

对于数组的整体引用或整体赋值需要用循环语句来逐个操作数组元素。例如：

```
for(i=0; i<10; i++)
    printf("%d",a[i]);
for(i=0; i<10; i++)
    scanf("%d",&a[i]);
```

数组访问不能越界，即数组长度 N－1。动态赋值的形式为：

```
数组名[常量表达式] = 值;
```

其中常量表达式不能大于数组长度，如果出现这种情况，则称为数组越界。动态赋值只能每次对一个数组元素进行赋值，例如 int a[5]； a[5]={5,6}； a[5,6]=7；都是错误的。

数组赋值分为初始化赋值方法和动态赋值方法。初始化赋值的语法为：

```
类型说明符 数组名[常量表达式] = {值,值……值 };
```

例如：

```
int a[10]={0,1,2,3,4,5,6,7,8,9};
```

等价于赋值语句

```
a[0]=0; a[1]=1; ... a[9]=9;
```

初始化赋值可以只给部分元素赋初值。例如：

```
int a[10] = {0,1,2,3,4};
```

表示只给 a[0]到 a[4]的 5 个元素赋值，而后 5 个元素值未知。但实际上编译器自动赋值 0。

初始化赋值只能逐个给元素赋值，不能给数组整体赋值。例如：

```
int a[10] = {1,1,1,1,1,1,1,1,1,1}
int a[10] = 1 // 错误
```

C 语言编译时必须知道数组的大小。初始化赋值如给全部元素赋值，则数组定义时可缺省数组长度。但需要注意的是，虽然在这种情况下可以缺省数组长度，但在实际编程中并不建议在数组定义时省略数组长度。例如：

```
int a[5]={1,2,3,4,5};
int a[]={1,2,3,4,5}; // 等价
```

3.2.2 二维数组

二维数组本质上是以数组作为数组元素的，即“数组的数组”。多维数组可由二维数组类推而得到。

二维数组定义的形式：

```
类型说明符 数组名[常量表达式 1][常量表达式 2]
```

常量表达式 1 表示第一维下标的数组长度，即行下标；常量表达式 2 表示第二维下标的数组长度，即列下标。例如：

```
int a[3][4];
//定义整型二维数组 a,共有 3*4=12 个元素
float b[10][20];
//定义单精度浮点型二维数组 b,共有 10*20=200 个元素
double c[5][6];
//定义双精度浮点型二维数组 c,共有 5*6=30 个元素
```

二维数组定义是一条完整的 C 语言语句，每条语句结束后，用分号“;”结束。当需要定义多个同类型数组时，用逗号“,”进行间隔。例如：

```
int a[3][4],b[5][6];
//定义整型二维数组 a 和 b,分别有 12 个和 30 个元素
float c[2][7],d[3][6];
//定义单精度浮点型二维数组 c 和 d,分别有 14 个和 18 个元素
double e[3][5],f[4][3];
//定义双精度浮点型二维数组 e 和 f,分别有 15 个和 12 个元素
```

二维数组不允许缺省数组长度，也不能在方括号中用变量来表示数组元素个数。例如：

```
int a[][]; // 这是错误的。
int n=4; int a[n][n]; //也是错误的。
```

二维数组按行存储时，先依次存储行数组上的数据，再依次存储列数组上的数据。二维数组在概念上是二维的，即其下标在两个方向上变化，下标变量在数组中的位置处于一个平面之中，亦称矩阵。存储数组所需要的内存量直接与类型说明符的数据类型和二维数组长度有关。当二维数组以字节为单位，总内存量计算公式为：

总字节数 = sizeof (数据类型)×(数组行长度＊数组列长度)。

二维数组引用的形式为：

```
数组名[下标][下标]
```

例如：a[3][4]表示 a 第四行第五列的数组元素。其中下标应为整型常量，变量或表达式。行下标的取值范围在[0，数组行长度－1]，列下标的取值范围在[0，数组列长度－1]。否则，出现数组越界访问问题。但实际内存空间的地址是连续编址的，也就是说，存储器单元是按一维线性排列的。

对二维数组而言，目标地址的计算由基地址和偏移量决定，计算如下：

a[i][j]地址 = 基地址＋sizeof (数据类型)×{i＊(行数组长度)＋j}。

访问二维数组需要用双重循环来操作数组元素。例如：输出 10＊10 数组 a[10][10]，必须用循环语句逐个输出各下标变量。

```
for(i=0; i<10; i++) {
    for(j=0; j<10; j++) {
        printf("%d",a[i][j]);
    }
}
```

二维数组初始化赋值按行连续初始化赋值的一般形式为：

```
类型说明符 数组名[常量表达式 1][常量表达式 2] = {值,值…,值 };
```

按行分段初始化赋值的一般形式为：

```
类型说明符 数组名[常量表达式 1][常量表达式 2] = {{值,…,值}, …,{值,
…,值}};
```

二维数组初始化可按行分段赋值，也可按行连续赋值。比如：

```
int a[4][3] = { {1,2,3}, {4,5,6}, {7,8,9}, {10,11,12} };
// 也可以写成
int a[4][3] = {1,2,3,4,5,6,7,8,9,10,11,12};
```

二维数组在初始化时，可以缺省行长度，但不可缺省列长度。同样地，我们也不建议在实际编程中省略数组长度。如：

```
int a[][3] = {1,2,3,4,5,6,7,8,9,10,11,12};
```

3.2.3　字符串与字符数组

字符数组是用来专门存放字符型数据的，简称字符数组。其定义的形式如下：

```
char 数组名[常量表达式];
```

对一个字符数组,如果不作初始化赋值,则必须说明数组长度。静态字符数组可只对部分元素赋初值,未赋初值的元素自动赋字符“0”值,即“\0”。字符串总是以“\0”作为串的结束符。因此当把一个字符串存入一个数组时,需要把结束符“\0”也存入数组。

对于字符数组而言,数组实际可用的字符个数必须小于等于数组长度。例如:

```
char a[4] = {'1','2','3','4'};
char b[4] = {'1','2','3','\0'};
static char c[4] = {'1','2','3'};
```

三个字符数组的长度均为 4,但是它们的有效长度却不一样。有效长度由结束符“\0”决定。字符数组 a 有效长度为 4,字符数组 b 有效长度为 3,字符数组 c 有效长度为 3。

字符数组的输入与输出可以采用 printf 函数和 scanf 函数格式化输入或输出字符%c,也可以用格式化符%s 一次性输入或输出字符串。以 char ch[5]为例,输入输出代码分别如下:

```
// 用%c 的输入输出
for(i=0;i<5;i++)
    scanf("%c",&ch[i]);
for(i=0;i<5;i++)
    printf("%c",ch[i])
// 用%s 的输入输出
scanf("%s",ch);
printf("%s",ch);
```

此外,也可以通过数组名进行有选择的数组元素输出,例如:

```
printf("%s",ch+2);  // 这表示从第 3 个数组元素开始输出
```

需要注意的是,当用 scanf 函数输入字符串时,字符串中不能含有空格,否则将以空格作为字符串的结束符。比如,假设输入内容为“I love my country”,则输出则为“I”。

3.3 函数

3.3.1 什么是函数

在 C 语言中,函数是一段可重复使用的代码块,用于执行特定的任务。函数可以接受输入参数,并返回一个值。函数可以在程序中被多次调用,以实现代码的模块化和重用。函数由函数头和函数体组成。函数头包括函数的返回类型、函数名和参数列表。函数体包含了函数的具体实现代码。函数可以分为库函数和用户自定义函数。库函数是由 C 语言提供的

预定义函数，如 printf()和 scanf()等。用户自定义函数是由程序员根据需要自行编写的函数。

函数的主要作用包括：

1）代码的模块化：将程序分解为多个函数，每个函数负责完成特定的任务，使程序结构更加清晰和易于维护。

2）代码的重用：通过将一段代码封装成函数，可以在程序中多次调用，避免重复编写相同的代码。

3）参数传递：函数可以接受输入参数，通过参数传递数据给函数，使函数能够处理不同的数据。

4）返回值：函数可以返回一个值，将计算结果或处理结果返回给调用者。

函数的定义和调用是 C 语言程序的基本组成部分，合理使用函数可以提高程序的可读性、可维护性和可扩展性。

一个 C 源程序中有且仅有一个名为 main 的主函数。C 源程序的执行总是从 main 开始，从 main 结束。函数是 C 源程序的基本模块，C 源程序是由函数组成的。

函数分为库函数和用户自定义函数。库函数由 C 系统提供，用户无须定义，也不必在程序中作类型声明，只需在程序前包含有该函数原型的头文件即可在程序中直接调用。用户自定义函数是由用户按需要写的函数。对于用户自定义函数，不仅要在程序中定义函数本身，而且在主调函数模块中还必须对该被调函数进行类型声明，然后才能使用。

C 语言规定，在程序中用到的所有函数，必须“先定义，后使用”。由于库函数系统已定义，程序设计者不必自己定义，只需用＃include 命令把相关的头文件包含到本文件模块中即可。例如，在程序中如果用到数学函数(如 sqrt、sin 等)，就必须在本文件模块的开头写上＃include ＜math.h＞。

3.3.2　函数的定义、类型与返回值

1. 函数的定义

在 C 语言中，函数由一个函数头和一个函数主体组成，如下所示：

```
return_type function_name( parameter list ){
    body of the function
}
```

1）函数名：函数名是一个 C 标识符(自定义的)，以便区分不同的函数，通常用函数的功能来为函数命名，例如函数名延时 delay、显示 display 等。

2）函数类型标识符(函数返回值类型)：函数的类型实际上是函数返回值的类型。一般与 return 语句中的表达式的数据类型相同。如果一个函数不要求函数有返回值，则函数的返回类型为 void。如果函数没有清楚定义返回值，那么这个时候函数默认返回值的类型是 int。

3）形式参数表：在定义函数时，形式参数表格式为：类型 1 形参 1，类型 2 形参 2……类型 n 形参 n。形参必须为变量，形参表中各个形参之间用逗号分隔，每个形参前面的类型必

须分别写明。如：int max(int a,int b,int c)，不能写成 int max(int a,b,c)。

4）函数实现过程：函数实现过程又称函数体，由一对花括号内的若干条语句组成，用以计算，或完成特定的工作，可用 return 语句返回运算结果给主调函数。return 语句的形式为：return 表达式；表示本函数执行结束，执行到该语句时，停止本函数的执行，并将表达式的值返回给主调函数。其中需要注意的是：函数的执行在碰到 return 就结束执行，而不管后面代码。

函数既可以在声明时就定义函数的主体，也可以将函数的声明和定义拆分开来。声明会告诉编译器函数名称及如何调用函数，函数的实际主体则可以单独定义。函数声明包括如下几个部分：

```
return_type function_name( parameter list );
```

比如对于加法函数 add ()，下面是函数的声明：

```
int add(int num1, int num2);
```

在函数声明中，参数的名称并不重要，只有参数的类型是必需的，因此下面也是有效的声明：

```
int add(int, int);
```

当在一个源文件中定义函数且在另一个文件中调用函数时，函数声明是必需的。在这种情况下，应该在调用函数的文件顶部声明函数。

2. 有返回值函数和无返回值函数

1）有返回值函数：此类函数被调用执行完后将向调用者返回一个执行结果，称为函数返回值。由用户定义的这种要返回函数值的函数，必须在函数定义和函数声明中明确返回值的类型。

2）无返回值函数：此类函数用于完成某项特定的处理任务，执行完成后不向调用者返回函数值。这类函数类似于其他语言的过程。由于函数无须返回值，用户在定义此类函数时可指定它的返回为“空类型”，空类型的说明符为“void”。

```
int add(int num1, int num2); // 这是一个有返回值的函数
void add(int num1, int num2); // 这是一个无返回值的函数
```

3. 无参函数和有参函数

1）无参函数：函数定义、函数说明及函数调用中均不带参数。主调函数和被调函数之间不进行参数传送。此类函数通常用来完成一组指定的功能，可以返回或不返回函数值。

2）有参函数：也称为带参函数。在函数定义及函数说明时都有参数，称为形式参数(简称为形参)。在函数调用时也必须给出参数，称为实际参数(简称为实参)。进行函数调用时，主调函数将把实参的值传送给形参，供被调函数使用。

```
void fun(); // 这是一个无参函数
void fun(int x); // 这是一个有参函数
```

4. 函数的调用

在C语言中，调用标准库函数时，只需用＃include命令把相关的头文件包含到本文件模块中，即可在程序中直接调用。而调用自定义函数时，必须先定义并声明函数，之后再根据定义函数的格式调用。函数调用的一般形式：

```
函数名(实际参数表);
```

与形参必须是变量不同，实际参数可以是常量、变量和表达式。如果实际参数表中包括多个实参，则各参数间用逗号分隔。实参与形参的个数应相等，类型应匹配，实参与形参顺序对应，向形参传递数据。

任何C语言程序，总是从主函数main开始执行，如果遇到某个函数调用，主函数被暂停执行，转而执行相应的被调函数，该函数执行结束后，返回主函数，从原先暂停位置继续执行。

5. 函数调用方式

1）函数语句：把函数调用作为一个语句，该类型调用方式不要求函数带返回值，只要求函数完成一定功能。

2）函数表达式：函数出现在一个表达式中，这种表达式称为函数表达式。这时要求函数带回一个确定的值。如“str[i]=low_to_upper(str[i]);”，将函数low_to_upper的返回值赋给str[i]。

3）函数参数：函数调用作为一个函数的实参。例如：

```
m=max(x,max(y,z));
```

其中max(y,z)是一次函数调用，它的返回值作为max另一次调用的实参。m的值是x,y,z三者中的最大者。

6. 参数传递

函数调用时，会发生如下操作：

1）形参会从系统获得临时的存储空间，进而可以接受相应的实参的值。

2）已经有确定值的实参把值传递给形参所获得的临时存储空间，这个操作称为值传递。

实参与形参的使用过程中要注意如下事项：

1）形参必须为变量，因为它要接受实参传过来的值。在未出现函数调用之前，形参并不占用内存空间，只有在发生函数调用时，系统才能给形参分配内存单元，在调用结束后，形参所占的内存单元也被释放。

2）实参可以是常量、变量、表达式，也可以是其他函数的调用，但要求参数有明确的值。

3）如果函数的参数超过一个，则要求实参和形参在数目、类型及次序上保持一致。其中类型一致要求实参与形参的数据类型保持赋值兼容。

在C语言中，实参向形参的数据传递是“值传递”，即单向传递，只是实参将值复制给形参,而不能由形参传回来给实参。形参的值即使在函数中改变了,也不会影响实参。例如,通过定义函数 swap,该函数用于将传入的两个参数的值交换:

```
/* 函数定义 */
void swap(int x, int y)
{
    int temp;

    temp = x; /* 保存 x 的值 */
    x = y;    /* 把 y 赋值给 x */
    y = temp; /* 把 temp 赋值给 y */

    return;
}
```

然后调用该函数交换 a、b 的值,再输出 a、b 的值查看结果。

```
#include <stdio.h>

/* 函数声明 */
void swap(int x, int y);

int main ()
{
    /* 局部变量定义 */
    int a = 100;
    int b = 200;

    printf("交换前,a 的值: %d\n", a );
    printf("交换前,b 的值: %d\n", b );

    /* 调用函数来交换值 */
    swap(a, b);

    printf("交换后,a 的值: %d\n", a );
    printf("交换后,b 的值: %d\n", b );

    return 0;
}
```

通过观察输出的结果可以发现：在调用函数 swap 前后，a、b 的值并没有发生变化。这意味着虽然在函数内部改变了 a、b 的值，但是在函数外部 a、b 的值并没有发生变化。

```
交换前,a 的值:100
交换前,b 的值:200
交换后,a 的值:100
交换后,b 的值:200
```

7. 函数原型声明

C 语言要求函数先定义后调用，就像变量先定义后使用一样。如果自定义函数被放在主调函数的后面，就需要在函数调用前，加上函数声明(或称函数原型)。函数声明的目的主要是把函数名、函数参数的个数和参数类型等信息通知编译系统，以便在遇到函数调用时，编译系统能正确识别函数并检查函数调用是否合法。

函数声明的一般格式如下：

```
函数类型 函数名(参数表);
```

此与函数定义中的第 1 行相同，并以分号结束。不同的是函数定义时第 1 行不能跟分号，这是因为函数声明是一条 c 语句，而定义时第 1 行不是一条完整的 c 语句。如果被调函数的定义在主调函数前面，可以不必加以声明。这是因为编译系统先知道了被调函数的相关信息，会根据被调函数首部提供的信息对函数调用作正确性检查。函数声明中参数表中的参数名是可以省略的。

8. 数组名作为函数的参数

用数组名作为函数实参时，不是把实参中数组元素的值传递给形参，而是把实参数组中第一个元素(下标为 0)的地址传递给形参数组，两个数组就共享同一段内存单元。这种函数参数传递方式称作按地址传递方式(或称作按名传递)，形参值的改变直接影响实参。

```
void fun(int *param); // 形式参数是一个指针
void fun(int param[]); // 形式参数是一个未定义大小的数组
```

例如，现在定义如下函数 swap，它把数组作为参数，并且该函数用于将传入数组前两个参数的值交换。

```
/* 函数定义 */
void swap(int a[])
{
    int temp;

    temp = a[0]; /* 保存 a[0] 的值 */
```

```
    a[0] = a[1];     /* 把 a[1] 赋值给 a[0] */
    a[1] = temp; /* 把 temp 赋值给 a[1] */

    return;
}
```

调用该函数,并传入一个数组,然后输出查看结果。

```
#include <stdio.h>

/* 函数声明 */
void swap(int a[]);

int main ()
{
    /* 局部变量定义 */
    int a[] = {100, 200};

    printf("交换前,a[0] 的值: %d\n", a[0] );
    printf("交换前,a[1] 的值: %d\n", a[1] );

    /* 调用函数来交换值 */
    swap(a);

    printf("交换后,a[0] 的值: %d\n", a[0] );
    printf("交换后,a[1] 的值: %d\n", a[1] );

    return 0;
}
```

通过观察输出的结果可以发现:在调用函数 swap 前后,数组的值发生了变化,即和之前传递非数组整型数不同。这意味着可以在函数内部改变数组的值,同时也会改变函数外部数组的值。

```
交换前,a[0] 的值: 100
交换前,a[1] 的值: 200
交换后,a[0] 的值: 200
交换后,a[1] 的值: 100
```

9. 函数的嵌套与递归

函数的嵌套调用：在较为复杂的C源程序中，通常有多个函数组成，每个函数完成某一特定功能，而在这些函数中，可能存在A函数调用B函数，B函数调用C函数的情况，这就是函数的嵌套调用。

函数的递归调用：指一个函数直接调用自己(即直接递归调用)或通过其他函数间接地调用自己(即间接递归调用)。

使用递归函数的条件：

1) 可以把要解决的问题转化为一个新问题，而这个新问题的解决方法仍与原来的解决方法相同，只是所处理的对象有规律地递增或递减。即解决问题的方法相同，调用函数的参数每次不同(有规律的递增或递减)，如果没有规律也就不能适用递归调用。

2) 可以应用这个转化过程使问题得到解决。使用其他的办法比较麻烦或很难解决，而使用递归的方法可以很好地解决问题。

3) 必定要有一个明确的结束递归的条件。

当函数自己调用自己时，系统将自动把函数中当前的变量和形参暂时保留起来，在新一轮的调用过程中，系统为新调用的函数所用到的变量和形参开辟另外的存储单元(内存空间)，即每次调用函数所使用的变量在不同的内存空间。递归调用的层次越多，同名变量占用的存储单元也就越多。也就是，每次函数的调用，系统都会为该函数的变量开辟新的内存空间。当本次调用的函数运行结束时，系统将释放本次调用时所占用的内存空间。程序的流程返回上一层的调用点，同时获取当初进入该层时，函数中的变量和形参所占用的内存空间的数据。虽然所有递归问题都可以用非递归的方法来解决，但对于一些比较复杂的递归问题，用非递归的方法往往使程序变得十分复杂且难以读懂，而函数的递归调用在解决这类问题时能使程序简洁明了，有较好的可读性；但由于递归调用过程中，系统要为每一层调用中的变量开辟内存空间、要记住每一层调用后的返回点、要增加许多额外的开销，因此函数的递归调用通常会降低程序的运行效率。

例如，想要求n!，当n>1时，求n! 的问题可以转化为n*(n-1)! 的新问题。因此很容易可以想到使用递归的方法求n!。

比如当n=5，可以分析得到：

1) 第一部分：n*(n-1)!=5*4*3*2*1。

2) 第二部分：(n-1)*(n-2)!=4*3*2*1。

3) 第三部分：(n-2)(n-3)!=3*2*1。

4) 第四部分：(n-3)(n-4)!=2*1。

5) 第五部分：(n-4)(n-5)!=1。结束递归。

由此可以写出递归程序：

```
#include <stdio.h>
int fact(int n);
int main()
{
```

```
        int n;
        printf("Enter n:");
        scanf("%d",&n);
        if(n>=0)
            printf("%d!=%d\n",n,fact(n));
        else
            printf("input data error!\n");
        return 0;
    }
    int fact(int n)              /* 每次调用使用不同的参数 */
    {
        int t;                    /* 每次调用都会为变量 t 开辟不同的内存空间 */
        if(n==0 || n==1)          /* 当满足这些条件返回 1 */
            t=1;
        else
            t=n * fact(n-1); /* 每次程序运行到此处就会用 n-1 作为参数再调用
一次本函数,此处是调用点 */
        return t; /* 只有在调用的所有过程全部结束时才运行到此处。 */
    }
```

10. 局部变量与全局变量

在前面介绍函数参数传递中提到,形参变量要等到函数被调用时才分配内存,调用结束后立即释放内存。这说明形参变量的作用域非常有限,只能在被调函数内部使用,离开该函数就无效了。所谓作用域(Scope),就是变量的有效范围,不仅对形参变量,C 语言中所有的变量都有自己的作用域。决定变量作用域的是变量的定义位置。

局部变量:定义在函数内部的变量称为局部变量(Local Variable),它的作用域仅限于函数内部,离开该函数后就是无效的,再使用就会报错。说明如下:

1) 在 main 函数中定义的变量也是局部变量,只能在 main 函数中使用;同时,main 函数中也不能使用其他函数中定义的变量。main 函数也是一个函数,与其他函数地位平等。

2) 形参变量,在函数体内定义的变量都是局部变量。实参给形参传值的过程也就是给局部变量赋值的过程。

3) 可以在不同的函数中使用相同的变量名,它们表示不同的数据,分配不同的内存,互不干扰,也不会发生混淆。

4) 在语句块中也可定义变量,它的作用域只限于当前语句块。

```
#include <stdio.h>

int main ()
{
```

```
    /* 局部变量声明 */
    int a;
    int b;

    /* 局部变量初始化 */
    a = 10;
    b = 20;

    printf ("a = %d, b = %d\n", a, b);

    return 0;
}
```

全局变量：在所有函数外部定义的变量称为全局变量(Global Variable)，它的有效范围从定义变量的位置开始到本源文件结束。说明如下：

1) 虽然使用全局变量可以增加各个函数之间数据的传输渠道，即在某个函数中改变一个全局变量的值，就可能影响到其他函数的执行结果，但过多使用全局变量会带来副作用，导致各函数间相互干扰。

2) 定义在函数体内的局部变量会随着函数被调用而获得内存单元，函数调用结束后自动释放所占的内存单元，而全局变量在程序执行过程中一直占用内存单元，所以定义的全局变量越多，内存消耗越大。

3) 全局变量降低了函数的通用性、可靠性和可移植性，所以在一般情况下，应慎用全局变量，尽可能使用局部变量和函数参数。

```
#include <stdio.h>

/* 全局变量声明 */
int a;

int main ()
{
    /* 局部变量声明 */
    int b;

    /* 实际初始化 */
    a = 10;
    b = 20;
```

```
    printf ("a = %d, b = %d\n", a, b);

    return 0;
}
```

在程序中,局部变量和全局变量的名称可以相同,但是在函数内,如果两个名称相同,会使用局部变量、全局变量不会被使用。下面是一个实例:

```
#include <stdio.h>

/* 全局变量声明 */
int a = 20;

int main ()
{
  /* 局部变量声明 */
  int a = 10;

  printf ("value of a = %d\n",  a);

  return 0;
}
```

当上面的代码被编译和执行,它会输出结果 10。这是因为在函数内部新声明了局部变量 a,这个名称和全局变量重复,因此,全局变量将不被使用,而是使用局部变量 a。

下面再来看一个综合的例子,请试着分析一下最终输出的结果。

```
#include <stdio.h>
int n = 10;  //全局变量
void func1(){
    int n = 20;  //局部变量
    printf("func1 n: %d\n", n);
}
void func2(int n){
    printf("func2 n: %d\n", n);
}
void func3(){
    printf("func3 n: %d\n", n);
}
```

```
int main(){
    int n = 30;  //局部变量
    func1();
    func2(n);
    func3();
    //代码块由{}包围
    {
        int n = 40;  //局部变量
        printf("block n: %d\n", n);
    }
    printf("main n: %d\n", n);
    return 0;
}
```

上述代码运行结果为：

```
func1 n: 20
func2 n: 30
func3 n: 10
block n: 40
main n: 30
```

11. 变量的存储方式

从作用域的角度来分，变量可以分为全局变量和局部变量。从变量存在时间的角度来分，变量又可以分为静态存储方式和动态存储方式。静态方式是指在程序运行期间分配固定的存储空间的方式，而动态方式是指在程序运行期间根据需要动态分配存储空间的方式。

内存中供用户使用的存储空间通常分为三个部分：程序区、静态存储区和动态存储区。变量存储类别分为 auto 变量、static 变量。

1) auto 变量：在函数内部定义的变量，包括函数的形式参数，都属于 auto 变量，都是动态分配存储空间，数据存储在动态存储区中。此类变量在调用所在函数时系统会给它们分配存储空间，在函数调用结束时自动释放这些存储空间。这类变量称作为自动变量，其在定义时无需使用 auto 关键字。

2) static 变量：在静态存储区，除了全局变量外，还有一种特殊的局部变量——静态局部变量。此变量存放在静态存储区，其所占的存储空间不像自动变量一样会随着函数调用结束而被系统收回。其生命周期是会持续到程序运行结束，如果该函数再次被调用，则静态局部变量将使用上次调用结束时的值。

静态局部变量属于静态存储类别，在静态存储区内分配存储单元。在整个程序运行期间都不释放。而自动变量属于动态存储类别，占用动态存储空间，函数调用结束后所占空间即被释放。在第一次调用函数时,系统给静态局部变量分配存储空间、赋初值,而函数再次被调用时,系统不再给静态局部变量分配存储空间,也不再赋初值,即只赋初值一次,其值就是上次调用结束时的结果。而自动变量则每次被调用时,系统分配存储空间、赋初值,调用结束后,系统会收回所占用的空间,也就是每调用一次,赋初值一次。

3.3.3 一些常用函数

C 语言中最常用的函数是输入输出函数。当提到输入时,这意味着要向程序填充一些数据,输入可以是以文件的形式或从命令行中进行。当提到输出时,这意味着要在屏幕上、打印机上或任意文件中显示一些数据,C 语言提供了一系列内置的函数来输出数据到计算机屏幕上和保存数据到文本文件或二进制文件中。

C 语言中的 I/O(输入/输出)通常使用 printf()和 scanf()两个函数。scanf()函数用于从标准输入(键盘)读取并格式化,printf()函数发送格式化输出到标准输出(屏幕)。例如:

```
#include <stdio.h> // 执行 printf() 函数需要该库
int main()
{
    printf("这是一个输出"); //显示引号中的内容
    return 0;
}
```

编译以上程序,输出结果为:

```
这是一个输出
```

除了输出字符串外,C 语言也提供了其他数值的输出方式。如%d 为格式化输出整数。

```
#include <stdio.h>
int main()
{
    int a = 5;
    printf("a = %d", a);
    return 0;
}
```

编译以上程序,输出结果为:

```
a = 5
```

除了在 printf()函数的引号中使用“%d”(整型)输出外,也可以使用%f 来格式化输出浮点型数据。

```
#include <stdio.h>
int main()
{
    float f = 5;
    printf("f = %f", f);
    return 0;
}
```

int getchar(void) 函数从屏幕读取下一个可用的字符，并把它返回为一个整数。这个函数在同一个时间内只会读取一个单一的字符。用户可以在循环内使用这个方法，以便从屏幕上读取多个字符。int putchar(int c)函数把字符输出到屏幕上，并返回相同的字符。这个函数在同一个时间内只会输出一个单一的字符。用户可以在循环内使用这个方法，以便在屏幕上输出多个字符。例如下面的实例：

```
#include <stdio.h>
int main( )
{
    int c;
    printf("请输入一个字符:");
    c = getchar( );
    printf("\n你输入了:");
    putchar( c );
    printf( "\n");
    return 0;
}
```

当上面的代码被编译和执行时，它会等待用户输入一些文本，当用户输入一个文本并按下回车键时，程序会继续并只会读取一个单一的字符，显示如下：

```
请输入一个字符：abcd
你输入了：a
```

char * gets(char * s)函数从 stdin 读取一行到 s 所指向的缓冲区，直到一个终止符或 EOF。int puts(const char * s)函数把字符串 s 和一个尾随的换行符写入到 stdout。例如：

```
#include <stdio.h>

int main( )
{
```

```
    char str[100];

    printf( "请输入一个字符:");
    gets( str );
    printf( "\n 你输入了:");
    puts( str );
    return 0;
}
```

当上面的代码被编译和执行时,它会等待用户输入一些文本,当用户输入一个文本并按下回车键时,程序会继续并读取一整行直到该行结束,显示如下:

```
请输入一个字符:abcd
你输入了:abcd
```

int scanf(const char * format, ...)函数从标准输入流 stdin 读取输入,并根据提供的 format 来浏览输入。int printf(const char * format, ...)函数把输出写入到标准输出流 stdout,并根据提供的格式产生输出。format 可以是一个简单的常量字符串,但是用户可以分别指定%s、%d、%c、%f 等来输出或读取字符串、整数、字符或浮点数。还有许多其他可用的格式选项,可以根据需要使用。如需了解完整的细节,可以查看这些函数的参考手册。例如:

```
#include <stdio.h>
int main( ) {

    char str[100];
    int i;

    printf( "请输入一个字符:");
    scanf("%s %d", str, &i);

    printf( "\n 你输入了:%s %d ", str, i);
    printf("\n");
    return 0;
}
```

当上面的代码被编译和执行时,它会等待用户输入一些文本,当用户输入一个文本并按下回车键时,程序会继续并读取输入,显示如下:

```
请输入一个字符: abcd 123
你输入了: abcd 123
```

在这里，应当指出的是，scanf()期待输入的格式与用户给出的%s 和%d 相同，这意味着必须提供有效的输入，比如"string integer"，如果提供的是"string string"或"integer integer"，它会被认为是错误的输入。另外，在读取字符串时，只要遇到一个空格，scanf()就会停止读取，所以"this is test"对 scanf()来说是三个字符串。

下面再整理列举 C 语言中的一些其他常用的函数，如下。

表 3—8 列出了 C 语言 math.h 中常用的数学函数。

表 3—8 数学函数

函数	描述
abs(x)	返回 x 的绝对值
acos(x)	返回 x 的反余弦值，单位为弧度
asin(x)	返回 x 的反正弦值，单位为弧度
atan(x)	返回 x 的反正切值，单位为弧度
atan2(y, x)	返回 y/x 的反正切值，单位为弧度
ceil(x)	返回不小于 x 的最小整数值
cos(x)	返回 x 的余弦值，单位为弧度
cosh(x)	返回 x 的双曲余弦值
exp(x)	返回 e 的 x 次方
fabs(x)	返回 x 的绝对值
floor(x)	返回不大于 x 的最大整数值
fmod(x, y)	返回 x 除以 y 的余数
log(x)	返回 x 的自然对数值
log10(x)	返回 x 的以 10 为底的对数值
pow(x, y)	返回 x 的 y 次方
sin(x)	返回 x 的正弦值，单位为弧度
sinh(x)	返回 x 的双曲正弦值
sqrt(x)	返回 x 的平方根
tan(x)	返回 x 的正切值，单位为弧度
tanh(x)	返回 x 的双曲正切值

以上是 C 语言 math.h 中常用的数学函数，还有其他一些函数可以根据需要进行查阅。

表 3—9 列出了 C 语言 stdio.h 头文件中常用的函数。

表 3—9 stdio.h 头文件中常用的函数表示

函　数	描　　述
printf()	格式化输出函数，将指定的数据按照指定的格式输出到标准输出设备(通常是显示器)上
scanf()	格式化输入函数，从标准输入设备(通常是键盘)读取数据，并根据指定的格式进行解析
getchar()	从标准输入设备读取一个字符
putchar()	向标准输出设备输出一个字符
gets()	从标准输入设备读取一行字符串
puts()	向标准输出设备输出一行字符串
sprintf()	将格式化的数据写入字符串
sscanf()	从字符串中读取格式化的数据
fopen()	打开文件
fclose()	关闭文件
fgets()	从文件中读取一行字符串
fputs()	向文件写入一行字符串
fread()	从文件中读取数据块
fwrite()	向文件写入数据块
fseek()	设置文件指针的位置
ftell()	获取文件指针的位置
rewind()	将文件指针重置到文件开头
remove()	删除文件
rename()	重命名文件
feof()	检查文件结束标志

这些函数是 C 语言中常用的输入输出函数，用于处理文件和标准输入输出设备的数据读写操作。

表 3—10 列出了 C 语言 string.h 头文件中常用的函数。

表 3—10 string.h 头文件中常用的函数表示

函 数	描 述
strcpy()	将一个字符串复制到另一个字符串中
strncpy()	将一个字符串的指定长度复制到另一个字符串中
strcat()	将一个字符串追加到另一个字符串的末尾
strncat()	将一个字符串的指定长度追加到另一个字符串的末尾
strcmp()	比较两个字符串是否相等
strncmp()	比较两个字符串的指定长度是否相等
strlen()	计算字符串的长度
strchr()	在一个字符串中查找指定字符的第一次出现位置
strrchr()	在一个字符串中查找指定字符的最后一次出现位置
strstr()	在一个字符串中查找指定子字符串的第一次出现位置
strtok()	将一个字符串分割成多个子字符串
memset()	将一块内存区域填充为指定的值
memcpy()	将一块内存区域从源地址复制到目标地址
memmove()	将一块内存区域从源地址移动到目标地址
memcmp()	比较两块内存区域是否相等
memch()	在一块内存区域中查找指定字符的第一次出现位置
memrchr()	在一块内存区域中查找指定字符的最后一次出现位置

以上是 string.h 头文件中常用的函数，还有其他一些函数可以根据具体需求使用。

3.4 指针

指针是C语言的一个重要概念，也是学习C语言必须掌握的内容之一。通过指针，可以在程序中直接访问某个内存单元的数据，无需复制、移动或者寻址。这使得指针在程序中发挥了重要作用，例如传递复杂数据结构或数组的地址以避免复制大量数据等。同时，指针还可以通过动态分配内存，实现对内存空间的灵活管理。总之，指针是C语言中不可或缺的一个重要特性，学习指针也是学习C语言的关键。理解指针的概念、特点和应用场景，将有助于程序员更好地掌握和运用C语言。

3.4.1 指针的基本概念

在认识指针与指针变量之前，需要首先回顾一下变量的三大要素：变量名、变量的值以及变量的地址。例如，有一个变量声明：

```
int a=0;
```

通过这样的一个变量声明，很容易知道此时的变量名就是 a，变量的值就是 0，那么变量的地址是多少呢？通过取地址运算符"&"，将它作用于变量名 a 就能获得 a 变量的内存地址，例如变量 a 当前的地址为"0x0022ff44"。系统为每一个内存单元都分配一个地址值，在 C/C++中，通常把这个地址值称为"指针"。这也就是我们常说的"指针就是地址"。新的问题来了，那么该如何存储这个地址呢？答案肯定是使用变量存储。而专门用于存放内存地址的变量，就是指针变量。

指针变量的概念：首先指针变量是变量，但相比于普通变量它又有自己的一些特点，即指针变量只能存放内存地址。其次在引入了指针变量的概念之后，对变量的访问方式就增加了。不仅可以通过变量名 a 直接访问变量 a 对应的内存单元获取它的变量值 0，也可以通过指向变量 a 的指针获得变量 a 的内存地址，然后通过变量 a 的内存地址访问变量 a 对应的内存单元，从而获取它的变量值 0。

3.4.2 指针的基本使用

指针变量定义的一般形式为：

```
类型名 *指针变量名;
```

对比变量声明的一般形式：

```
类型名 变量名;
```

可以发现，指针变量相比于普通变量，在定义的过程中多了"*"，它通常被称作指针声明符，表示其后的变量是指针类型的。

接下来通过类比普通变量的定义来尝试定义一些指针变量：

```
int p1;      // 定义一个 int 类型的普通变量
int *q1;     // 定义一个 int 类型的指针变量
float p2;    // 定义一个 float 类型的普通变量
float *q2;   // 定义一个 float 类型的指针变量
```

值得注意的是，虽然它们都有类型名，但这个类型名的含义是不同的。普通变量的类型名指的是当前变量的类型，而指针变量的类型名指的是该指针所指向的普通变量的类型：

```
int p1;      // 定义一个 int 类型的普通变量
int *q1;     // 定义一个 int 类型的指针变量
q1=&p1;      // 将 p1 的地址赋值给 q1,也就是实现 q1 指向 p1
```

这也就意味着指针变量通常是和普通变量一起使用的，这里先定义了一个普通变量 p1，假如想要存储 p1 的地址，就要创建一个和 p1 相同类型的指针变量，接着通过取地址符 & 获得 p1 的地址，并将其赋值给该指针变量。

那指针变量只能用来存储地址吗？并不是的！这里还可以通过指针变量来间接访问指针变量所指向的普通变量。此时需要用到取值运算符“*”：

```
int pl;      // 定义一个 int 类型的普通变量
int *q1;     // 定义一个 int 类型的指针变量
q1=&p1;      // 将 p1 的地址赋值给 q1，也就是实现 q1 指向 p1

//以下两个式子等价
p1=10;
*q1=10;
```

也就是说，在指针变量前面添加“*”之后对其进行操作，就相当于是对该指针变量指向的普通变量进行操作。这里值得注意的是，在上面的示例中，* 出现了两次，一次是在定义指针变量的时候，一次是在通过指针访问原变量的时候。也就是说，* 出现的位置不同，所代表的含义也不相同。

接下来加深一下对指针的理解：

```
int n=10;
int m=15;
int *p=&n;
```

对于上面的三行代码，在内存中的存储情况可以简化为图 3—1(a)，注意，因为指针变量 p 指向普通变量 n，所以 p 所代表的内存单元存储的是 n 的内存地址 0x2000。如果用前面提到的“指向”来理解的话，可以进一步简化成图 3—1(b)。

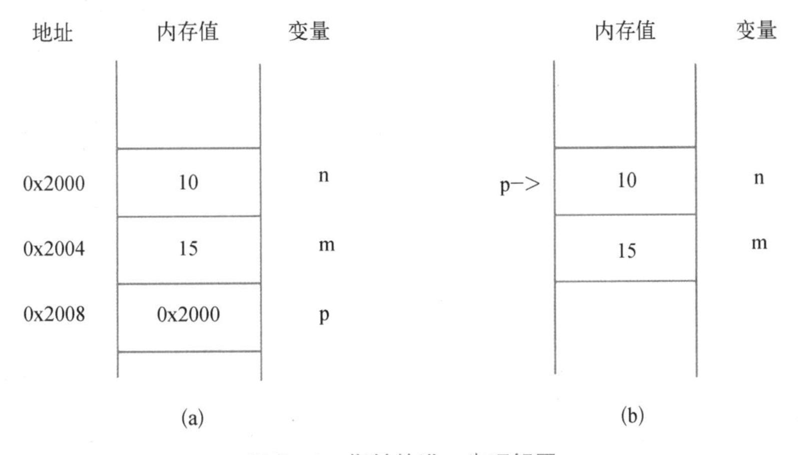

图 3—1　指针的进一步理解图

接下来验证使用指针变量和使用普通变量是等价的，代码示例如下：

```
#include<stdio.h>

int main()
{
    int a=10;
    int *b=&a;
    printf("初始化时 a=%d\n", a);
    printf("初始化时 *b=%d\n", *b);

    a++;
    printf("a++之后 a=%d\n", a);
    printf("a++之后 *b=%d\n", *b);

    (*b)++;
    printf("(*b)++之后 a=%d\n", a);
    printf("(*b)++之后 *b=%d\n", *b);
    return 0;
}
```

上述代码分别打印了初始化时 a 与 *b 的值、a++之后 a 与 *b 的值、(*b)++之后 a 与 *b 的值，发现与预想的一样，对于普通变量的操作和对于指针变量的操作产生的效果是相同的，使用指针变量和使用普通变量是等价的。

```
初始化时 a=10
初始化时 *b=10
a++之后 a=11
a++之后 *b=11
(*b)++之后 a=12
(*b)++之后 *b=12
```

3.4.3 指针与数组

在介绍完指针之后，就可以采用一种新的视角来看待数组了。其实数组名就是一个地址，即数组首元素的地址，通常将它称为基地址或者基指针。并且定义数组名+i 表示距离数组基地址的第 i 个偏移，也就是数组中第 i 个元素的地址。引入这个新的视角之后的变化，代码示例如下：

```
#include<stdio.h>

int main()
{
    int a[3];
    for(int i=0;i<3;i++)
        scanf("%d",&a[i]);   // 原本的读入方式
    for(int i=0;i<3;i++)
        printf("%d",a[i]);   //原本的输出方式
    for(int i=0;i<3;i++)
        scanf("%d",a+i);     // 基于指针的读入方式
    for(int i=0;i<3;i++)
        printf("%d",*(a+i));// 基于指针的输出方式
}
```

其实不单单是数组的读入和输出，数组的遍历也同样可以通过指针实现，代码示例如下：

```
#include<stdio.h>

int main()
{
    int a[3]={1,2,3};
    for(int i=0;i<3;i++)
        printf("%d",*(a+i));     // 基于指针的输出方式
    for(int *b=a;b<a+3;b++) // 基于指针的遍历方式
        printf("%d",*b);         // 基于指针的输出方式
}
```

在基于指针的遍历方式中其实还涉及了指针的算术运算与比较运算。其中的“int *b=a”是之前介绍到的指针赋值运算，也就是将指针 a 所代表的地址赋值给指针 b，直接赋值只能在相同类型的指针之间进行。“b++”就是算术运算了，表示 b 指向下一个内存单元，同理，“b--”表示 b 指向上一个内存单元。“b<a+3”表示的是 b 代表的内存地址与“a+3”代表的内存地址之间的比较，但并不涉及它们所指向的具体变量的大小关系。还有一个经常使用的指针运算就是相同数据类型指针相减，表示它们之间相隔的存储单元的数目。这几个就是常见的指针操作了，除此之外的指针相加、相乘和相除，或指针加上和减去一个浮点数都是非法操作，是不允许的。

3.4.4 指针与函数

通过之前的介绍，可以对指针有初步的理解，并且能够使用指针间接访问变量与数组了。但这种间接访问的方式显然要比直接访问更加繁琐，那么它的优势在哪里呢？一个函数实现两数互换的代码示例如下：

```
#include<stdio.h>

void swap(int x,int y)
{
    int tmp=x;
    x=y;
    y=tmp;
}

int main()
{
    int a=1,b=2;
    printf("初始情况：a=%d,b=%d\n",a,b);
    swap(a,b);
    printf("交换过后：a=%d,b=%d\n",a,b);
    return 0;
}
```

从逻辑上来讲，似乎已经完成了两数交换的任务，但实际的运行结果并不是这样的。

```
初始情况：a=1,b=2
交换过后：a=1,b=2
```

通过对以上代码的调用过程进行简单的分析就会发现问题出在哪里：main 函数调用 swap 函数时，先给两个形参变量 x 和 y 分配空间，然后将实参的值按顺序单向传递给形参，相当于 x=a，y=b，然后 swap 函数里交换 x 和 y 的值。需要注意的是，函数中实参与形参的传递是单向的，此时并没有将 x 与 y 的变化情况传递到主函数中。因此当 swap 函数返回时，swap 函数内的形参变量 x 和 y 的空间被释放掉，而主函数内的两个变量 a 和 b 的值没有任何改变。也就是说，假如要改进这段代码，一个思路就是将形参的变化传递给实参，也就是实现双向传递。而要实现双向传递，就需要引入指针了，代码示例如下：

```
#include<stdio.h>

void swap(int *x,int *y)
```

```
{
    int tmp= * x;
    * x= * y;
    * y=tmp;
}

int main()
{
    int a=1,b=2;
    printf("初始情况：a=%d,b=%d\n",a,b);
    swap(&a,&b);
    printf("交换过后：a=%d,b=%d\n",a,b);
    return 0;
}
```

结果如下：

```
初始情况：a=1,b=2
交换过后：a=2,b=1
```

对以上代码的调用过程也进行简单的分析：main 函数调用 swap 函数时，先给两个形参指针变量 x 和 y 分配空间，然后将实参 &a 和 &b 的值按顺序单向传递给形参，所以 x 接收实参 &a，y 接收实参 &b，相当于 x=&a，y=&b，此时即建立了指向关系：x 指向 a 变量，y 指向 b 变量，所以操作 * x 等价于操作 a，操作 * y 等价于操作 b，swap 函数里交换 * x 和 * y 的值就是交换 main 函数里 a 和 b 的值。也就是说实现了形参和实参的双向传递。因此 swap 函数返回时，虽然 swap 函数内的形参变量 x 和 y 的空间已经被释放，但是 a 和 b 的值已经交换好了。

通过具体的示例说明了在函数中引入指针的必要性，接下来具体看一下将指针作为函数参数的流程：

1）在主函数中，将该变量的地址或者指向该变量的指针作为实参，例如上述代码中的“swap(&a，&b)”。

2）在被调函数中，用指针类型形参接受该变量的地址，例如上述代码中的“void swap (int * x，int * y)”。

3）在被调函数中，改变形参所指向变量的值，例如上述代码中的“* y=tmp”。

上文曾经提过，数组名就是一个地址，是一个指针，那么数组名应该也可以作为函数参数进行传递。而此时的形参既可以是指针，也可以是数组。这是数组名作为实参传递的特殊性。一个数组求和的代码示例如下：

```
#include<stdio.h>

int sum1(int *b,int n)
{
    int s=0;
    for(int i=0;i<n;i++)
        s+=*(b+i);
    return s;
}

int sum2(int b[],int n)
{
    int s=0;
    for(int i=0;i<n;i++)
        s+=b[i];
    return s;
}

int main()
{
    int a[5]={1,2,3,4,5};
    printf("a 数组的总和是:%d\n",sum1(a,5));
    printf("a 数组的总和是:%d\n",sum2(a,5));
    return 0;
}
```

函数 sum1 使用指针作为形参来接受实参数组名,函数 sum2 使用数组作为形参来接受实参数组名,这两种形式都是可以的。当然,还有其他的使用方式,例如可以使用一个指针指向数组的首地址,接着将这个指针作为实参传递到函数中。但是它们的内涵是相同的,也就是实参传递数组的首地址,无论是数组名还是一个指向数组首地址的指针;形参接受数组的首地址,无论是使用指针形式还是数组形式。

那么使用数组名作为函数参数进行传递,相比于直接传递整个数组,有什么优势呢?答案是显而易见的:

1)只复制一个地址自然比复制全部数据效率高;

2)由于首地址相同,故实参数组与形参数组占用同一段内存;

3)在该函数内,不仅可以读这个数组的元素,还可以直接修改它们。

3.5 结构体

结构体是C语言中一种重要的数据类型，它允许创建复杂的数据类型，这些复杂的数据类型可能由不同类型的数据成员组成，每个成员变量都有自己的数据类型和作用域。通过使用结构体来描述这些复杂的数据类型，可以使代码更加清晰简洁，容易维护和优化。同时，结构体还可以提高程序的效率，因为它可以将多个变量合并为一个变量，减少内存占用和访问时间。

3.5.1 结构体的引入

现在分析一个具体的需求：假设需要管理一个班级20名学生的基本信息，包括学号、姓名以及各科成绩（包括数学、英语、计算机），那么该如何计算各学生的平均分呢？可以使用数组实现：

```
#include<stdio.h>

int main()
{
    int num[20];             //20个人的学号
    char name[20][10];       //20个人的姓名
    int math[20];            //20个人的数学成绩
    int english[20];         //20个人的英语成绩
    int computer[20];        //20个人的计算机成绩
    double average[20];      //20个人的平均分

    //读入数据
    //计算平均分并存储到average数组中

}
```

使用数组确实实现了上述的需求，但是也带来了一定的不便：1）结构零散，不易管理。一名学生不同的信息，需要到不同的数组中去获取。2）分配内存不集中，寻址效率低。各个数组存储的位置不同，为了获得一名学生的信息，寻址的时间比较长。3）容易错位。对于同一名学生，必须在各个数组中使用同一个下标，否则容易出现逻辑错误。为了解决处理复杂数据的需求，也就引出了结构体，它允许用户根据具体问题利用已有的基本数据类型来构造自己所需的数据类型。例如可以构造一个结构体专门用来描述学生信息，也就是一个结构体包含6个不同类型的成员。

3.5.2 结构体的基本使用

结构体定义的一般形式为:

```
struct 结构体类型名
{
数据类型 结构成员 1 的名字;
数据类型 结构成员 2 的名字;
…
数据类型名 结构成员 n 的名字;
};
```

其中,struct 为定义结构体的关键字,并且 struct 和它后面的结构名一起组成一个新的数据类型名。注意,结构体是以分号结束的,也就是说 C 语言中把结构体的定义看作是一条语句。

按照这个定义语法,下面看一下如何构造一个结构体专门用来描述学生信息:

```
struct student{
    int num;                    /* 学号 */
    char name[10];              /* 姓名 */
    int math;                   /* 数学课程成绩 */
    int english;                /* 英语课程成绩 */
    int computer;               /* 计算机课程成绩 */
    double average;             /* 个人平均成绩 */
};
```

其中,三门课程成绩是同类型的,也可以写作一行:

```
struct student{
    int num;                    /* 学号 */
    char name[10];              /* 姓名 */
    int math,english,computer;  /* 三门课程成绩 */
    double average;             /* 个人平均成绩 */
};
```

结构体定义了一种新的、自定义的数据类型,那么一个新的问题出现了:该如何定义对应的变量呢?

方法 1:先定义一个结构类型,再定义具有这种结构类型的变量。

```
struct student{
    int num;                    /* 学号 */
```

```
    char name[10];                /* 姓名 */
    int computer, english, math;  /* 三门课程成绩 */
    double average;               /* 个人平均成绩 */
};
struct student s1,s2;
```

方法 2：在定义结构类型的同时定义结构变量。

```
struct student{
    int num;                      /* 学号 */
    char name[10];                /* 姓名 */
    int computer, english, math;  /* 三门课程成绩 */
    double average;               /* 个人平均成绩 */
}s1, s2;
```

方法 3：在定义结构变量时省略结构名。

```
struct {
    int num;                      /* 学号 */
    char name[10];                /* 姓名 */
    int computer, english, math;  /* 三门课程成绩 */
    double average;               /* 个人平均成绩 */
} s1, s2;
```

定义完变量之后，下一个操作就是初始化。结构体变量的初始化也有其自身的特点，因为结构体变量内部包含了多个成员变量，一般采用花括号法初始化：

```
struct student s1 = {1001, "ZhangLi", 78, 87, 85};
```

注意到，花括号内部只有 5 个值，因为平均分并没有被计算出来。花括号内部的值，会按照顺序依次赋值给结构体变量 s1 的各个成员变量。另外，和普通变量一样的是可以对具有相同类型的结构变量进行整体赋值，赋值时，将赋值符号右边结构变量的每一个成员的值都赋给左边结构变量中相应的成员。

```
struct student s1 = {1001, "ZhangLi", 78, 87, 85};//s1 各成员赋了初值
struct student s2;
s2 = s1;//整体赋值后 s2 各成员的值与 s1 各成员的值对应相等
```

那么该如何使用结构体内部的成员变量呢？这里就需要引入结构成员操作符“.”了，在 C 语言中，可以使用“.”来引用结构成员，格式为：

结构变量名 . 结构成员名

例如:

```
s1.num = 101;
strcpy(s1.name, "ZhangLi");
```

并且,不允许将一个结构体变量作为一个整体来进行输入、运算、输出操作,只能对它的每个成员进行输入、运算、输出。

到这里已经实现了结构体的基本操作,但仍然没有解决上述的需要,因为只实现了一名学生数据的存储。而要实现多名学生数据的存储,就需要使用结构体数组的概念了。结构体数组本质上也是数组,与普通数组的不同之处在于每个数组元素都是一个结构类型的变量。因此定义结构体数组时的数据类型需要是自定义过的一个结构体类型。例如:

```
// 定义一个基本类型的数组
int a[100];
// 定义一个结构体类型的数组
struct student students[100];
```

可以看到,结构体数组在定义上和普通数组几乎没有区别,只是数组的类型由基本数据类型转变为自定义的结构体类型,数组元素由基本变量转换为结构体变量。

而结构体数组的初始化也可以采用大括号的语法,但是相对使用的会少一点。

```
struct student students[100] = {{1001,"ZhangLi", 76, 85, 78 }, {1002, "WangWu", 95,
80, 88} };
```

对于结构体数组内元素的访问和普通数组的访问是一样的,采用下标的方式进行,而在得到结构体之后,可以通过“.”来引用内部的结构成员。

```
students[i].num = 1001;
strcpy(students[i].name, "ZhangLi");
```

另外,结构体数组和普通数组一样,元素是可以直接赋值的,因为结构体数组中的元素是结构体,而对具有相同类型的结构变量是可以进行整体赋值。

```
students[i] = students[k];
```

有了结构体数组,就可以处理最初的需求了,代码示例如下:

```
#include <stdio.h>

struct student{
    int num;                    /* 学号 */
    char name[10];              /* 姓名 */
```

```
    int math,english,computer;      /* 三门课程成绩 */
    double average;                 /* 个人平均成绩 */
};

int main()
{
    struct student students[3];
    /* 输入5个学生的记录,并计算平均分 */
    for(int i = 0; i < 3; i++){
        /* 提示输入第i个同学的信息  */
        printf("Input the No %d student's number, name and score: \n", i+1);
        scanf("%d %s %d %d %d", &students[i].num, students[i].name,
&students[i].math,&students[i].english,&students[i].computer);
        /*计算第i个同学的平均分*/
        students[i].average = (students[i].math+students[i].english+students
[i].computer)/3.0;
        /*输出第i个同学的各信息*/
        printf("num:%d name:%s math:%d english:%d computer:%d average:
%f\n", students[i].num, students[i].name, students[i].math,students[i].english,
students[i].computer,students[i].average);
    }
    return 0;
}
```

如下是具体的实验结果:

```
Input the No 1 student's number, name and score:
1 zhangsan 10 20 30
num:1 name:zhangsan math:10 english:20 computer:30 average:20.000000
Input the No 2 student's number, name and score:
2 wangwu 20 20 30
num:2 name:wangwu math:20 english:20 computer:30 average:23.333333
Input the No 3 student's number, name and score:
3 lisi 80 80 100
num:3 name:lisi math:80 english:80 computer:100 average:86.666667
```

3.5.3 结构体综合

结构体是一种自定义的数据类型,那么是否可以和之前一样,通过指针来间接访问它呢？这就引申出了新的概念,结构体指针。结构体指针就是指针,所以它的基本概念和操作是和普通指针一样的。我们可以定义一个结构体指针,然后通过结构体指针来访问结构体变量或者结构体数组。如下是结构体指针的一般定义形式：

```
struct 结构体类型名 *结构体指针变量名;
```

通过对比普通指针定义的一般形式就可以发现,两者的形式几乎是一样的：

```
类型名 *指针变量名;
```

此外,再对比一下具体的定义实例：

```
int *q1;              // 定义一个 int 类型的指针变量
struct student *p;//定义一个 student 类型的结构指针变量
```

类比普通指针变量的赋值,看一下结构体指针变量的赋值：

```
int p1=1;  // 定义一个 int 类型的普通变量
int *q1;   // 定义一个 int 类型的指针变量
q1=&p1;  // 将 p1 的地址赋值给 q1,也就是实现 q1 指向 p1

struct student p2 = {1001, "ZhangLi", 78, 87, 85};//定义一个 student 类型的结
构变量
struct student *q2; //定义一个 student 类型的结构指针变量
q2=&p2;   // 将 p2 的地址赋值给 q2,也就是实现 q2 指向 p2
```

类比普通指针变量的使用,看一下结构体指针变量的使用：

```
//以下两个式子等价
p1=10;
*q1=10;

//以下两个式子等价
p2 = {1001, "ZhangLi", 78, 87, 85};
*q2 = {1001, "ZhangLi", 78, 87, 85};
```

但在结构体指针变量的使用中,还有更加重要的一环,就是对于成员的操作。在这里引入了一个新的指向运算符“->”,通过它可以直接访问指针指向的结构成员。

```
//以下三个式子等价
p2.num=1001;
(*q2).num = 1001;
q2->num = 1001;
```

验证指向运算符“－＞”有效性的代码示例如下：

```
#include <stdio.h>

struct student{
    int num;                    /* 学号 */
    char name[10];              /* 姓名 */
    int math,english,computer;  /* 三门课程成绩 */
};

int main ()
{
    struct student s1 = {1001, "ZhangLi", 78, 87, 85};
    struct student *p;
    p = &s1;//p 指向结构体变量 s1
    printf("s1:%d %s %d %d %d\n",s1.num,s1.name,s1.math,s1.english,s1.
computer);
    printf("s1:%d %s %d %d %d\n",p->num, p->name, p->math,
p->english, p->computer);

    return 0;
}
```

可以发现，指向运算符“－＞”确实访问了指针指向的结构成员，通过指针加“－＞”访问结构变量的方法与直接使用结构变量的效果是一致的。

```
s1:1001 ZhangLi 78 87 85
s1:1001 ZhangLi 78 87 85
```

当然，之前在指针部分提到了可以使用指针访问数组，这里也可以通过结构体指针访问结构体数组，具体的访问方式类似，代码示例如下：

```
#include<stdio.h>

struct student{
    int num;                    /* 学号 */
    char name[10];              /* 姓名 */
    int math,english,computer;  /* 三门课程成绩 */
};
```

```
int main()
{
    struct student students[3];
    for(int i=0;i<1;i++)
        scanf("%d %s %d %d %d",&(students[i].num),students[i].name,
    &(students[i].math),&(students[i].english),&(students[i].computer)); // 数
据读入

    for(int i=0;i<1;i++){
        printf("%d %s %d %d %d\n",students[i].num,students[i].name,
students[i].
    math,students[i].english,students[i].computer); //原本的输出方式
        printf("%d %s %d %d %d\n",(*(students+i)).num,(*(students+
i)).name,
    (*(students+i)).math,(*(students+i)).english,(*(students+i)).
computer);//使用指针方式输出
        printf("%d %s %d %d %d\n",(students+i)->num,(students+
i)->name,
    (students+i)->math,(students+i)->english,(students+i)->computer);//
使用指向运算符输出
    }
    for(struct student *p=students;p<students+1;p++){
        printf("%d %s %d %d %d\n",(*p).num,(*p).name,(*p).math,(*p).
    english,(*p).computer);//使用指针方式输出
        printf("%d %s %d %d %d\n",p->num,p->name,p->math,p->
english,
    p->computer);//使用指向运算符输出
    }

    return 0;
}
```

此外,结构体作为一种自定义的数据类型,也可以作为函数的参数进行传递或者作为函数的返回值进行传递。以函数参数为例,结构体作为参数时,可以传递结构体的单个成员,也可以传递整个结构体,可以传递单个成员的首地址,也可以传递结构体的首地址。其中传递单个成员以及单个成员的地址在前面已经介绍过了,这里看一下结构体的传递,代码示例如下:

```
#include<stdio.h>

struct student{
    int num;                          /* 学号 */
    char name[10];                    /* 姓名 */
    int math,english,computer;        /* 三门课程成绩 */
    int average;                      /* 平均分 */
};
double count_average(struct student s){
    double res;
    // 计算平均值
    return res;
}
void print_students(struct student *students){
    // 输出所有学生的信息
}

int main()
{
    struct student students[3];
    for(int i=0;i<3;i++)
        students[i].average=count_average(students[i]);
    print_students(students);
    return 0;
}
```

可以发现，其实将结构体作为函数的参数和使用普通变量作为函数参数并没有什么区别。

3.6 链表

链表是一种常见的数据结构，它由一系列结点组成，每个结点包含一些数据元素和指向下一个结点的指针。在C语言中，链表可以通过定义结构体来实现。通过链表可以实现动态内存分配，即根据需要动态地分配和释放内存空间，这对于一些需要频繁调整内存大小的应用场景非常有用。同时，一些常用的数据结构，例如栈、队列、树和图等，都可以基于链表进行实现。

3.6.1 动态内存分配

在正式介绍链表之前,需要先简单介绍一下动态内存分配。所谓的动态内存分配是指在程序运行时,根据需要动态地分配和释放内存空间,避免出现申请空间太多浪费或者申请空间太少了无法处理等情况。动态内存分配的步骤主要包含以下几步:

1) 计算需要的内存空间大小;
2) 利用 C 语言提供的动态内存分配函数来分配所需要的存储空间;
3) 使指针指向获得的内存空间,以便用指针在该空间内实施运算或操作;
4) 当内存使用完毕后,利用 C 语言提供的动态内存释放函数来释放这一空间。

其中,动态内存分配函数指的是 malloc 函数,如下是它的函数原型:

```
void *malloc(unsigned size)
```

➢ size 是需要的内存空间的长度。

该函数用于在内存的动态存储区中分配一连续的大小为 size 字节的空间。若申请成功,则返回一个指向所分配内存空间的起始地址的指针。返回值的类型是 void *,在实际使用时需要根据实际的数据类型,采用强制类型转换将其转换为所需数据类型的指针。若申请内存空间不成功,则返回 NULL。

动态内存释放函数指的是 free 函数,如下是它的函数原型:

```
void free(void *p)
```

➢ p 是已分配的内存块。

该函数用于释放由动态存储分配函数申请到的整块内存空间。需要注意的是,当某个动态分配的存储块不再使用时,要及时将它释放,并且在内存释放后不能再使用该指针去访问已经释放的空间。

一个动态内存分配使用的代码示例如下:

```
#include <stdio.h>
#include <stdlib.h> //malloc 和 free 在这个库文件中

int main ( )
{
    int n, sum, i, *p;
    printf("Input the size of the array: ");        /* 输入数组元素的个数 */
    scanf("%d", &n);
    /* 申请动态分配能存放 n 个整数的内存空间,并把返回的地址强制转换成指
向"int"类型的指针,可以用来存放整数 */
    p=(int *)malloc(n* sizeof(int));          /* n 个整数总共需要 n* sizeof
(int)个字节 */
```

```
        if (p== NULL){
            printf("There is not enough memory\n");
            return -1;
        }
        printf("Enter %d values of array: \n", n);    /* 提示输入n个整数 */
        for (i=0; i<n; i++)
            scanf("%d", p+i);                    /* p是这块空间的首地址,用指针方式
依次输入n个整数 */
        sum = 0;
        for (i=0; i<n; i++)
            sum=sum+ *(p+i);                     /* p是这块空间的首地址,用指针方式
求n个整数和 */
        printf("The sum is %d \n",sum);
        free(p);/* 释放动态分配的空间 */
        return 0;
    }
```

结果如下：

```
Input the size of the array: 3
Enter 3 values of array:
1
2
3
The sum is 6
```

上述示例使用动态内存分配方法来为一个一维数组分配空间,并计算了数组内元素的和。

3.6.2　链表的基本概念

链表是一种动态数据结构,它由多个结点组成,每个结点包含数据和指向下一个结点的指针。链表的主要特点是它们的数据可以动态地增加或减少,而不需要像数组那样预先分配内存空间。链表可以分为多种类型,其中最常用的是单向链表和双向链表。本节重点介绍单向链表。单向链表中的每个结点只有一个指针,用于指向下一个结点,而最后一个结点的指针通常指向空值(NULL),表示链表的末尾。链表的第一个结点称为头结点,第一个数据结点称为首元结点,最后一个结点称为尾结点。之所以将第一个结点和第一个数据结点区分开是因为头结点一般不存储任何数据,特殊情况可存储表示链表信息(表的长度等)的数据。头结点的存在主要是为了实现插入和删除数据元素的统一。我们通常会使用一个称为头指针的指针指向头结点,有时也会使用一个称为尾指针的指针指向尾结点。

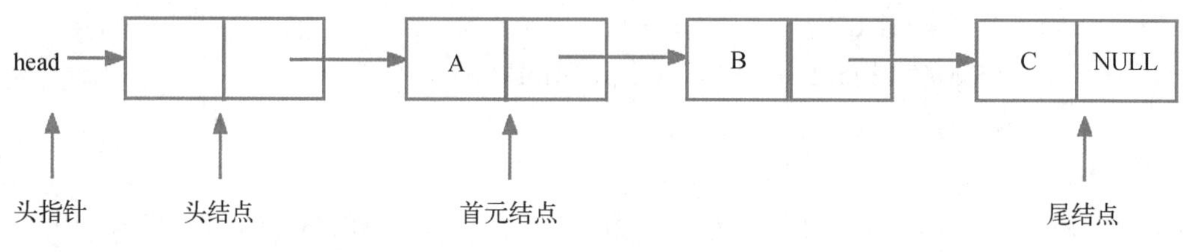

图 3—2 单链表示意图

其中最为基础也最为重要的概念就是结点,它是链表的基本元素,包含了数据域和指针域两部分,其中数据域用于存放本结点的数据,可以有多个,而指针域则是存放指向下一个结点的指针。也就是说,结点需要存储两部分不同数据类型的信息,这就可以使用前面介绍的结构体来实现了。假设当前链表存储的是一个班级所有同学的信息,那每个结点存储的就是其中一名同学的信息,包括学号和电话:

```
struct stu_node
{
    int num;
    char tel[11];
    struct stu_node * next;    //指向下一个结点(也是此结构体类型)的指针
}
```

按照链表中的概念,可以将数据成员 num 和 tel 作为一个整体称为数据域,将指向下一个结点(也是此结构体类型)的指针 next 称为指针域。

3.6.3 链表的构建

通过结构体可以将一系列的数据(例如学生信息)存储成结点了,但如何实现对于这些结点的管理呢?一个直观的想法就是直接构建一个结点数组,然后使用数组进行结点的管理。但这种想法就浪费结点中的指针域了,换句话说,结点管理关键是依靠结点的指针域,所以可以通过所有结点的指针域构建一个指针链,通过这个链实现对于结点的管理。而构建这个链的过程,就是链表的插入。常用的链表插入方式有两种,分别是“头插法”和“尾插法”,前者是在头结点的后面插入新的结点,而后者是在尾结点的后面插入新的结点。

通过“头插法”构建链表的代码示例如下:

```
#include <stdio.h>
#include <stdlib.h>

struct stu_node
{
    int num;
    char tel[11];
```

```
    struct stu_node * next;//指向下一个结点(也是此结构体类型)的指针
};

int main(){
    struct stu_node * head, * p;
    int num;
    head = (struct stu_node * ) malloc(sizeof(struct stu_node));// 头指针指向
头结点
    head->next=NULL;
    printf("输入学生人数:");
    scanf("%d", &num);
    while(num--){
        p = (struct stu_node * ) malloc(sizeof(struct stu_node));//为新结点申请空间
        scanf("%d %s", &(p->num), p->tel);//新结点成员赋值
        // 头插法
        p->next=head->next;
        head->next=p;
    }
    return 0;
}
```

这段构建代码中最关键的就是"头插法"相关的代码：

```
p->next=head->next;
head->next=p;
```

其中,"head"是指向头结点的头指针,"p"是动态申请空间成功之后,系统返回的指向所分配内存空间的起始地址的指针,也就是指向新结点的指针。在"p->next=head->next"中,将新结点的 next 指针指向了首元结点。接着,"head->next=p",让新结点成了新的首元结点。通过这种方式,可以不断将新结点插入头结点之后,完成了结点的插入与链表的构建,因而称为"头插法"。

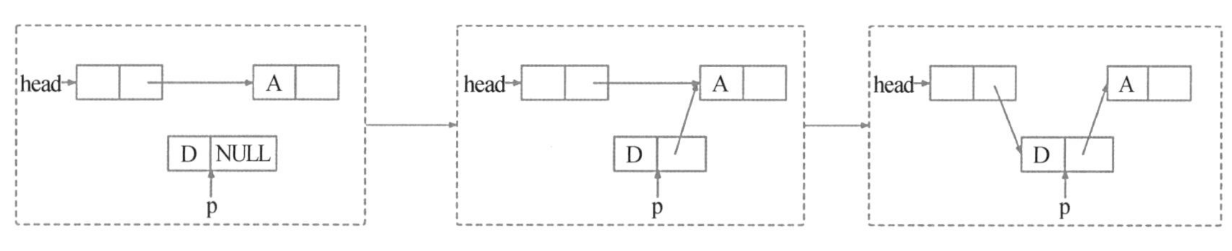

图 3—3 头插法示意图

通过"尾插法"构建链表的代码示例如下：

```
#include <stdio.h>
#include <stdlib.h>

struct stu_node
{
    int num;
    char tel[11];
    struct stu_node *next;//指向下一个结点(也是此结构体类型)的指针
};

int main(){
    struct stu_node *head, *tail, *p;
    int num;
    head = (struct stu_node *) malloc(sizeof(struct stu_node));// 头指针指向头结点
    tail = head;
    printf("输入学生人数:");
    scanf("%d", &num);
    while(num--){
        p = (struct stu_node *) malloc(sizeof(struct stu_node));//为新结点申请空间
        scanf("%d %s", &(p->num), p->tel);//新结点成员赋值
        // 尾插法
        p->next = NULL;
        tail->next = p;
        tail = p;
    }
    return 0;
}
```

这段构建代码中最关键的就是“尾插法”相关的代码:

```
tail = head;
...
tail->next = p;
tail = p;
```

其中,head 指针、p 指针和头插法中的定义相同,而“tail”指针设定为指向尾结点的尾指针。因为最初链表中没有数据结点,所以通过“tail = head”让尾指针指向头结点(此时头结点等同于尾结点)。当新结点创建完毕之后,让原来尾结点的指针指向新结点,同时将“tail”

指针指向新结点。通过这种方式，可以不断将新结点作为尾结点，完成了结点的插入与链表的构建，因而称为“尾插法”。

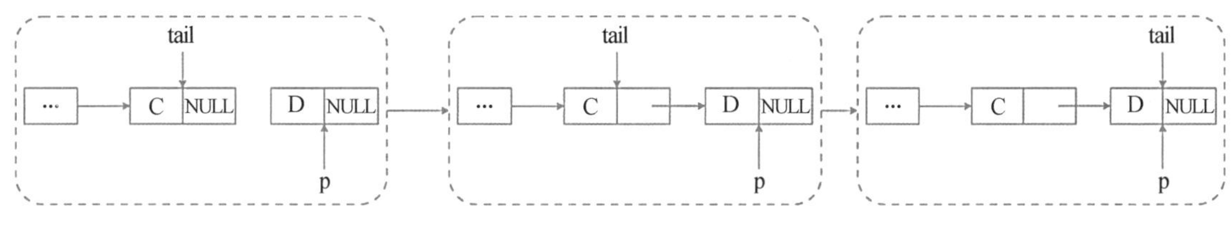

图 3—4　尾插法示意图

3.6.4　链表基础操作

通过“头插法”或者“尾插法”建立起了链表，实现了数据的存储，也通过指针域实现了结点之间的关联，接下来就是依靠这种关联实现对链表的一些额外操作，例如链表的遍历、结点的删除等。链表遍历的代码示例如下：

```
#include <stdio.h>
#include <stdlib.h>

struct stu_node
{
    int num;
    char tel[11];
    struct stu_node *next;//指向下一个结点(也是此结构体类型)的指针
};

int main(){
    struct stu_node *head, *tail, *p;
    int num;
    head = (struct stu_node *) malloc(sizeof(struct stu_node));// 头指针指向头结点
    tail = head;
    printf("输入学生人数:");
    scanf("%d", &num);
    while(num--){
      p = (struct stu_node *) malloc(sizeof(struct stu_node));//为新结点申请空间
      scanf("%d %s", &(p->num), p->tel);//新结点成员赋值
      // 尾插法
      p->next = NULL;
      tail->next = p;
```

```
        tail = p;
    }
    for(p = head->next; p!=NULL; p = p->next)
        printf("%d\t%s\n", p->num, p->tel);
    return 0;
}
```

可以看到,链表的遍历代码很简单:

```
for(p = head->next; p!=NULL; p = p->next)
    printf("%d\t%s\n", p->num, p->tel);
```

其中,我们提前定义了一个临时的指针变量 p,并且在循环初始化的时候将指向首元结点的指针变量赋值给 p。接下来在循环的执行过程中,输出了 p 指针指向结点的内容,也就是实现了我们的需求。然后在循环更新过程中不断将指针往后移动,直至移动到尾结点。

这个示例只是单纯将结点的信息进行输出,其他的操作就会和需求相关了,例如只输出特定学生的信息或者对某些同学信息进行修改。

如果将同样的信息采用"头插法"和"尾插法"两种不同的方式去构建链表,可以发现输出信息的顺序会有所不同,例如同样插入"zhangsan"、"lisi"、"wangwu"三个人的信息:

```
//头插法输出的结果
789     wangwu
456     lisi
123     zhangsan

//尾插法输出的结果
123     zhangsan
456     lisi
789     wangwu
```

从上述结果可以发现,输入信息的顺序是"zhangsan"、"lisi"、"wangwu",但在输出信息的时候,两种不同的插入方式结果是不相同的。结合两种插入方式的特点以及链表遍历的算法不难发现,"头插法"会将每个新结点作为首元结点,而"尾插法"则是将每个新结点作为尾结点,并且遍历算法在链表中是从前往后遍历的,所以就产生了这样的特点。如果想要保持数据列表的顺序,可能"尾插法"会是一个比较好的选择,但有时需要对列表进行逆序时,或许"头插法"会是一个不错的选择。

有了链表的遍历之后,可以很方便地对链表当前的结构进行直观的了解,接下来将尝试一下删除部分结点,代码示例如下:

```
#include <stdio.h>
#include <stdlib.h>

struct stu_node
{
    int num;
    char tel[11];
    struct stu_node *next;//指向下一个结点(也是此结构体类型)的指针
};

int main(){
    struct stu_node *head, *tail, *p, *q;
    int num;
    head = (struct stu_node *) malloc(sizeof(struct stu_node));// 头指针指向头结点
    tail = head;
    printf("输入学生人数:");
    scanf("%d", &num);
    while(num--){
        p = (struct stu_node *) malloc(sizeof(struct stu_node));//为新结点申
请空间
        scanf("%d %s", &(p->num), p->tel);//新结点成员赋值
        // 尾插法
        p->next = NULL;
        tail->next = p;
        tail = p;
    }
    //删除结点
    p=head->next;
    q=p->next;
    while((q!=NULL) && (q->num!=456))
    {
        p=q;
        q=q->next;
    }
    if(q!=NULL){
        p->next=q->next;
        free(q);
```

```
    }

    // 遍历链表
    printf("开始输出学生信息:\n");
    for(p = head->next; p!=NULL; p = p->next)
    {
        printf("%d\t%s\n", p->num, p->tel);
    }
    return 0;
}
```

可以看到,删除结点的关键代码是:

```
//删除结点
p=head->next;
q=p->next;
while((q!=NULL) && (q->num!=456))
{
    p=q;
    q=q->next;
}
if(q!=NULL){
    p->next=q->next;
    free(q);
}
```

首先准备两个指向前后两结点的指针,这两个指针一直在链上移动,直到 q 指针指向目标结点或者 q 指针指向了 NULL。如果 q 指针确实指向了目标结点,就开始删除结点了,“p->next=q->next”表示脱链,而“free(q)”表示释放被删除的空间。脱链将 p 的 next 域设置为 q 的 next 域,在指针链中删除了 q 指向的结点,也就实现了对于目标结点的删除。另外,这种删除是逻辑意义上的,因为指针链是人为构建的,所以还需要物理上使用 free 函数释放对应的空间实现真正的删除。

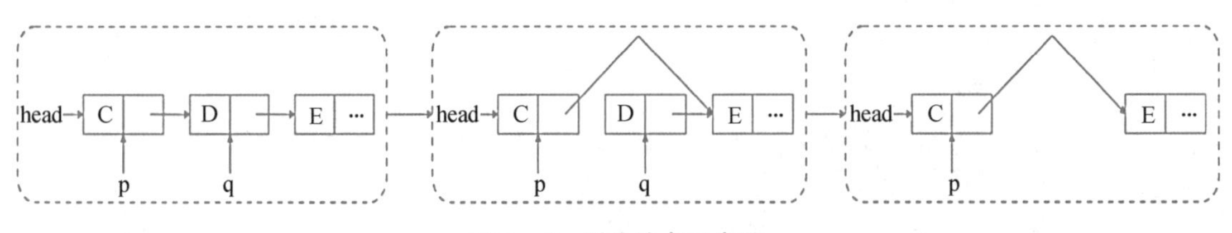

图 3—5 删除结点示意图

然后可以再尝试一下插入部分结点，在前面已经介绍了“头插法”或者“尾插法”，现在介绍第三种插入结点的方法“任意插入法”，适用于在链表已经有序的情况下按照原先的顺序进行插入。例如已经按照学号顺序构建了一个链表，突然发现有一名同学的信息忘记录入了，此时就需要将该同学的信息按照学号插入到合适的位置，代码示例如下：

```
#include <stdio.h>
#include <stdlib.h>
#include <string.h>

struct stu_node
{
    int num;
    char name[11];
    struct stu_node *next;//指向下一个结点(也是此结构体类型)的指针
};

int main(){
    struct stu_node *head, *tail, *p, *q, *new_stu;
    int num;
    head = (struct stu_node *) malloc(sizeof(struct stu_node));// 头指针指向头结点
    tail = head;
    printf("输入学生人数:");
    scanf("%d", &num);
    while(num--){
        p = (struct stu_node *) malloc(sizeof(struct stu_node));//为新结点申请空间
        scanf("%d %s", &(p->num), p->name);              //新结点成员赋值
        // 尾插法
        p->next = NULL;
        tail->next = p;
        tail = p;
    }
    //插入结点
    new_stu = (struct stu_node *) malloc(sizeof(struct stu_node));
    new_stu->num=799;
    strcpy(new_stu->name,"new");

    if(head->next==NULL){
```

```
        head->next=new_stu;
    }else{
        p=head->next;
        q=p->next;
        while((q!=NULL) && (new_stu->num > q->num))
        {
            p=q;
            q=q->next;
        }
        if(q==NULL){
            p->next=new_stu;
        }else{
            p->next=new_stu;
            new_stu->next=q;
        }
    }

    // 遍历链表
    printf("开始输出学生信息:\n");
    for(p = head->next; p!=NULL; p = p->next)
    {
        printf("%d\t%s\n", p->num, p->name);
    }
    return 0;
}
```

可以看到,任意插入结点的关键代码是:

```
//插入结点
new_stu = (struct stu_node *) malloc(sizeof(struct stu_node));
new_stu->num=799;
strcpy(new_stu->name,"new");

if(head->next==NULL){
    head->next=new_stu;
}else{
    p=head->next;
    q=p->next;
```

```
        while((q!=NULL) && (new_stu->num > q->num))
        {
            p=q;
            q=q->next;
        }
        if(q==NULL){
            p->next=new_stu;
        }else{
            p->next=new_stu;
            new_stu->next=q;
        }
    }
```

上述示例首先初始化了准备插入的结点，然后开始找寻插入的位置。如果当前链上没有结点，那么当前的结点就变为了首元结点。否则的话，就要寻找第一个学号大于当前结点的结点。如果找到了这样一个结点，就断开原来的链，将当前结点插入进去。如果没有找到，就代表着当前结点的学号大于链上的所有结点，当前结点可以作为尾结点。

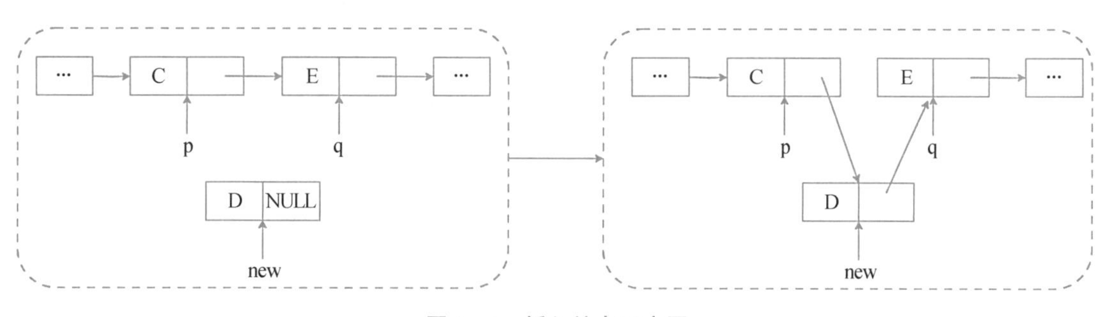

图3—6 插入结点示意图

3.7 经典算法举例

C语言的经典算法是计算机科学和编程基础知识的核心组成部分。掌握这些经典算法有助于建立扎实的编程基础，提高编程技能和解决问题的能力。本节将重点介绍一些排序和查找相关的算法。

3.7.1 冒泡排序

冒泡排序是一种基础的排序算法。它的基本思想是通过不断地进行交换，使得每一次遍历可以将最大（或最小）的元素"浮"到数组的一端。具体来说，冒泡排序会遍历整个数组，比较相邻两个元素，如果他们的顺序错误就对他们进行交换。遍历数组的工作重复进行直到没有需要交换的元素为止。在时间复杂度上,冒泡排序的时间复杂度在最坏的情况下(即输入的数据是逆序的)是 $O(n^2)$,其中 n 是数组的长度。这是因为冒泡排序算法需要遍历整个数组,每次遍历都可能需要进行交换操作。在最好的情况下(即输入的数据已经是排序好的),冒泡排序的时间复杂度是 $O(n)$。但是平均情况下,时间复杂度仍然是 $O(n^2)$。

冒泡排序的代码示例如下:

```
#include <stdio.h>

void bubble_sort(int arr[], int n) {
    int i, j, temp;
    for (i = 0; i < n-1; i++) {
        for (j = 0; j < n-i-1; j++) {
            if (arr[j] > arr[j+1]) {
              temp = arr[j];
              arr[j] = arr[j+1];
              arr[j+1] = temp;
            }
        }
    }
}

int main() {
    int arr[] = { 7, 3, 21, 15, 100 };
    int n = sizeof(arr) / sizeof(arr[0]);

    bubble_sort(arr, n);

    for (int i = 0; i < n; i++) {
        printf("%d ", arr[i]);
    }
    printf("\n");

    return 0;
}
```

上述示例首先初始化待排序的数组并获取了数组的元素个数,接着调用冒泡排序算法 bubble_sort 对数组进行排序,并将排序完成之后的结果输出。

在冒泡排序算法的实现中,通过第一个 for 循环实现了 n－1 趟的排序,在第二个 for 循环中实现对未确定最终位置元素的两两比较,不断将最大的元素“浮”到数组的一端。

3.7.2 插入排序

插入排序也是一种基础的排序算法。它的基本思想是将待排序的数据分为已排序和未排序两部分,每次从未排序部分选择一个元素,插入到已排序部分的正确位置,直到所有元素都被插入完毕。在最好情况下,即输入数据已经是有序的,插入排序的时间复杂度为 $O(n)$,因为此时只需要进行 $n-1$ 次比较,不需要进行任何数据移动操作。在最坏情况下,即输入数据是逆序的,插入排序的时间复杂度为 $O(n^2)$,因为此时需要进行 $n*(n-1)/2$ 次比较和 $n*(n-1)/2$ 次移动。在平均情况下,插入排序的时间复杂度为 $O(n^2)$。

插入排序的代码示例如下:

```
#include <stdio.h>

void insertion_sort(int arr[], int n) {
    int i, j, key;
    for (i = 1; i < n; i++) {
        key = arr[i];
        j = i - 1;
        while (j >= 0 && arr[j] > key) {
            arr[j + 1] = arr[j];
            j--;
        }
        arr[j + 1] = key;
    }
}

int main() {
    int arr[] = { 7, 3, 21, 15, 100 };
    int n = sizeof(arr) / sizeof(arr[0]);

    insertion_sort(arr, n);

    for (int i = 0; i < n; i++) {
        printf("%d ", arr[i]);
    }
    printf("\n");

    return 0;
}
```

上述示例首先初始化待排序的数组并获取了数组的元素个数,接着调用插入排序算法 insertion_sort 对数组进行排序,并将排序完成之后的结果输出。

在插入排序算法的实现中,首先获取未排序部分的第一个元素,然后在已排序部分中找到该元素应该存放的位置,并将该元素放置到该位置。值得注意的是,在找元素对应位置的同时还将大于该元素的数据后移,减少遍历的开销。算法中的 for 循环从 1 开始是因为默认将第一个元素作为有序的部分,接下来每次循环,有序部分的元素个数就会加 1。

3.7.3 选择排序

选择排序同样也是一种基础的排序算法。它的基本思想是每次从未排序的元素中选择最小(或最大)的元素,然后将其放到已排序序列的末尾,直到所有元素都被放入完毕。在最好情况下、平均情况下和最坏情况下,选择排序的时间复杂度都为 $O(n^2)$。这是因为选择排序每次都需要在剩余未排序的数据中找到最小值,并进行交换,所以无论数据的顺序如何,都需要进行 $n*(n-1)/2$ 次比较和 n 次交换,因此时间复杂度都是 $O(n^2)$。

选择排序的代码示例如下:

```
#include <stdio.h>

void selection_sort(int arr[], int n) {
    int i, j, min_idx;
    for (i = 0; i < n-1; i++) {
        min_idx = i;
        for (j = i+1; j < n; j++) {
            if (arr[j] < arr[min_idx]) {
                min_idx = j;
            }
        }
        int temp = arr[min_idx];
        arr[min_idx] = arr[i];
        arr[i] = temp;
    }
}

int main() {
    int arr[] = { 7, 3, 21, 15, 100 };
    int n = sizeof(arr) / sizeof(arr[0]);

    selection_sort(arr, n);
```

```
    for (int i = 0; i < n; i++) {
        printf("%d ", arr[i]);
    }
    printf("\n");

    return 0;
}
```

上述示例首先初始化待排序的数组并获取了数组的元素个数，接着调用选择排序算法 selection_sort 对数组进行排序，并将排序完成之后的结果输出。

在选择排序算法的实现中，通过两个嵌套的 for 循环来遍历数组，并找到未排序部分的最小元素的索引。一旦找到最小元素的索引，将其与当前未排序部分的第一个元素交换。

3.7.4 快速排序

快速排序是一种高效的排序算法，它采用分治的思想来将一个待排序的数组分割成两个子数组，并通过递归的方式对子数组进行排序。该算法的基本思想是选择一个基准元素，将数组中的其他元素分为小于基准的部分和大于基准的部分，然后分别对这两个部分进行排序。快速排序具有较快的平均时间复杂度 $O(nlog_2n)$。在大多数情况下，快速排序的性能优于其他常见的排序算法。

快速排序的代码示例如下：

```
#include <stdio.h>

void swap(int * a, int * b) {
    int temp = * a;
    * a = * b;
    * b = temp;
}

int partition(int arr[], int low, int high) {
    int pivot = arr[high];
    int i = (low - 1);

    for (int j = low; j <= high - 1; j++) {
        if (arr[j] < pivot) {
            i++;
            swap(&arr[i], &arr[j]);
        }
```

```
    }
    swap(&arr[i + 1], &arr[high]);
    return (i + 1);
}

void quick_sort(int arr[], int low, int high) {
    if (low < high) {
        int pivot = partition(arr, low, high);
        quick_sort(arr, low, pivot - 1);
        quick_sort(arr, pivot + 1, high);
    }
}

int main() {
    int arr[] = { 7, 3, 21, 15, 100 };
    int n = sizeof(arr) / sizeof(arr[0]);

    quick_sort(arr, 0, n - 1);

    for (int i = 0; i < n; i++) {
        printf("%d ", arr[i]);
    }
    printf("\n");

    return 0;
}
```

上述示例首先初始化待排序的数组并获取了数组的元素个数,接着调用快速排序算法 quick_sort 对数组进行排序,并将排序完成之后的结果输出。

在快速排序算法的实现中,通过不断调用 partition 函数实现数组的分割,分割的结果是小于 pivot 的元素在数组的左边,大于 pivot 的元素在数组的右边。然后在数组的左子序列和右子序列递归调用快速排序算法就可以了。其中,swap 函数用于实现两数的互换。

3.7.5 顺序查找

顺序查找是一种基本的查找算法。它的思想是从数组的一端开始,逐个检查每个元素,直到找到要查找的元素或者检查完所有元素。在最坏的情况下,顺序查找算法的时间复杂度为 $O(n)$。因为在最坏情况下,需要遍历整个数据结构才能找到目标元素,所以时间复杂度为线性级别。在平均情况下,时间复杂度也是 $O(n)$,因为平均情况下需要检查大约一半的元素才能找到目标元素。顺序查找对数据结构的要求低，无论是有序还是无序都可以使用。

顺序查找的代码示例如下：

```
#include <stdio.h>

int sequential_search(int arr[], int n, int target) {
    int i;
    for (i = 0; i < n; i++) {
        if (arr[i] == target) {
            return i;
        }
    }
    return -1;
}

int main() {
    int arr[] = { 3, 7, 15, 21, 100 };
    int n = sizeof(arr) / sizeof(arr[0]);
    int target = 100;

    int result = sequential_search(arr, n, target);

    if (result == -1) {
        printf("目标元素未找到\n");
    }
    else {
        printf("目标元素在数组中的索引为 %d\n",result);
    }
    printf("\n");

    return 0;
}
```

上述示例首先初始化目标数组并获取了数组的元素个数，同时定义了查找的元素，接着调用顺序查找算法 sequential_search 在目标数组中查找给定元素，并将查找完成之后的结果输出。

在顺序查找的实现中，可以直接通过 for 循环遍历数组元素并将其与目标元素进行对比。若该元素与目标元素相同,则直接返回该元素的索引,若不同,则继续进行遍历。

3.7.6 二分查找

二分查找是一种高效的搜索算法,它和快速排序一样是基于分治法的,通过将搜索范围逐渐缩小一半来快速定位目标元素。该算法的基本思想是将目标元素与数组中间的元素进行比较,如果相等则返回该位置;如果目标值较小,则在左半部分继续查找;如果目标值较大,则在右半部分继续查找。通过不断缩小搜索范围,最终可以找到目标元素或确定其不存在。二分查找是一种时间复杂度为 $O(log_2 n)$ 的算法。在大规模数据集上,二分查找能够显著提升搜索速度,节省计算资源。值得注意的是,二分查找只适用于已经排好序的数组。

二分查找的代码示例如下:

```
#include <stdio.h>

int binary_search(int arr[], int left, int right, int target) {
    while (left <= right) {
        int mid = left + (right - left) / 2;

        if (arr[mid] == target) {
            return mid;
        }
        else if (arr[mid] < target) {
            left = mid + 1;
        }
        else {
            right = mid - 1;
        }
    }

    return -1;
}

int main() {
    int arr[] = { 3, 7, 15, 21, 100 };
    int n = sizeof(arr) / sizeof(arr[0]);
    int target = 100;

    int result = binary_search(arr, 0, n - 1, target);
```

```
    if (result == -1) {
        printf("目标元素未找到\n");
    }
    else {
        printf("目标元素在数组中的索引为 %d\n",result);
    }
    printf("\n");

    return 0;
}
```

上述示例首先初始化目标数组并获取了数组的元素个数，同时定义了查找的元素，接着调用二分查找算法 binary_search 在目标数组中查找给定元素，并将查找完成之后的结果输出。

在二分查找算法的实现中，通过不断计算当前区间中间元素的索引以获得该元素，并将其与目标元素进行对比。若该元素与目标元素相同，则直接返回该元素的索引；若该元素小于目标元素，则目标元素落在右半区间，更新区间的左边界；若该元素大于目标元素，则目标元素落在左半区间，更新区间的右边界。

3.8 小结

本章介绍了C语言编程的基础，包括C语言基础知识，数组、函数、指针、结构体、链表等核心概念以及一些常用的经典算法。C语言的基本数据类型、运算符以及程序设计结构等内容是编程的基础，在编程过程中要结合实际需求进行选择。常见的数组包括一维数组、二维数组以及字符数组等，用户应慎重设计数组访问操作，避免数组越界。函数能够实现模块化，用户应重点应掌握如何定义函数、传递参数、返回结果以及实现函数调用，同时需要了解C语言中一些常用的库函数。指针是C语言的灵魂，用户应清晰地理解指针的概念、掌握指针的定义并善于在其他数据结构中使用指针。碰到复杂数据处理的时候，用户应首先想到结构体，确定成员变量的类型以及作用域等内容。链表是栈、队列等高级数据结构的基础，“头插法”和“尾插法”的区别用户应重点理解。对于排序、查找等经典算法，重点掌握算法思想，了解时间复杂度，在碰到实际问题时灵活选用。本章为后面章节的展开奠定了理论基础。

第四章

图形界面编程

本章将重点介绍 Linux 系统下的图形界面编程 GTK：

1）GTK 图形界面应用程序的框架：介绍如何搭建一个基本的 GTK 应用程序的结构，包括应用程序初始化、主窗口创建等步骤。

2）GTK 常用控件的使用：介绍 GTK 提供的各种常用控件，如按钮、标签、文本框等的创建和使用方法，以及如何设置它们的属性和响应事件。

3）GTK 信号与事件：解释 GTK 中的信号和事件的概念，说明如何连接信号和事件处理程序，以便在用户与应用程序交互时执行相应的操作。

4.1 Linux 图形界面开发基础

4.1.1 Linux 图形桌面环境

在 Linux 系统中，用户计算机上的 X 客户端通过与 X 服务器进行通信来显示图形界面。X 客户端是一个可视化终端或图形窗口管理器，提供了用户与操作系统之间的交互接口。

最常见的两种 X 客户端是 KDE(K Desktop Environment)和 GNOME(GNU Network Object Model Environment)，它们都是基于 X Window 系统构建的主要桌面环境，提供了丰富的图形界面、应用程序和工具，以及许多定制化选项。KDE 和 GNOME 都拥有自己独特的外观、风格和功能集，用户可以根据个人偏好选择其中之一作为 Linux 操作系统的默认桌面环境。无论选择哪个桌面环境，用户都可以享受到便捷的图形用户界面，并通过图形方式进行各种操作和任务。

1. KDE

KDE 即 K 桌面环境（K Desktop Environment）是一种用于 UNIX、Linux、FreeBSD 等类 UNIX 操作系统的自由图形工作环境。它是一个综合的桌面环境，构建在 XFree86 和 QT 的基础上，并提供了窗口管理器以及多种实用工具。

KDE 桌面环境包含许多应用程序，如浏览器、文字处理软件、电子表格程序、演示文稿程序、游戏和各种附件工具。这些工具使得在 Linux 桌面环境下的使用更加方便。许多 Linux 发行版都默认安装并提供 KDE 桌面环境。

KDE 桌面环境的文件管理器、开始菜单和任务栏等工具与 Windows 非常相似，这为用户提供了熟悉且易于使用的界面和功能。此外，KDE 还提供了一系列功能强大的桌面应用程序，如Gwenview(图片查看器)、Kaffeine(媒体播放器)、Kate(文本编辑器)、Kopete(即时通讯客户端)、Koffice(办公套件)以及Kontact(个人信息管理工具)等，这些应用程序能够满足用户在桌面环境中的各种需求。

2. GNOME

GNOME是一个用户友好且功能强大的Linux桌面环境，它提供了一系列简单易用的界面和应用程序，可以满足用户在计算机桌面上的各种需求。

GNOME桌面环境具有良好的国际化支持，包括对多种语言的支持，特别是对中文的支持非常出色。无论是在界面还是在应用程序中，用户都可以轻松地切换和使用不同的语言。

GNOME桌面环境主要使用C语言进行编程，对C语言提供了很好的支持。此外，它还支持其他编程语言如C＋＋、Java、Ruby、C＃、Python和Perl，使开发者能够选择最适合自己的语言来开发应用程序。许多优秀的Linux软件项目都是在GNOME环境下开发的，这得益于GNOME桌面环境提供的丰富开发工具。

4.1.2 GTK简介

GTK是一套跨多种平台的图形工具包，提供了一整套完备的图形组件，适用于各种大小的软件项目，无论是仅需要一个窗口还是复杂的桌面环境。

GTK完全遵守LGPL许可协议发布，最初是在GIMP项目的基础上发展起来的，但现在已经成为一个功能强大、设计灵活的通用图形库。使用GTK可以进行编译和运行，许多图形界面的程序也都使用GTK作为图形工具包。许多开源的桌面环境基于GTK开发，一些商业软件如Chromium和Firefox(Linux版本)也使用GTK来完成图形界面的开发。

GTK的整个函数库是用C语言编写的，对C语言有很好的支持。扩展库也可以支持其他语言如C＋＋、Guile、Perl、Python、TOM、Ada95和Objective C等。使用GTK库编写的图形界面程序必须使用GTK库进行编译。

现在已经有成熟的Windows系统下的GTK支持环境，因此使用GTK库开发的应用程序也可以在Windows系统下进行编译和运行。此外，GTK还支持许多UNIX类平台，以及Windows和OS X操作系统。

图4—1显示了GTK在几种相关的开发库中的位置。总之，GTK是一套跨平台的图形工具包，提供了丰富的图形组件和功能，并且对多种编程语言提供了良好的支持。它广泛应用于各种图形界面的程序开发中，并在许多开源和商业软件中发挥了重要的作用。

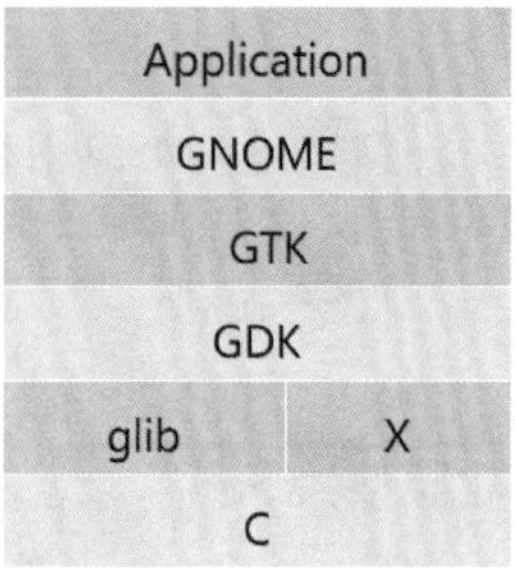

Application	
GNOME	
GTK	
GDK	
glib	X
C	

图4—1 GTK在几种相关的开发库中的位置

表4—1按层说明了上图各函数库的具体含义和功能。

表4—1 函数库的具体含义和功能

层	具体描述
C	有两类C库函数可供调用，一类是标准C的库函数，如printf、scanf；另一类是Linux的系统调用，如open、read、write、fork

续 表

层	具 体 描 述
glib	glib 是 GDK、GTK、GNOME 应用程序常用的库。它包含内存分配、字符串操作、日期和时间、定时器等库函数,也包括链表、队列、树等数据结构相关的工具函数
X	它是控制图形显示的底层函数库,包括所有的窗口显示函数、响应鼠标和键盘操作的函数
GDK	GDK(GIMP 绘图包)是为了简化程序员使用 X 函数库而开发的。X 库是其低层函数库,GDK 对其进行了包装,从而使程序员的开发效率大为提高
GTK	GTK 就是 GIMP 工具包,它把 GDK 提供的函数组织成对象,使用 C 语言模拟出面向对象的特征,这使得用它开发出来的图形界面程序更为简单和高效。GTK 的一个重要组成部分是 widget(控件,也称为小部件),按钮、文本编辑框、标签等都是 widget
GNOME	GNOME 库是对 GTK 的扩展,GNOME 桌面环境用来控制整个桌面。GNOME 使用 GNOME 对象和函数与桌面小部件交互,基本小部件由 GTK 处理。GNOME 为了方便程序员还增加了一些专门的小部件
Application	Application 即应用程序,它完成窗口的初始化,创建并显示窗口,进入消息循环,等待用户使用鼠标或键盘进行操作

4.2 基本控件

在 GTK 图形界面编程中,常见的基本控件有窗口(Window)、标签(Label)、按钮(Button)、文本框(Entry)等。接下来通过一些常见的例子,介绍如何创建和操作这些控件。

4.2.1 窗口

窗口是一个应用程序的界面框架,用于容纳程序的内容和交互元素。在设置程序的界面时,必须先创建一个窗口。

1. 新建窗口

gtk_window_new()函数是 GTK 库中用于创建新窗口的函数。gtk_window_new()函数原型如下:

```
GtkWidget * gtk_window_new (GtkWindowType type);
```

参数列表中的 type 参数是指定了窗口的类型,可以是 GTK_WINDOW_TOPLEVEL 或 GTK_WINDOW_POPUP:

1) GTK_WINDOW_TOPLEVEL:表示一个正常的顶层窗口。这种窗口可以最小化,并且在窗口管理器中会显示窗口的按钮,类似于 Windows 系统的任务栏。

2) GTK_WINDOW_POPUP:表示一个弹出式窗口,不能最小化。它通常用于显示消息、通知或者临时性的提示窗口。这种窗口是一个独立的程序窗口,而不是一个对话框。

在函数的返回值中,如果成功创建了窗口,则会返回一个指向 GtkWidget 类型的指针,这个指针可以用来引用和操作该窗口对象。如果创建窗口失败,则会返回空指针 NULL。

GtkWidget 结构体是 GTK 库中用于描述控件的结构体,包含了控件的各种属性和方法,并提供了与控件相关的操作和事件处理的方法。该结构体的定义如下:

```
GtkWidget;
typedef struct _GtkWidget GtkWidget;
struct _GtkWidget {
    GInitiallyUnowned parent_instance;
    guint in_destruction : 1;
    GtkWidget * parent;
    GtkWidgetPrivate * priv;
};
```

- parent_instance 是一个 GInitiallyUnowned 类型的父类实例;
- in_destruction 表示控件是否正在销毁;
- parent 表示控件的父控件;
- priv 是一个指向 GtkWidgetPrivate 结构体的指针,用于存储控件的私有数据。需要注意的是,使用 gtk_window_new()函数创建窗口后,还需要设置窗口的属性才能显示在屏幕上。该函数的使用方法如下所示。

```
void gtk_widget_show (GtkWidget * widget);
```

gtk_widget_show 函数的参数 widget 是一个 GtkWidget 类型的结构体指针,表示需要显示的窗口或控件。一旦调用了 gtk_widget_show 函数,窗口将被显示出来,并且程序将会停留在该窗口,等待用户的交互事件。

在完成所有窗口的构建和显示后,可以调用 gtk_main 函数来进入 GTK 的主事件循环。主事件循环负责监听用户的输入事件、绘制窗口内容等,并将事件分发给相应的回调函数进行处理,后面章节将会详细介绍。

2. 设置窗口的标题

函数 gtk_window_set_title()用于设置一个窗口的标题,参数 window 是一个指向 GtkWindow 类型的指针,表示要设置标题的窗口;参数 title 是一个字符串指针,表示要设置的窗口标题,函数无返回值。使用方法如下所示。

```
void gtk_window_set_title (GtkWindow * window, gchar * title);
```

需要注意的是,title 参数所指向的字符串必须是 UTF-8 编码的,否则可能会出现乱码的情况。可以使用 g_locale_to_utf8()函数,将本地编码的字符串转换为 UTF-8 编码的字符串。g_locale_to_utf8()函数原型如下:

```
gchar * g_locale_to_utf8(const gchar * opsysstring, gssize len, gsize * bytes_read, gsize * bytes_written, GError * * error);
```

➢ opsysstring：指向待转换的本地编码字符串的指针；
➢ len：待转换的本地编码字符串的长度，如果为−1，则自动计算长度；
➢ bytes_read：用于返回成功读取的字节数，如果为 NULL 则表示使用系统默认字符集；
➢ bytes_written：用于返回成功写入的字节数，如果为 NULL 则表示不需要；
➢ error：用于返回错误信息的指针，如果为 NULL 则表示不需要。

该函数会根据当前系统的本地编码规则，将 opsysstring 指向的本地编码字符串转换为 UTF-8 编码的字符串，并返回转换后的字符串。同时，它还会通过 bytes_read 和 bytes_written 参数返回成功读取和写入的字节数，通过 error 参数返回可能发生的错误信息。

3. 设置窗口的大小与位置

窗口大小和位置的设置是通过调用相应的函数来实现的，例如 gtk_widget_set_usize() 和 gtk_widget_set_uposition() 函数。这些函数可以在创建窗口后的任何时候调用，以设置窗口的大小和位置。这两个函数原型如下：

```
void gtk_widget_set_usize (GtkWidget * widget, gint width, gint height);
void gtk_widget_set_uposition (GtkWidget * widget, gint x, gint y);
```

➢ 参数 widget 用于指定将要进行设置的窗口；
➢ width 表示窗口的宽度；
➢ height 表示窗口的高度；
➢ x 表示窗口的左边距，也就是窗口左上顶点的 x 坐标；
➢ y 表示窗口的上边距，也就是窗口左上顶点的 y 坐标。两个函数都无返回值。

在下面的代码段中，调用 gtk_widget_set_usize() 函数将窗口的宽度设置为 200 像素，高度设置为 100 像素。接着，调用 gtk_widget_set_uposition() 函数将窗口的左边距设置为 100 像素，上边距设置为 50 像素。

```
gtk_widget_set_usize (window, 200, 100);
gtk_widget_set_uposition (window, 100, 50);
```

在生成窗口后，可以通过拖动鼠标来改变窗口的大小和位置。但是在改变窗口大小时，不会小于它的初始大小，这是因为 gtk_widget_set_usize() 函数设置了窗口的最小大小，以防止窗口变得太小而无法使用。

```
#include <gtk/gtk.h>
int main(int argc, char * argv[]) {
    GtkWidget * window;
    gtk_init(&argc, &argv);
    window = gtk_window_new(GTK_WINDOW_TOPLEVEL);
    gtk_window_set_title(GTK_WINDOW(window), "My Window");
```

```
    gtk_window_set_default_size(GTK_WINDOW(window), 400, 300);
    gtk_widget_show(window);
    gtk_main();
    return 0;
}
```

在这个例子中，首先调用 gtk_init()函数来初始化 GTK 库。然后，使用 gtk_window_new()函数创建一个窗口，并指定窗口类型为 GTK_WINDOW_TOPLEVEL，表示创建的窗口是顶级窗口。接着，使用 gtk_window_set_title()函数设置窗口的标题为“My Window”，使用 gtk_window_set_default_size()函数设置窗口的默认大小为 400×300。最后，调用 gtk_widget_show()函数来显示窗口。

运行程序，得到的输出结果如图 4—2 所示。

图 4—2　GTK 窗口

4.2.2　标签

标签是一个用于显示文本信息的组件，用户无法修改或输入标签的内容。在程序中，需要先创建一个标签，并设置需要显示的文本内容。然后将该标签添加到一个窗口或容器中，以便在界面中显示。通常，标签用于显示提示信息或其他静态文本内容。

1. 新建标签

创建一个新的标签，可以使用 gtk_label_new()函数。该函数接受一个字符串参数，参数 text 表示标签中要显示的内容。成功创建标签后，函数将返回一个 GtkWidget 类型的指针，表示新创建的标签对象。gtk_label_new()函数原型如下：

```
GtkWidget *gtk_ label_new (gchar *text);
```

如同窗口一样，还需要调用 gtk_widget_show()函数来显示这个新建的标签。

```
void gtk_widget_show (GtkWidget *label);
```

为了在窗口中使用标签，需要将标签添加到一个容器中。在 GTK 中，除了窗口本身，其他所有的控件都必须放置在一个容器中。可以使用 gtk_container_add()函数将标签添加到容器中。该函数接受两个参数，第一个参数 GtkContainer 是一个父级容器的指针，表示要将标签添加到哪个容器中。第二个参数 GtkWidget 是要添加的标签对象的指针。这样，标签将被放置在容器中。gtk_container_add()函数原型如下：

```
void gtk_container_add (GtkContainer * container, GtkWidget * widget);
```

2. 设置和获取标签的文本

标签上的文本内容是程序员在开发时进行设置的,界面开发完成后,普通用户是无法改变标签的文本内容的。

在程序中,可以使用 gtk_label_get_text()函数来获取一个标签的文本,使用 gtk_label_set_text()函数来设置一个标签的文本。它们的函数原型如下:

```
const char * gtk_label_get_text (GtkLabel * label);
void gtk_label_set_text (GtkLabel * label, gchar * text);
```

- 函数中的参数 label 是一个指向标签的指针;
- text 表示标签需要设置的文本。

gtk_label_get_text()函数返回值为:若成功则返回标签文本的字符串指针,若失败则返回空指针 NULL。gtk_label_set_text()函数无返回值。

```
#include <gtk/gtk.h>
int main (int argc, char * argv[]){
    GtkWidget * window;
    GtkWidget * label;

    gtk_init (&argc, &argv);
    window=gtk_window_new(GTK_WINDOW_TOPLEVEL);
    gtk_window_set_title (GTK_WINDOW (window),"标签的使用");
    gtk_widget_set_usize(GTK_WINDOW (window),400,300);

    label=gtk_label_new("标签的显示内容");
    gtk_container_add(GTK_CONTAINER(window),label);

    const char * str = gtk_label_get_text(GTK_LABEL(label));
    gtk_label_set_text(GTK_LABEL(label),str);

    gtk_widget_show(window);
    gtk_widget_show(label);
    gtk_main ();
    return 0;
}
```

在上述示例中，首先新建了一个窗口，然后新建一个标签，使用 gtk_container_add 函数将标签添加到窗口容器中，再使用 gtk_label_get_text 函数来获取标签的文本，使用 gtk_label_set_text 函数重新设置标签中显示的文本。最后使用 gtk_widget_show 显示新建的标签。

图 4—3　GTK 标签

4.2.3　按钮

在图形界面的程序中，有很多操作都是通过窗口程序的按钮来实现的。在后面还将看到，按钮最常用于发送一个信号，这个信号会引起相应事件的响应。

1. 新建按钮

函数 gtk_button_new_with_label()用来新建一个带有标签的按钮，其函数原型如下：

```
GtkWidget * gtk_button_new_with_label (gchar * label);
```

参数 label 表示一个字符串，这个字符串会显示在按钮上，称为按钮的标签。同样地，新建按钮成功后，需要调用 gtk_widget_show()来显示这个按钮。

若成功则返回一个 GtkWidget 类型的指针，若失败则返回空指针 NULL。

2. 设置和获取标签的按钮

按钮的标签指的是按钮上的文字。函数 gtk_button_get_label()可以获取某个按钮的标签，函数 gtk_button_set_label()可以设置某个按钮的标签，这两个函数的原型如下：

```
const gchar *gtk_button_get_label (GtkButton * button);
void gtk_button_set_label (GtkButton * button, const gchar * label);
```

➢ 第一个函数返回：若成功则返回按钮标签内容的字符串指针，若失败则返回空指针 NULL。

➢ 第二个函数无返回值。函数中的参数 button 是一个指向按钮的指针，label 表示按钮的标签内容。

函数 gtk_button_get_label()会取得这个按钮的标签作为一个字符串返回；gtk_button_set_label()则会把参数 label 指向的字符串设置成按钮的标签。按钮的使用通常伴随着 GTK 信号与事件的产生，在后面小节再具体介绍。

4.2.4　文本框

文本框是界面中的输入区域，用户可以在这个区域中用键盘输入内容，界面程序中的各种输入都是通过文本框来完成的。

1. 新建文本框

函数 gtk_entry_new()用来新建一个文本框,其函数原型如下:

```
GtkWidget * gtk_entry_new (void);
```

返回值:若成功则返回一个 GtkWidget 类型的指针,若失败则返回空指针 NULL。另一个建立文本框的函数为:

```
GtkWidget * gtk_entry_new_with_max_length (gint max);
```

这个函数的参数用来表示这个文本框最多可以输入的字符。如果已经输入这些数目的字符,就不能再向文本框中输入内容。

2. 设置和获取标签的文本框数据

在文本框中输入数据以后,需要取得用户在文本框中输入的这些数据,然后进行相关的处理。gtk_entry_set_text()函数用于设置文本框的初始内容,gtk_entry_get_text()函数用于获取文本框中的字符串信息。这两个函数在 GTK 图形界面中经常使用到,其函数原型如下:

```
const gchar * gtk_entry_get_text (GtkEntry * entry);
void gtk_entry_set_text (GtkEntry * entry, const gchar * text);
```

gtk_entry_get_text()函数返回值:如果成功,它会返回一个指向文本框中字符串的指针;如果失败则返回空指针 NULL。在参数列表中,entry 是一个指向文本框的指针,text 表示需要设置到文本框中的字符串文本。

接下来介绍一个使用 GTK 文本框和按钮的例子。在这个示例中,程序先创建了一个窗口和一个表格,然后在表格中添加了一个文本框和一个"提交"按钮。当用户单击"提交"按钮时,会调用 on_submit_button_clicked()函数,并使用了 gtk_entry_get_text()函数获取文本框中的字符串信息,然后在终端打印输出这些字符串。代码示例如下所示:

```
#include <gtk/gtk.h>
#include <stdlib.h>
GtkWidget * window;
GtkWidget * table;
GtkWidget * entry;
GtkWidget * label;
GtkWidget * button;
const char * text;

void clicked(GtkWidget * widget, gpointer data)
```

```
{
        text = gtk_entry_get_text(GTK_ENTRY(entry));
        printf("您的输入为：%s\n", text);
}

int main(int argc, char *argv[])
{
        gtk_init(&argc, &argv);
        window = gtk_window_new(GTK_WINDOW_TOPLEVEL);
        gtk_window_set_title(GTK_WINDOW(window), "文本框标题");

        table = gtk_table_new(3, 2, FALSE);

        label = gtk_label_new("请输入内容:");
        entry = gtk_entry_new();
        gtk_entry_set_max_length(GTK_ENTRY(entry), 30);

        button = gtk_button_new_with_label("完成");

        gtk_container_add(GTK_CONTAINER(window), table);

        gtk_table_attach(GTK_TABLE(table), label, 0, 1, 0, 1, GTK_FILL,
GTK_FILL, 10, 10);
        gtk_table_attach(GTK_TABLE(table), entry, 0, 2, 1, 2, GTK_FILL,
GTK_FILL, 10, 10);
        gtk_table_attach(GTK_TABLE(table), button, 1, 2, 2, 3, GTK_FILL,
GTK_FILL, 10, 10);

        g_signal_connect(G_OBJECT(button), "clicked", G_CALLBACK
(clicked), NULL);
        g_signal_connect(G_OBJECT(window),"destroy",G_CALLBACK(gtk_
main_quit), NULL);

        gtk_widget_show_all(window);
        gtk_main();
        return 0;
}
```

运行程序，得到的输出结果如图 4—4 所示。

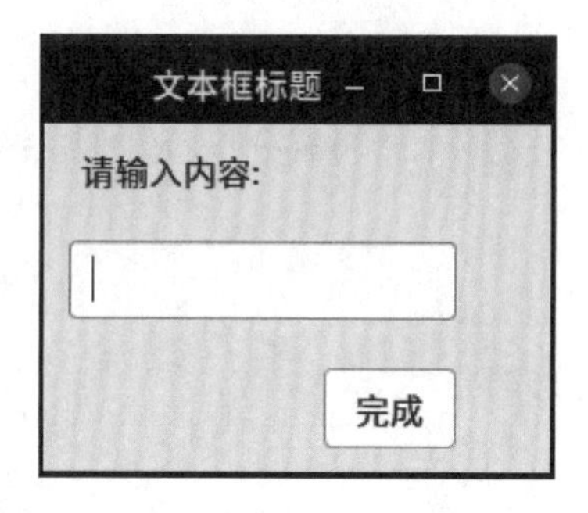

图 4—4 GTK 文本框

4.3 布局控件

界面布局元件，包括表格、框、窗格等。表格是最常用的布局元件之一，它允许开发者将界面元素按照行和列的方式进行排列和布局。通过在表格的单元格中插入不同的元件，开发者可以实现灵活多样的界面布局。GTK 还提供了其他的布局元件，比如框、窗格等。框可以用来将界面元素进行分组或者添加边框，窗格可以用来创建分割窗格布局，使得用户可以动态调整两个子窗口的大小。使用这些界面布局元件，开发者可以提升用户体验，同时提高应用程序的可维护性和可扩展性。

4.3.1 固定布局

GtkFixed 是 GTK 图形用户界面工具包中的一个容器部件，它允许用户将其他部件放置在固定的位置上，并不属于自动的布局关系器。在 GTK 中，通常建议使用其他更为灵活的布局管理器，但有时候需要在特定的场景下使用绝对定位，例如游戏、含有绘图功能的专用软件以及需要移动的软件。

1. 新建固定布局

gtk_fixed_new()是创建 GtkFixed 的函数，它返回一个新的 GtkFixed 对象。当调用这个函数时，会创建一个空的 GtkFixed 容器，用于放置其他部件。gtk_fixed_new()函数原型如下：

```
GtkWidget * gtk_fixed_new(void);
```

返回值为固定布局容器指针，这样就创建了一个新的 GtkFixed 对象。

2. 添加控件到固定布局中

在 GtkFixed 中添加构件的过程可以分为以下几个步骤：

1) 创建子部件：首先需要创建添加到 GtkFixed 中的子部件，可以是按钮、标签、输入框等其他 GTK 部件。

2) 设置子部件的位置：使用 gtk_fixed_put()函数将子部件放置到 GtkFixed 容器中的指定位置。这个函数接受四个参数：固定布局容器、要放置的部件、横向位置和纵向位置。gtk_fixed_put()函数原型如下：

```
void gtk_fixed_put(GtkFixed * fixed, GtkWidget * widget, gint x, gint y);
```

- fixed：指向 GtkFixed 容器的指针，表示要将子部件放置在哪个 GtkFixed 容器中；
- widget：要添加的控件，可以是按钮、标签、输入框等其他 GTK 部件；
- x：子部件在 GtkFixed 容器中的横向位置，即水平坐标；
- y：子部件在 GtkFixed 容器中的纵向位置，即垂直坐标。

当调用 gtk_fixed_put()函数时，它会将指定的子部件放置在 GtkFixed 容器中的指定位置，这样就可以实现在GtkFixed容器中对子部件进行绝对定位的布局。例如，创建三个按钮，分别放置在GtkFixed容器的坐标(200，100)、(50，50)和(250，250)处，代码示例如下：

```
#include <gtk/gtk.h>
int main( int argc, char *argv[]){
  GtkWidget *window;
  gtk_init(&argc, &argv);

  window = gtk_window_new(GTK_WINDOW_TOPLEVEL);
  gtk_window_set_title(GTK_WINDOW(window), "固定布局");
  gtk_window_set_default_size(GTK_WINDOW(window), 400, 300);

  GtkWidget *fixed = gtk_fixed_new();
  gtk_container_add(GTK_CONTAINER(window), fixed);

  GtkWidget *button1 = gtk_button_new_with_label("Button1");
  gtk_fixed_put(GTK_FIXED(fixed), button1, 200, 100);
  GtkWidget *button2 = gtk_button_new_with_label("Button2");
  gtk_fixed_put(GTK_FIXED(fixed), button2, 50, 50);
  GtkWidget *button3 = gtk_button_new_with_label("Button3");
  gtk_fixed_put(GTK_FIXED(fixed), button3, 250, 250);


  gtk_widget_show_all(window);
  gtk_main();
  return 0;
}
```

运行程序，得到的输出结果如图4—5所示。

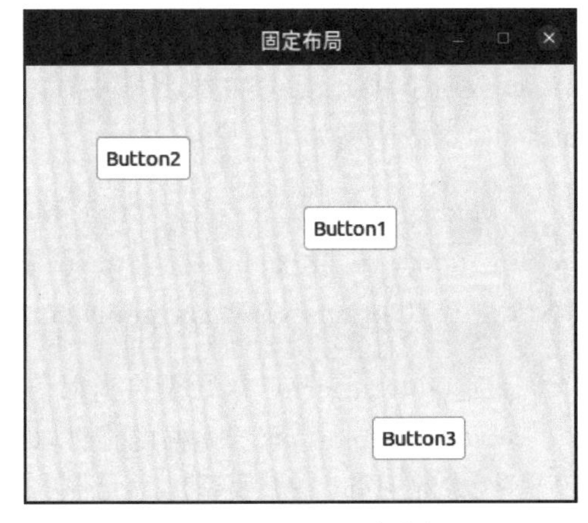

图4—5　GTK固定布局

4.3.2　表格

表格就是一种容器，可以将窗口划分为多个区域，并在每个区域中放置不同的元件。每个单元格可以容纳一个元件，可以通过表格的行数和列数来控制单元格的数量和布局。使用表格容器可以方便地实现复杂的布局需求，例如将窗口分割成左右两个区域，分别放置不同的元件。每个区域又可以继续嵌套使用表格容器，实现更加灵活的布局效果。

1. 新建表格

gtk_table_new()函数是用于在 GTK 图形界面中创建一个新的表格的函数。gtk_table_new()函数原型如下：

```
GtkWidget *gtk_table_new (guint rows, guint columns, gboolean homogeneous);
```

➢ 参数 rows 表示表格的行数；
➢ columns 表示表格的列数,它们的数据类型都是无符号整型。这里的行和列的编号是从边开始算起的；
➢ homogeneous 参数是一个布尔值,用于指定表格中的单元格是否具有相同的大小。

函数返回值为表格布局容器指针。表格中的行和列的编号是从 0 开始的,这意味着第一行和第一列的索引都是 0。编号方法如图 4—6 所示,某个元件占据了图中的阴影部分,则它所占单元格的坐标为：left(左)为 0,right(右)为 4,top(上)为 1,bottom(下)为 3。

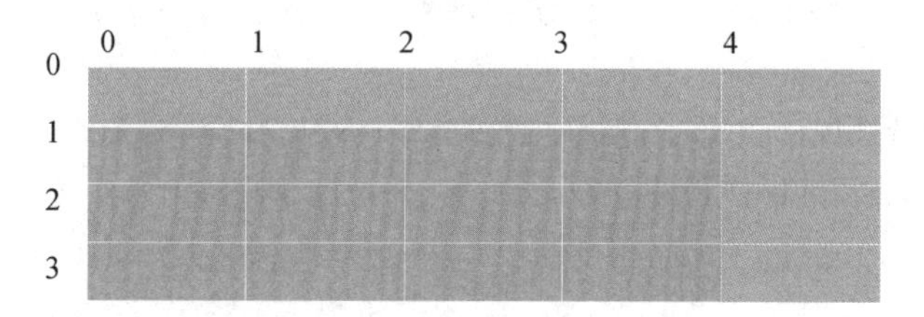

图 4—6　表格行和列的编号方法

参数 homogeneous 是布尔值类型,用于设置表格中的所有单元格是否具有相同的大小。如果设置为 TRUE,每个单元格的大小相同,表内的表框用最大构件的外框。如果设置为 FALSE,表格的单元格大小会根据其中的元件大小自动调整,每一列的宽度设置为本列中最大构件的宽度,每一行的高度设置为行中最大构件的高度。

函数的返回值是一个 GtkWidget 类型的指针。如果成功创建表格,则返回指向新创建表格的指针;如果创建失败,则返回空指针 NULL。

需要注意的是,表格本身只是用于划分窗口区域并容纳其他元素的容器,并不会在界面上直接显示出来。通过使用表格,可以将其他元素放置在指定的行和列中。函数 gtk_table_attach()用于将元素添加到表格中,并设置其在表格中的位置和填充选项。gtk_table_attach()函数原型如下：

```
void gtk_table_attach (GtkTable *table, GtkWidget *child, guint left_attach,
guint right_attach, guint top_attach, guint bottom_attach, GtkAttachOptions xoptions,
GtkAttachOptions yoptions,guint xpadding, guint ypadding);
```

gtk_table_attach()函数没有返回值,各个参数的含义和作用如下所示：

➢ 参数 table 是容器表格的指针,即容纳控件的容器；
➢ 参数 child 是需要添加的元件的指针,即要添加的元件；
➢ 接着的四个参数为控件摆放的坐标。参数 left_attach 和 right_attach 分别表示元件的左边是表格的第几条边，右边是表格的第几条边，边数是从 0 开始计算的；参数 top_attach 和 bottom_attach 分别表示元件的上边是表格的第几条边，下边是表格的第几条边；

➢ 参数 xoptions 和 yoptions 分别表示元件在表格中的水平方向和垂直方向的对齐方式，它们的取值类似于 GtkAttachOptions；

➢ 参数 xpadding 和 ypadding 分别表示元件与边框的水平方向和垂直方向的边距。

需要注意的是，GtkAttachOptions 是 GTK 中用来描述元件在表格中对齐方式的变量，它的取值有以下三类情况：

1）GTK_EXPAND：元件以实际设置的大小显示，如果大于容器的大小，则容器会自动扩展以适应元件的大小。

2）GTK_SHRINK：如果元件大于容器的大小，则元件会自动缩小以适应容器的大小。

3）GTK_FILL：元件会填充整个单元格，以充分利用可用的空间。

通过使用 gtk_table_attach()函数，可以将元件添加到表格中，可以根据实际需要，灵活地使用这些参数，并设置其在表格中的位置、对齐方式和填充选项。

下面介绍一个 GTK 创建表格的例子。在这个示例中，创建了一个 1 行 2 列的 table 表格，并加入 window 中。然后创建了两个 button 按钮分别放入到表格(0,1,0,1)、(1,2,0,1)位置上。

```
#include <gtk/gtk.h>
int main(int argc, char *argv[]){
    gtk_init(&argc, &argv);
    GtkWidget *window = gtk_window_new(GTK_WINDOW_TOPLEVEL);
    gtk_window_set_title(GTK_WINDOW(window), "创建表格");,
    gtk_window_set_default_size(GTK_WINDOW(window), 400, 300);

    GtkWidget *table = gtk_table_new(1,2,TRUE);
    gtk_container_add(GTK_CONTAINER(window), table);

    GtkWidget *button = gtk_button_new_with_label("button1");
    gtk_table_attach_defaults(GTK_TABLE(table),button, 0,1,0,1);
    button = gtk_button_new_with_label("button2");
    gtk_table_attach_defaults(GTK_TABLE(table),button, 1,2,0,1);

    gtk_widget_show_all(window);
    gtk_main();
    return 0;
}
```

运行程序，得到的输出结果如图 4—7 所示。

2. 合并单元格

在 GTK 中，合并单元格是指一个元件可以占据表格中同行或同列的多个单元格，并没有专门的函数来实现表格的合并，而是通过元件设置在表格的位置时，设置它在表格中跨多个单元格的边界来实现的。例如让一个文本框元件占据表格中的第二行的两个单元格，从第一列到第二列。可以通过设置 gtk_table_attach() 函数的参数来实现，具体代码如下所示：

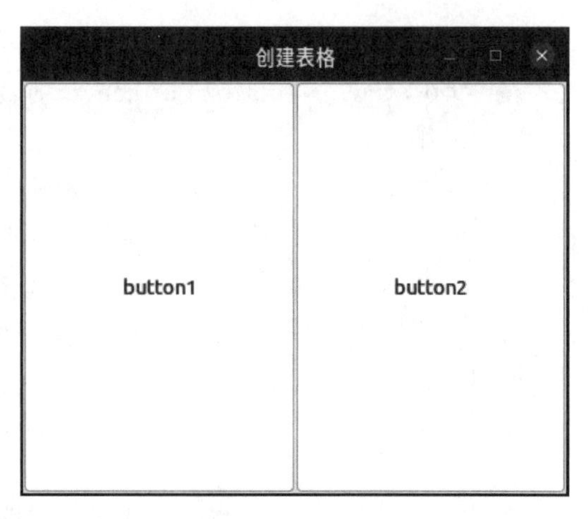

图 4—7　GTK 创建表格

```
gtk_table_attach(GTK_TABLE(table),      // 表格对象
                 entry,                  // 要添加的元件
                 0,                      // 左边界的列号
                 2,                      // 右边界的列号
                 1,                      // 上边界的行号
                 2,                      // 下边界的行号
                 (GtkAttachOptions)(0),  // xoptions
                 (GtkAttachOptions)(0),  // yoptions
                 10,                     // xpadding
                 10);                    // ypadding
```

gtk_table_attach()函数的参数含义如下：

- GTK_TABLE(table)为表格对象，表示要将元件添加到哪个表格中；
- entry 为要添加的元件，例如文本框、按钮等；
- 0 为左边界的列号，表示元件所在区域的左边界是表格的第几列；
- 2 为右边界的列号，表示元件所在区域的右边界是表格的第几列；
- 1 为上边界的行号，表示元件所在区域的上边界是表格的第几行；
- 2 为下边界的行号，表示元件所在区域的下边界是表格的第几行；
- (GtkAttachOptions)(0)：xoptions，用于设置元件在水平方向上的扩展和对齐方式；
- (GtkAttachOptions)(0)：yoptions，用于设置元件在垂直方向上的扩展和对齐方式；
- 10：xpadding，表示元件与单元格边界的水平间距；
- 10：ypadding，表示元件与单元格边界的垂直间距。

gtk_table_attach()函数将 entry 元件添加到 table 表格中，并设置 entry 元件在表格中的位置和大小。通过合理设置左右边界的列号和上下边界的行号，可以实现元件在表格中的合并单元格效果。

该程序创建了一个 2 行 2 列的 table 表格，并加入 window 中。然后创建了三个 button 按钮分别放入到表格(0,1,0,1)、(1,2,0,1)、(0,2,1,2)位置上，其中第三个按钮元件占据表格中的第二行的两个单元格，从第一列到第二列。

```
#include <gtk/gtk.h>
int main(int argc, char *argv[]){
    gtk_init(&argc, &argv);
    GtkWidget *window = gtk_window_new(GTK_WINDOW_TOPLEVEL);
    gtk_window_set_title(GTK_WINDOW(window), "合并单元格");
    gtk_window_set_default_size(GTK_WINDOW(window), 400, 300);

    GtkWidget *table = gtk_table_new(2,2,TRUE);
    gtk_container_add(GTK_CONTAINER(window), table);

    GtkWidget *button = gtk_button_new_with_label("button1");
    gtk_table_attach_defaults(GTK_TABLE(table),button, 0,1,0,1);
    button = gtk_button_new_with_label("button2");
    gtk_table_attach_defaults(GTK_TABLE(table),button, 1,2,0,1);
    button = gtk_button_new_with_label("button3");
    gtk_table_attach_defaults(GTK_TABLE(table),button, 0,2,1,2);

    gtk_widget_show_all(window);
    gtk_main();
    return 0;
}
```

运行程序，得到的输出结果如图 4—8 所示。

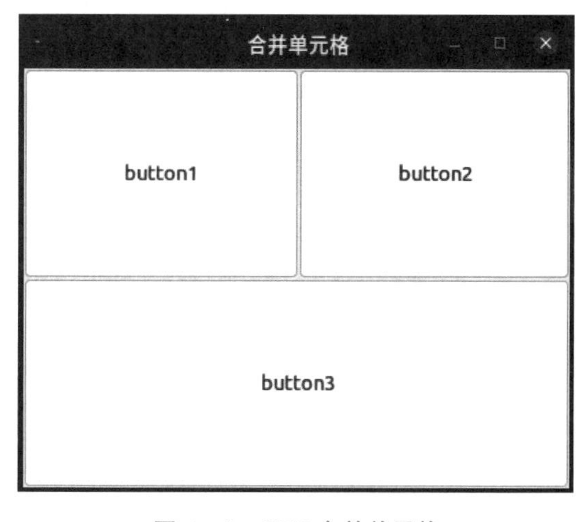

图 4—8　GTK 合并单元格

3. 嵌套表格

当要设计复杂界面时，仅使用一个表格往往无法完全满足布局的需求，此时就需要通过在表格的单元格中嵌套另一个表格来实现更复杂的布局。表格本身是一种普通的控件，因此可以将一个表格作为一个元素添加到另一个表格的单元格中。通过表格的嵌套，可以实现更灵活、更多样的布局方式。通过使用表格的嵌套，可以在一个单元格里放置更多的控件，形成更复杂的布局结构，实现各种复杂的布局需求，比如在一个单元格中放置多个控件，并灵活设置它们的对齐方式、填充选项和边距。

表格的嵌套可以被多层次地运用，因此在设计复杂界面时，可以根据需要进行多层次的表格嵌套，从而实现更加灵活和精确的布局。但需要注意的是，表格的嵌套虽然可以实现更复杂的布局，但也需要谨慎使用，避免层次过多导致布局混乱和性能下降。因此，在设计界面时应根据实际需求合理使用表格的嵌套功能，以达到最佳的布局效果。

首先创建一个 3 行 2 列的主表格 table1，第一行第一列放置了“用户名”标签，第二行第一列为放置了“密码”标签，第三行第二列放置了一个嵌套表格 table2，table2 为 1 行 2 列的表格，分别放置了“注册”和“登录”两个按钮。代码示例如下：

```
#include <gtk/gtk.h>
int main(int argc, char *argv[]) {
    GtkWidget *window;
    GtkWidget *table1, *table2;
    GtkWidget *label_username, *label_password;
    GtkWidget *entry1, *entry2;
    GtkWidget *button_register, *button_login;

    gtk_init(&argc, &argv);
    window = gtk_window_new(GTK_WINDOW_TOPLEVEL);
    gtk_window_set_title(GTK_WINDOW(window), "嵌套表格");

    table1 = gtk_table_new(3, 2, FALSE);
    gtk_container_add(GTK_CONTAINER(window), table1);

    label_username = gtk_label_new("用户名:");
    gtk_table_attach(GTK_TABLE(table1), label_username, 0, 1, 0, 1, GTK_
FILL, GTK_FILL, 5, 5);
    entry1=gtk_entry_new ();
    gtk_table_attach(GTK_TABLE(table1), entry1, 1, 2, 0, 1, GTK_FILL,
GTK_FILL, 5, 5);

    label_password = gtk_label_new("密码:");
    gtk_table_attach(GTK_TABLE(table1), label_password, 0, 1, 1, 2, GTK_
FILL, GTK_FILL, 5, 5);
    entry2=gtk_entry_new ();
    gtk_table_attach(GTK_TABLE(table1), entry2, 1, 2, 1, 2, GTK_FILL,
GTK_FILL, 5, 5);
```

```
    table2 = gtk_table_new(1, 2, FALSE);
    gtk_table_attach(GTK_TABLE(table1), table2, 1, 2, 2, 3, GTK_FILL,
GTK_FILL, 5, 5);

    button_register = gtk_button_new_with_label("注册");
    gtk_table_attach(GTK_TABLE(table2), button_register, 0, 1, 0, 1, GTK_
FILL, GTK_FILL, 5, 5);
    button_login = gtk_button_new_with_label("登录");
    gtk_table_attach(GTK_TABLE(table2), button_login, 1, 2, 0, 1, GTK_
FILL, GTK_FILL, 5, 5);

    gtk_widget_show_all(window);
    gtk_main();
    return 0;
}
```

运行上述程序,得到的如右图 4—9 输出。

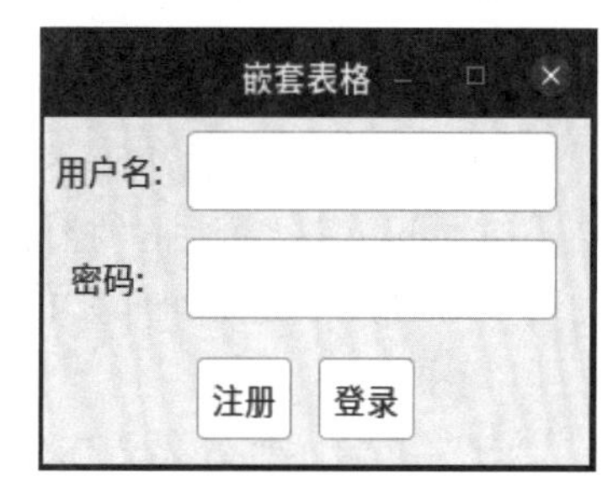

图 4—9　GTK 嵌套表格

4.3.3 盒

在 GTK 中,盒(box)是用于布局和组织其他控件的容器,是一种不可见的容器,因此它本身不会显示在窗口中,用于容纳其他可见的控件,如按钮、标签、文本框等。

有两种形式:一种是横向盒(horizontal box),一种是纵向盒(vertical box)。当组装构件到横向盒里时,这些构件就依照我们调用的顺序由左至右或从右到左水平地插入进去,相当于只有一行的表格。在纵向盒里,则从顶部到底部或相反地组装构件,相当于只有一列的表格。

使用盒可以方便地组织和管理控件的位置和布局,而不需要手动计算和设置每个控件的位置。需要注意的是,盒并不限制控件的大小或位置。它们只负责将控件按照放置的顺序排列,而具体的大小和位置需要根据控件本身的属性和布局管理器来确定。可以使用任意的盒组合,比如盒套盒或者盒挨着盒,用以产生想要的效果。

1. 新建盒

使用函数 gtk_hbox_new()可以创建一个横向盒,使用函数 gtk_vbox_new()可以创建一个纵向盒。gtk_hbox_new()函数原型如下:

```
GtkWidget *gtk_hbox_new (gboolean homogeneous, gint spacing);
GtkWidget *gtk_vbox_new (gboolean homogeneous, gint spacing);
```

➢ homogeneous 参数是一个布尔值,用于控制放入盒中的元件是否具有同样的高度或宽度。

➢ spacing 参数表示每一子构件间的距离,用来确定插入组装盒的构件之间的空间。将 spacing 参数设置为 0,表示在插入的构件之间不留空间。

函数如果成功则返回一个 GtkWidget 类型的新指针,如果失败则返回空指针(NULL)。一旦创建了盒,需要使用 gtk_container_add()函数将盒添加到窗口中,并调用 gtk_widget_show()函数来显示盒。

2. 添加控件到盒中

同表格一样,盒也是一个容器。在建立盒以后,如果没有向这个容器中添加任何元件时,容器是不能显示的。可以使用函数 gtk_box_pack_start()或 gtk_box_pack_end()将元件放入盒容器中。gtk_box_pack_start()函数将控件从左到右、从上到下的顺序添加到盒容器中;gtk_box_pack_end()函数则相反,将控件从右到左、从下到上的顺序添加到盒容器中。它们的函数原型如下:

```
void gtk_box_pack_start (GtkBox * box, GtkWidget * child, gboolean expand,
gboolean fill, guint padding);
void gtk_box_pack_end (GtkBox * box, GtkWidget * child, gboolean expand,
gboolean fill, guint padding);
```

这 2 个函数都有相似的参数:

➢ box 是指向盒容器的指针,即组装盒的名称;

➢ child 是要添加的控件的指针,即子构件的名称;

➢ expand 是一个布尔值,表示在所有构件加入组装盒以后,构件周围是否还有可扩充的空间;

➢ fill 表示构件是否需要充分利用构件周围空间。将此参数设置为 TRUE 允许构件稍稍扩大一点,以充分利用组装盒分配给它的空间。将此参数设置为 FALSE 强制构件只使用它需要的空间。多余的空间围绕构件的周围分布;

➢ padding 表示在构件周围要保留多少个填充的像元。多数情况下将它的值设置为 0。

函数无返回值。通过调用这些函数,可以在盒容器中添加多个控件,并按照指定的顺序进行排列。

如下程序创建了一个纵向盒容器,然后将 vbox 添加到窗口中,最后创建三个按钮 button 元件,按顺序分别加入到 vbox 中。

```
#include <gtk/gtk.h>
int main(int argc, char * argv[]){
    gtk_init(&argc, &argv);
    GtkWidget * window = gtk_window_new(GTK_WINDOW_TOPLEVEL);
    gtk_window_set_title(GTK_WINDOW(window), "纵向盒");
    gtk_window_set_default_size(GTK_WINDOW(window), 400, 300);
```

```
    GtkWidget * vbox = gtk_vbox_new(TRUE, 10);
    gtk_container_add(GTK_CONTAINER(window), vbox);

    GtkWidget * button1 = gtk_button_new_with_label("button1");
    gtk_container_add(GTK_CONTAINER(vbox), button1);
    GtkWidget * button2 = gtk_button_new_with_label("button2");
    gtk_container_add(GTK_CONTAINER(vbox), button2);
    GtkWidget * button3 = gtk_button_new_with_label("button3");
    gtk_container_add(GTK_CONTAINER(vbox), button3);

    gtk_widget_show_all(window);
    gtk_main();
    return 0;
}
```

运行上述程序,得到如右图 4—10 输出。

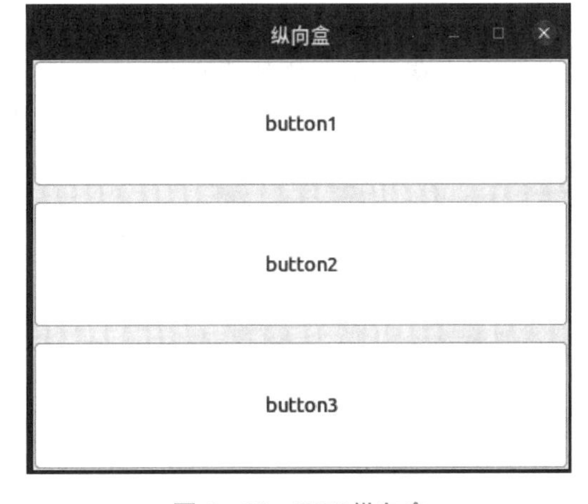

图 4—10　GTK 纵向盒

4.3.4　窗格

窗格是 GTK 图形界面编程中常用的布局方式之一,可以把一个界面划分成水平或垂直的两个区域,拖动两个区域的分界线,可以改变两个窗格的大小。窗格有水平窗格和垂直窗格两种。

1. 新建窗格

水平窗格使用函数 gtk_hpaned_new()生成,而垂直窗格使用函数 gtk_vpaned_new()生成。它们的函数原型如下:

```
GtkWidget * gtk_hpaned_new (void);
GtkWidget * gtk_vpaned_new (void);
```

两个函数的返回:若成功则返回一个 GtkWidget 类型的指针,若失败则返回空指针 NULL。从函数的原型可以看到,这两个函数都没有参数,返回值是一个表示窗格的指针。同样地,建立一个窗格后,需要调用 gtk_container_add()函数将这个窗格添加到窗口中,并且需要调用显示函数 gtk_widget_show()来显示这个窗格。可以调用 gtk_paned_set_position()函数设置窗格第一个区域的大小,函数原型如下:

```
void gtk_paned_set_position (GtkPaned * paned, gint position);
```

➢ 参数 paned 是表示窗格的指针；

➢ position 类型为整型，表示窗格的分界线到边界的位置。无函数返回值。

2. 添加控件到窗格中

在 GTK 中，窗格(GtkPaned)作为容器使用时，若未向其添加任何元件，则窗格将不会显示，类似于之前介绍的表格和框。要将元件添加到窗格中，可以使用 gtk_paned_pack1()和 gtk_paned_pack2()函数。这两个函数的函数原型如下：

```
void gtk_paned_pack1 (GtkPaned * paned, GtkWidget * child, gboolean resize,
gboolean shrink);
void gtk_paned_pack2 (GtkPaned * paned, GtkWidget * child, gboolean resize,
gboolean shrink);
void gtk_box_pack_end (GtkBox * box, GtkWidget * child, gboolean expand,
gboolean fill, guint padding);
```

这两个函数的使用方法是相同的：gtk_paned_pack1 用于将元件添加到窗格的第一个区域，而 gtk_paned_pack2 用于将元件添加到窗格的第二个区域。

➢ 参数 paned 表示作为容器的窗格；

➢ child 表示要添加的元件；

➢ resize 是一个布尔值，设置为 TRUE 表示当窗格大小改变时，添加的元件会随之改变大小，反之亦然；

➢ shrink 设置为 TRUE 时，表示如果窗格比元件小，元件会自动改变大小，反之亦然。这两个函数均无返回值。

下面介绍一个创建水平窗格的例子。其中，在窗格的左右两个区域分别添加了两个按钮。程序源代码如下所示：

```
#include <gtk/gtk.h>
int main(int argc, char * argv[]) {
    GtkWidget * window;
    GtkWidget * hpaned;
    GtkWidget * button1;
    GtkWidget * button2;

    gtk_init(&argc, &argv);
    window = gtk_window_new(GTK_WINDOW_TOPLEVEL);
    gtk_window_set_title(GTK_WINDOW(window), "GTK 窗格");
    gtk_container_set_border_width(GTK_CONTAINER(window), 10);
    gtk_widget_set_size_request(window, 400, 300);
```

```
    hpaned = gtk_hpaned_new();
    gtk_container_add(GTK_CONTAINER(window), hpaned);

    button1 = gtk_button_new_with_label("左按钮");
    gtk_paned_pack1(GTK_PANED(hpaned), button1, TRUE, FALSE);
    button2 = gtk_button_new_with_label("右按钮");
    gtk_paned_pack2(GTK_PANED(hpaned), button2, TRUE, FALSE);

    gtk_widget_show_all(window);
    gtk_main();
    return 0;
}
```

运行上述程序，得到如右图 4—11 输出。

图 4—11　GTK 窗格

4.4　信号与事件处理

4.4.1　信号

上文提到的 GTK 界面在用户交互时都是静态的，按下按钮后并没有响应，那么如何让界面在用户交互时有所反应呢？下面介绍 GTK 的信号与回调函数。

在 GTK 中，信号(Signal)是一个重要的概念，它采用了信号与回调函数的机制来处理窗口外部传来的事件、消息或信号。当信号发生时，程序会自动调用连接到该信号的回调函数。“信号”就相当于一种“中断”，例如当用户按下按钮时就会产生一个“中断”，也就是一个信号，接着程序会执行连接到该信号的回调函数。在 GTK 中使用 g_signal_connect 函数来将一个信号处理函数连接到一个组件上，其函数原型如下：

```
gulong g_signal_connect(gpointer instance, const gchar * detailed_signal,
GCallback c_handler, gpointer data);
```

- instance 是指向组件的指针，信号发出者，可认为是要操作的控件，如按下按钮，这个参数就为按钮指针；
- detailed_signal 表示要连接的信号类型；
- c_handler 表示要执行的信号处理函数，回调函数的名称，需要用 G_CALLBACK()进行转换；
- data 表示在执行函数时传递的参数。

当 instance 发出 detailed_signal 信号的时候，执行 c_handler 信号处理函数，返回注册函数的标志。

在 GTK 中，每个组件都有自己的一组信号，下面列举了一些常见的 GTK 信号类型和相应的连接方式：

1）clicked：当用户单击一个按钮时发出的信号，函数可为 g_signal_connect(button, "clicked", G_CALLBACK(on_button_clicked), NULL)；

2）changed：当用户更改了一个输入框的内容时发出的信号。函数可为 g_signal_connect(entry, "changed", G_CALLBACK(on_entry_changed), NULL)；

3）activate：当用户按下 Enter 键时发出的信号。通常用于输入框，以便在用户完成输入后执行操作。函数可为 g_signal_connect(entry, "activate", G_CALLBACK(on_entry_activated), NULL)；

4）destroy：当窗口被关闭时发出的信号。函数可为 g_signal_connect(window, "destroy", G_CALLBACK(on_window_destroyed), NULL)；

5）key-press-event：当用户按下一个键时发出的信号。函数可为 g_signal_connect(window,"key-press-event",G_CALLBACK(on_key_pressed),NULL)；

4.4.2 事件处理

在 GTK 中，事件处理是基于事件驱动的。GTK 程序循环在 gtk_main 函数中，等待事件的发生。一旦事件发生，程序会跳转到对应的事件处理函数中执行相应的操作，然后再次回到 gtk_main 循环。如果没有事件发生，应用程序将处于等待状态，不执行任何操作。当事件发生时，程序会发送一个信号来通知应用程序执行相关的操作，即调用与这一信号进行连接的回调函数，来完成由事件触发的行动。每个窗口程序中的元件都有不同的方式接受用户交互发出的信号，例如鼠标单击、鼠标移动、键盘交互等操作都可以产生事件。

GTK 提供了一套事件处理机制，使得开发者可以方便地处理用户交互。事件处理的流程如下：

1）定义一个回调函数，该函数将在事件触发时被调用。

2）将该回调函数与特定的事件类型进行连接，使得当该事件发生时，该回调函数会被调用。

3）在回调函数中编写相应的代码，以响应该事件。

当事件发生时，就会自动调用回调函数 callback 来处理事件。回调函数 callback 可以是任意函数，函数名字可自行命名，如果不是库函数，还需要定义这个回调函数。需要注意的是，帮助文档里已经规定好了回调函数应该如何写，回调函数的写法（返回值，参数）要按此规定来写，否则可能产生错误。

比如当用户点击按钮时，系统将调用一个名为 on_clicked 的函数。函数原型如下：

```
void on_clicked(GtkWidget * widget, gpointer data)
```

➢ widget 表示当前发出信号的组件的指针。可以使用该指针来表示发出信号的组件。

➢ data 是 g_signal_connect 函数调用 on_clicked 函数时的最后一个参数。通过该参数,可以实现窗口与被调用函数之间的数据交互。

相当于把 g_signal_connect()的第一个参数传给回调函数的第一个参数,最后一个参数传给回调函数的最后一个参数。

下面实现这样一个例子,按下按钮,把按钮上的文本信息打印到屏幕上。按钮按下(pressed)后会自动调用 deal_pressed()按钮按下的处理函数,"这是个按钮"是传给回调函数 deal_pressed()的参数,最后回调函数打印内容。

```
#include <gtk/gtk.h>

void deal_pressed(GtkButton *button, gpointer user_data)
{
    const char *text = gtk_button_get_label(button);
    printf("%s==========%s\n", (char *)user_data, text);
}

int main( int argc,char *argv[] )
{
    gtk_init(&argc, &argv);
    GtkWidget *window = gtk_window_new(GTK_WINDOW_TOPLEVEL);
    gtk_window_set_title(GTK_WINDOW(window), "信号");
    gtk_container_set_border_width(GTK_CONTAINER(window), 15);
    gtk_widget_set_size_request(window, 400, 300);

    GtkWidget *button = gtk_button_new_with_label("按钮的文本内容");
    gtk_container_add(GTK_CONTAINER(window), button);

    g_signal_connect(button, "pressed", G_CALLBACK(deal_pressed), "这是个
按钮");

    gtk_widget_show_all(window);
    gtk_main();
    return 0;
}
```

运行上述程序,得到的如下图 4—12 输出。单击按钮,终端会打印出"这是个按钮==========按钮的文本内容"。

图 4—12　打印按钮内容

下面再介绍一个程序,实现了当单击按钮时关闭当前窗口的功能。创建了一个顶层窗口,并在窗口中放置了一个按钮。当按钮被点击时,会触发 on_button_clicked()函数,关闭当前的窗口。代码示例如下:

```
#include <gtk/gtk.h>

void on_button_clicked(GtkWidget *widget, gpointer data) {
    GtkWidget *window = GTK_WIDGET(data);
    gtk_widget_destroy(window);
}

int main(int argc, char *argv[]) {
    gtk_init(&argc, &argv);
    GtkWidget *window = gtk_window_new(GTK_WINDOW_TOPLEVEL);
    gtk_window_set_title(GTK_WINDOW(window), "Close Window Example");
    gtk_container_set_border_width(GTK_CONTAINER(window), 10);
    g_signal_connect(window, "destroy", G_CALLBACK(gtk_main_quit), NULL);

    GtkWidget *button = gtk_button_new_with_label("Close Window");
    g_signal_connect(button, "clicked", G_CALLBACK(on_button_clicked), window);
    gtk_container_add(GTK_CONTAINER(window), button);

    gtk_widget_show_all(window);
    gtk_main();
    return 0;
}
```

运行上述程序，得到的如右图 4—13 输出。当单击按钮时会关闭当前窗口。

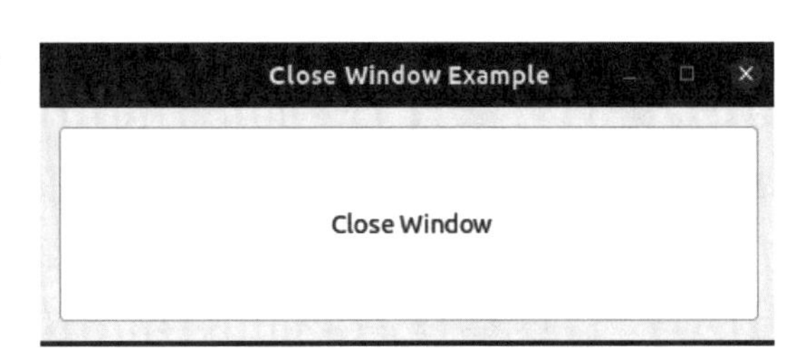

图 4—13　关闭按钮

4.5　小结

本章介绍了 Linux 的图形界面编程——GTK 库。首先，介绍了 GTK 库中的界面基本元件，包括窗口、标签、按钮和文本框，学习了如何创建这些基本元件和设置基本属性。接着，介绍了界面布局元件，包括固定布局、表格、框和窗格，学习了如何使用这些布局元件来构建复杂的界面布局，使界面看起来更加美观和易于操作。最后，介绍了 GTK 信号与回调函数，学习了如何连接信号与回调函数，以及如何编写回调函数来响应用户的操作。通过本章的学习，帮助用户掌握 GTK 库的图形界面编程技术和设计出较复杂的界面，在 Linux 操作系统平台上开发丰富的图形界面应用程序。

第五章

文 件 编 程

Linux 操作系统中所有内容都是以文件的形式保存和管理，“Linux 中一切皆文件”。所以，文件操作是 Linux 中不可或缺的一部分。文件提供了一种持久性存储数据的方式，使得程序能够在多次运行之间保留状态。无论是存储用户数据、配置信息，还是记录应用程序的输出，文件都扮演着重要的角色。

C 语言为文件操作提供了丰富的库函数，允许程序员以底层的方式直接操纵文件，这为实现各种功能提供了灵活性。文件编程不仅包括了读写文件的基本操作，还涵盖了文件定位、文件管理、错误处理等方面的内容。

本章将深入探讨在 Linux 系统中使用 C 语言进行文件编程的方方面面，包括学习如何打开和关闭文件、读写文件内容、文件定位、文件管理、错误处理等内容。此外，还将讨论数据库文件操作。

5.1 文件概述

5.1.1 Linux 文件类型

Linux 中的文件类型主要包括以下几种：

1) 普通文件(Regular file)：它是 Linux 文件系统中最常见的文件类型，包含了文本文件、二进制文件和可执行文件等。

2) 目录文件(Directory file)：它是一种特殊的文件类型，用于组织和存储其他文件。目录文件中可以包含普通文件和其他目录文件等。

3) 符号链接文件(Symbolic link file)：它是一个指向另一个文件或目录的特殊文件类型，类似于 Windows 中的快捷方式，可以让你轻松地访问其他文件或目录。

4) 套接字文件(Socket file)：它是一种用于进程间通信的特殊文件类型，通常用于网络编程中，可以让不同的进程在网络上进行通信。

5) 字符设备文件(Character device file)和块设备文件(Block device file)：它们分别用于访问字符设备和块设备，如键盘、鼠标、磁盘、打印机、串口等。

在 Linux 中，可以使用 ls -l 命令来查看文件的类型。ls -l 命令会输出一个包含文件权限、所有者、文件大小、最后修改时间以及文件类型等信息的列表，如下图 5—1 所示。在这个列表中,文件类型的信息会显示在文件权限信息的第一个字符位置。例如,如果一个文件的权限信息是-rw-r--r--,那么它的文件类型就是普通文件。

```
(base) root@LAB_VM:~/common-dir/MUSDL# ls -l
total 32
-rw-r--r--  1 root root  174 Aug 21  2020 Baidu-link.txt
drwxr-xr-x  4 root root 4096 Aug 21  2020 JIGSAWS
drwxr-xr-x 12 root root 4096 Nov 19 16:37 MTL-AQA
-rw-r--r--  1 root root 3876 Aug 21  2020 README.md
drwxr-xr-x  2 root root 4096 Oct 26 11:28 __pycache__
drwxr-xr-x  2 root root 4096 Aug 21  2020 fig
drwxr-xr-x  4 root root 4096 Nov 19 16:35 models
-rw-r--r--  1 root root  846 Aug 21  2020 utils.py
```

图 5—1 文件信息列表

因为普通文件是 Linux 文件系统中最常见的文件类型,所以这里详细介绍一下普通文件,它包含文本文件和二进制文件。文本文件(Text file)是用来保存字符的。文件中的字节是字符的某种编码(ASCII 码或 Unicode),可以用 cat 命令来查看文本文件的内容,用文本编辑器 vi 对其进行编辑。文本文件存储量大,速度慢,方便对字符操作,文本文件以 EOF 结束。二进制文件(Binary file)是包含了二进制数据的文件。数据按其在内存中的存储形式原样存放,通常不能被文本编辑器直接打开和编辑。二进制文件存储量小、速度快、方便存放中间结果。

5.1.2 文件流及其功能

C 语言库函数建立在底层系统调用之上,也就是说 C 语言库文件访问函数的实现中使用了低级文件 I/O 系统调用。文件流是标准 C 语言对文件进行输入和输出而定义的一种抽象概念,在编程时主要体现为一个 FILE 结构体。在 Linux 操作系统中,系统默认为每个进程打开了三个文件,每个进程默认可以操作三个数据流:标准输入流、标准输出流、标准错误输出流,其中流指针及宏定义如下:

```
/* Standard streams. */
extern struct _IO_FILE *stdin;      //标准输入流,默认键盘
extern struct _IO_FILE *stdout;     //标准输出流,默认显示器
extern struct _IO_FILE *stderr;     //标准错误输出流,默认显示器

#ifdef __STDC__                     //也可以直接使用以下宏
#define stdin stdin
#define stdout stdout
#define stderr stderr
#endif
```

文件流的主要功能包括：

1）打开文件：使用文件流可以打开指定的文件，以进行读写操作。

2）读取文件：文件流提供了多种读取文件的函数，如读取一个字符、读取一行文本、读取二进制数据等。

3）写入文件：文件流提供了多种写入文件的函数，如写入一个字符、写入一行文本、写入二进制数据等。

4）关闭文件：文件流使用完毕后，必须关闭文件以释放系统资源。

5）定位文件指针：文件流可以通过设置文件指针的位置，定位到文件中的任意位置，以便读取或写入数据。

6）错误处理：文件流可以检测文件读写过程中的错误，如文件不存在、磁盘空间不足等，并提供相应的错误处理机制。

7）缓存管理：文件流会对读写数据进行缓存管理，以提高文件的读写效率。

5.1.3 缓冲区

文件缓冲区是指为了提高文件读写效率而设置的缓存区，它是一个内存区域，用于暂存读取和写入文件的数据，通常会在文件流打开时被自动分配并与文件流相关联。在进行文件读写操作时，数据会先被存储到缓冲区中，然后再从缓冲区中读取或写入文件。

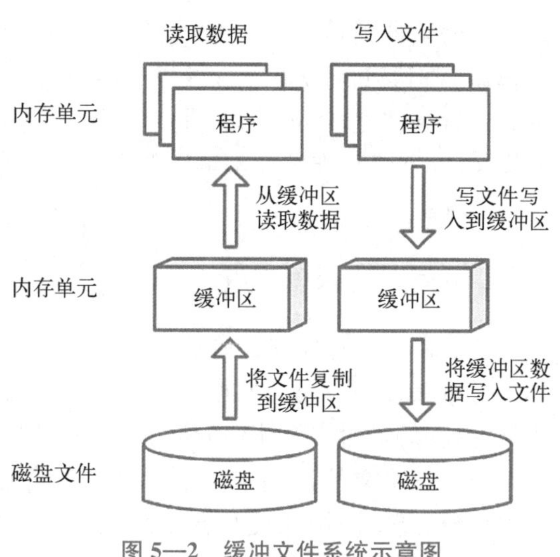

图 5—2　缓冲文件系统示意图

文件缓冲区的优点是可以减少文件读写的次数，提高文件读写效率。在使用文件缓冲区时，程序可以一次性读取或写入多个字符或行，然后再一次性将其写入文件或读取出来，这样就可以减少文件读写的次数，从而提高文件读写的效率。此外，缓冲区还可以减少对硬盘的访问次数，避免频繁地访问硬盘对硬盘造成损伤。

标准 I/O 提供了三种类型的缓冲区，分别是全缓冲区、行缓冲区和无缓冲区：

1）全缓冲区：全缓冲区默认大小是 8 192 字节，通常在缓冲区满了或者调用了刷新函数之后会进行 I/O 系统调用操作。对于普通磁盘文件，通常使用全缓冲区方式。

2）行缓冲区：行缓冲区默认大小是 128 字节，通常在遇到换行符('\n')时会自动刷新缓冲区，将缓冲区中的数据写入文件。

3）无缓冲区：即不带缓冲区，标准 I/O 库不对字符进行缓存，数据会直接从磁盘中读取或写入。标准出错流 stderr 通常是无缓冲区的，方便出错信息可以更快地显示。

需要注意的是，当程序结束时，文件缓冲区中的数据可能还没有被写入文件中。为了确保数据被写入文件中，可以使用 fflush()函数来刷新缓冲区，将缓冲区中的数据写入文件中。同时，当发生错误时，也需要使用 fflush()函数来清空缓冲区，避免数据被错误地写入文件中。下面程序用于测试缓冲区类型,同时对三种普通文件流(标准输入流、标准输出流、标准错误输出流)进行判断。

```
#include <stdio.h>

void pr_stdio (const char *,FILE *);
int main(void)
{
    FILE *fp;
    fputs ( "enter any character\n", stdout);
    if(getchar()== EOF)
        printf( "getchar error");
    fputs ("one line to standard error\n",stderr);
        pr_stdio ( "stdin", stdin) ;  //测试标准输入流
    pr_stdio ("stdout", stdout);  //测试标准输出流
    pr_stdio ("stderr", stderr);  //测试标准错误输出流

    if( (fp = fopen ("/etc/motd", "r")) == NULL)  //普通文件
        printf("fopen error");
    if (fgetc(fp) == EOF)
        printf ( "getc error");
    pr_stdio("/etc/motd",fp);
    return (0);
}

void pr_stdio (const char *name, FILE *fp)
{
    printf ("stream = %s, ",name);

    if(fp->_flags & __IO_UNBUFFERED)       //是否为无缓冲
        printf ("unbuffered");
    else if (fp->_flags & _IO_LINE_BUF)  //是否为行缓冲
        printf ("line buffered");
    else                                  //其他情况为全缓冲或者自定义缓冲类
        printf("fully buffered or modified") ;
    printf(", buffer size = %d\n", fp->_IO_buf_end-fp->_IO_buf_base);

}
```

5.1.4 文件指针

在缓冲文件系统中，每个使用的文件在内存中有一个文件信息区来存放文件的相关信息，这些信息保存在一个结构体变量中，该结构体类型由系统定义，C 语言规定该类型为 FILE 型，在 stdio.h 中定义。

```
typedef struct _IO_FILE FILE;    //对 FILE 进行了重定义

struct _IO_FILE{
    int _flags;                 // 文件状态标志
    char *_IO_read_ptr;    /* Current read pointer */        //当前读指针
    char *_IO_read_end;    /* End of get area. */            //读区域结束位置
    char *_IO_read_base;   /* Start of putback+get area. */
    char *_IO_write_base;  /* Start of put area. */          //写区起始区
    char *_IO_write_ptr;   /* Current put pointer. */        //当前写指针
    char *_IO_write_end;   /* End of put area. */            //写区域结束位置
    char *_IO_buf_base;    /* Start of reserve area. */      //缓冲区起始位置
    char *_IO_buf_end;     /* End of reserve area. */        //缓冲区结束位置
    int _fileno;                //文件描述符
    int _flags2;                //扩展标志
}
```

定义文件指针变量的一般形式为：

FILE *文件结构指针变量名，如：FILE *fp；

其中：

➢ fp 是一个指向 FILE 类型的指针变量，通过 fp 就能够找到与它关联的文件。

如果程序中同时处理 n 个文件，则需要设置 n 个指针变量，实现对 n 个文件的访问。

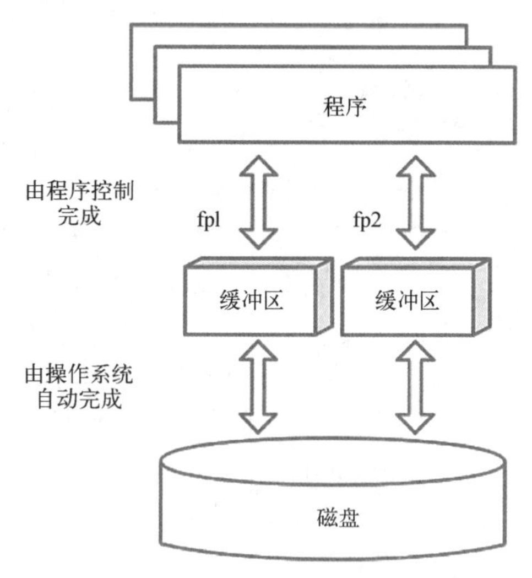

图 5—3　文件指针变量对文件的访问

5.2 文件的打开与关闭

5.2.1 文件的打开

打开文件将文件指针变量与一个特定的外部文件进行关联，使用标准输入输出函数 fopen()实现打开文件，其函数原型如下：

```
FILE *fopen(char *pname,char *mode);
```

它有两个参数：文件名和模式。该模式指定如何打开文件。其中：

➢ pname 是文件名；

➢ mode 是模式，说明了文件的打开方式。

该函数的使用方式使文件指针与相应文件实体对应起来，程序对文件指针进行操作，即文件指针对应磁盘文件。其中，“文件指针名”必须被声明为 FILE 类型的指针变量；“文件名”是指被打开文件的文件名，它是一个字符指针，指向要打开或建立的文件名字符串；“文件打开方式”是指所有可能的文件处理方式，既与将要对文件采取的操作方式有关，也与文件类型是文本文件还是二进制文件有关。表 5—1 介绍了文件的打开方式。

表 5—1　文件的打开方式

参　数	说　　明
r(或 rb)	以只读的方式打开文件，读位置位于文件开始，该文件必须已经存在，否则返回错误
r+(rb+)	以可读写的方式打开文件，读写位置位于文件开始，此文件必须存在，否则返回错误
w(或 wb)	以只写的方式打开文件，若该文件存在则清空，若不存在就创建文件，写位置位于文件开头
w+(或 wb+)	以可读写的方式打开文件，若该文件存在则清空，若不存在就创建文件，写位置位于文件开头
a(或 ab)	以只写的方式追加文件，若该文件存在，写入的数据会被追加到文件后面；若文件不存在，则创建文件。写位置始终位于文件尾部，使用 fseek 修改无效
a+(或 ab+)	以可读写的方式追加文件，若该文件存在，在它的尾部读写数据；若文件不存在，则创建文件。读位置位于文件头，写位置始终位于文件尾部，使用 fseek 修改无效

其中，b 表示二进制文件，打开方式不加 b 表示操作文本文件，加 b 表示操作二进制文件。例如：a 表示写字符文件，但是只能在文件末尾写入。ab 表示写二进制文件，但是只能在文件末尾写入。

以下代码打开同目录下的文件 myfile.txt 进行读取：

```
FILE *fp1;    /*定义一个指向文件的指针变量 fp1*/
fp1 = fopen("myfile.txt", "r");     /*将 fopen 函数的返回值赋值给指针变量
fp1*/
```

这两行代码的含义是在当前目录下打开文件 myfile.txt，只允许进行“读”操作，并使文件指针 fp 指向该文件。

```
FILE *fp2                /*定义一个指向文件的指针变量 fp2*/
fp2 = fopen("myfile", "rb")       /*将 fopen 函数的返回值赋值给指针变量 fp2*/
```

这两行代码的含义是在当前目录下打开文件 myfile,这是一个二进制文件,只允许按二进制方式进行读操作,并使文件指针 fp 指向该文件。

函数 fopen 的返回值有两种:

1) 执行成功,函数返回包含文件缓冲区等信息的 FILE 型地址,赋给文件指针 fp,其他函数用 fp 指针来指定该文件;

2) 执行不成功,则返回一个 NULL 空指针。

导致打开文件失败的原因通常有: ① 文件名无效;② 试图打开不存在的目录或磁盘驱动器中的文件;③ 试图以 r 打开方式打开一个不存在的文件。

判定打开文件是否成功,并作相应处理。

```
if((fp = fopen("myfile.txt ","r") == NULL)
{
        printf("error on open myfile.txt ");
        exit(0);
}
```

其中,exit(0)表示关闭所有打开的文件,并终止程序的执行。

5.2.2 文件的关闭

在执行完文件的操作后,要进行"关闭文件"操作,以避免因没有关闭文件而造成数据流失。关闭文件操作使用标准输入输出函数 fclose()实现,函数原型为:

```
int fclose(FILE * fp);
```

➢ fp 是文件指针。

函数使用方式为:

```
fclose(文件指针);
```

关闭先前通过 fopen()打开的文件,将缓冲区内的数据写入文件中,使文件指针与文件脱离,释放文件指针和相关缓冲区。

fclose 函数的返回值为整型,返回值有两种:

1) 正常执行: 返回 0;

2) 异常执行: 返回 EOF,表示文件在关闭时发生错误。其中 EOF 称为文件结束符,在<stdio.h>中定义,值为-1。

以下程序的功能是打开 myfile.txt 文件,如果该文件不存在,则新建一个。在文件中写入"Hello World! ",然后关闭该文件。

```
#include <stdio.h>
#include <stdlib.h>
```

```
int main()
{
    FILE *fp;                                          /* 定义文件指针 */
    if( ( fp = fopen("myfile.txt", "w") ) == NULL){    /* 以写方式打开文件 */
        printf("File open error!\n");
        exit(0);
    }
    fprintf( fp, "%s", "Hello World! " );              /* 写文件 */

    if( fclose( fp ) ){                                /* 关闭文件 */
        printf("Can not close the file!\n" );
        exit(0);
    }

    return 0;

}
```

5.3　文件的读与写

文件读取和写入是在编程中处理文件数据的重要操作。通过读取文件，可以获取文件中存储的信息，而写入文件则允许将数据保存到文件中。在这一小节中，将学习如何在C语言中执行这些操作。

文件读取是从文件中获取数据的过程。它可以用于读取文本文件、二进制文件或其他格式的文件。以下是文件读取的一般步骤：

1）打开文件：首先，需要打开要读取的文件。打开文件时，需要提供文件的路径和打开模式（只读、读写等）。

2）读取文件内容：一旦文件打开，可以使用相应的读取操作来获取文件中的数据。对于文本文件，可以按行或按字符读取数据。对于二进制文件，通常是按字节读取。

3）处理数据：读取文件后，可以对获取的数据进行处理。这可能涉及字符串操作、解析数据或其他特定的处理过程，具体取决于所读取文件的内容。

4）关闭文件：在读取完文件后，应该关闭文件以释放系统资源。这是一个重要的步骤，以确保文件在读取完成后正确地关闭。

文件写入是将数据保存到文件中的过程。可以创建新文件并将数据写入其中，也可以覆盖或追加到现有文件中。以下是文件写入的一般步骤：

1）打开文件：与文件读取类似，首先需要打开要写入的文件。在打开文件时，需要提供文件的路径和打开模式(只写、追加等)。

2) 写入数据：一旦文件打开，可以使用相应的写入操作将数据写入文件中。对于文本文件，可以写入字符串。对于二进制文件，可以按字节写入数据。

3) 关闭文件：在写入完文件后，同样应该关闭文件以释放系统资源。

在文件读取和写入的过程中，有三种常见的读写方式：字符读写、行读写和块读写。在处理文件时，需要根据文件类型、文件大小和数据结构等因素来决定使用哪种方式。下面将详细介绍这三种方式的内容：

5.3.1 字符读写操作

字符读写是指逐个地字符读取和写入文件的操作方式。对于文本文件，字符读写操作会逐个读取或写入文件中的字符，包括字母、数字、标点符号等。字符读写的特点包括：逐个读取或写入字符；适用于处理文本文件；操作粒度较小，可以对每个字符进行处理。

1) 字符读操作：通常使用 getc()或 fgetc()函数，相关函数原型如下：

```
//来自头文件<stdio.h>
extern int fgetc (FILE *__stream);              //从流中读一个字符
extern int getc (FILE *__stream);
```

➢ stream 是指向 FILE 对象的指针，该 FILE 对象标识了要在上面执行操作的流。

其中，fgetc 和 getc 都是从指定的流 stream 获取下一个字符(一个无符号字符)，并把位置标识符往前移动。函数以无符号 char 强制转换为 int 的形式返回读取的字符，如果到达文件末尾或发生读错误，则返回 EOF。

但是，两者的区别是，getc 是一个宏定义：

```
//来自头文件<stdio.h>
#define getc(_fp)   _IO_getc (_fp)
```

getc 可以被当作宏来调用，而 fgetc 只能作为函数来调用。一般来说，宏产生较大的代码，但是避免了函数调用的堆栈操作，所以速度会比较快。

2) 字符写操作：通常使用 fputc()或 putc()函数，相关函数原型如下：

```
//来自头文件<stdio.h>
extern int fputc (int __c, FILE *__stream);          //写字符 c 到流 stream 中
extern int putc (int __c, FILE *__stream);
```

➢ c 是要写入的字符；

➢ stream 是文件流。

函数的返回值是一个 int 类型的数据，它将输出的字符以整型数据的形式返回，即返回输出字符的 ASCII 码值。

其中，fputc()函数比 putc()函数多了一个字符“'f'”，这个字符“'f'”表示 file 的意思，

表明 fputc()函数是专用于文件操作的。但其实这两个函数的参数个数、参数含义及返回值完全相同,因此,虽然表面上 fputc()函数专用于文件操作,但它其实也可以用于标准输出。

下面是一个使用 fgetc()和 fputc()来实现对 myfile.txt 进行字符读写操作的程序实例,在运行时,需要以参数的方式指定读取的文件:

```
#include <stdio.h>

int main()
{
    // 字符读取
    FILE *file = fopen("myfile.txt", "r");
    char character = fgetc(file);
    fclose(file);
    // 字符写入
    file = fopen("myfile.txt", "w");
    fputc('A', file);
    fclose(file);

    return 0;

}
```

5.3.2　行读写操作

行读写是指逐行读取和写入文件的操作方式。对于文本文件,行读写操作会按行读取或写入文件中的数据,每行数据以换行符(\n)结尾。行读写的特点包括:逐行读取或写入数据;适用于处理文本文件,特别是逐行处理文本数据的场景;操作粒度较大,可以对每行数据进行处理。

1) 行读出操作:通常使用 fgets()函数,其函数原型如下:

```
//来自头文件<stdio.h>
//从标准流中读出一行(没有达到行限制)字符
extern char *fgets (char *__restrict __s, int __n, FILE *__restrict  __stream)
char *fgets (char *__restrict __s, int __n, FILE *__restrict __stream)
```

- s 是数据存放的数组;
- n 是最大长度;
- stream 是输入源。

函数 fgets()将字符从 stream 读入 s 所指向的内存单元,直到成功读取 n−1 字符、换行符或遇到文件结束标志 EOF 为止,并将最后一个空间置为“'\0'”。

成功完成后,fgets()返回 s,如果流位于文件末尾,则设置此流的文件结束指示器,并返回一个空指针。如果出现读取错误,则设置流的错误指示符,并设置 errno 指示此错误,返回一个空指针。

2) 行写入操作:通常使用函数 fputs()或 puts()函数,相关函数原型如下:

```
//来自头文件<stdio.h>
/* 将字符串写入指定输出 stream. */
extern int fputs (__const char *__restrict __s, FILE *__restrict __stream) ;
/* 将带有换行符的字符串写入标准输出流 stdout. */
extern int puts (__const char *__s);        //输出流到标准输出设备中
```

➢ s 是一个数组,包含了要写入的以空字符终止的字符序列;

➢ stream 是指向 FILE 对象的指针,该 FILE 对象标识了要被写入字符串的流。

puts()将 s 指向的以空字符结尾的字符串(后接换行符)写入标准输出流 stdout 中。fputs()将 s 指向的以空字符结尾的字符串写入指定输出 stream 中,但不追加换行符。这两个函数都不写入终止空字符。基于这一特点,这两个函数不能用来操作二进制文件,因为二进制文件中包含“'\0'”的可能性很大。

成功完成后,这些函数均返回非负数;否则返回−1,并为流设置错误指示符,将 errno 设置为指示出错。

下面是一个使用 fgets()函数和 fputs()函数来对文件 myfile.txt 进行读写操作的程序代码示例:

```
#include <stdio.h>

int main()
{
    // 行读取
    FILE *file = fopen("myfile.txt", "r");
    char line[256];
    fgets(line, sizeof(line), file);
    fclose(file);
    // 行写入
    file = fopen("myfile.txt", "w");
    fputs("Line 1\n", file);
    fclose(file);

    return 0;

}
```

5.3.3　块读写操作

块读写是指以固定块大小读取和写入文件的操作方式。对文本文件或二进制文件，块读写操作会按指定的块大小读取或写入文件中的数据。块读写的特点包括：按指定的块大小读取或写入数据；适用于处理二进制文件或大型文件；操作粒度介于字符读写和行读写之间，可以根据需要进行调整。

1）块读出操作：通常使用 fread()函数，其函数原型如下：

```
//来自头文件<stdio.h>
/*从流 stream 中读取通用数据块.*/
extern size_t fread (void *__restrict __ptr, size_t __size, size_t __n, FILE *__restrict __stream)
```

此函数将从第四个参数所指示的流中读取 n 个大小为 size 的对象存放于第一个参数 ptr 所指向的内存空间。其中：

- ptr 为读取的对象的存放位置；
- size 为读取对象的大小；
- n 为读取对象的个数；
- stream 为读取的流。

此函数返回实际读取到的对象个数(不是读写的字节大小)，如果此值比参数 n 小，则代表可能读到了文件的尾部，这时必须用 feof()函数或者 ferror()函数来检测发生了什么情况，对 feof()函数和 ferror()函数，将在后续内容中介绍。

2）块写入操作：通常使用 fwrite()函数，其函数原型如下：

```
//来自头文件<stdio.h>
/*将数据块写入流 stream 中.*/
extern size_t fwrite (__const void *__restrict __ptr, size_t __size, size_t __n, FILE *__restrict __s)
```

此函数将向第 4 个参数 s 所指的流中写入 n 个大小为 size 的对象存，储于 ptr 所指示的空间中。其中：

- ptr 为指向将写入的对象的数据空间指针，即写入的对象的存放位置；
- size 为写入对象的大小，例如写入一个结构体 buf，此参数可以设置为 sizeof (struct buf)；
- n 为写入的个数；
- s 为写入的数据流。

如果执行成功，此函数返回实际写入的对象个数，否则返回－1。

下面是一个使用 fread()函数和 fwrite()函数来向文件 myfile.txt 中读写数据块的程序代码示例：

```
#include <stdio.h>

int main()
{
    // 块读取
    FILE * file = fopen("myfile.txt", "rb");  // 以二进制模式打开文件
    char block[1024];
    fread(block, sizeof(char), sizeof(block), file);
    fclose(file);
    // 块写入
    file = fopen("myfile.txt", "wb");  // 以二进制模式打开文件
    fwrite("Binary data", sizeof(char), 12, file);
    fclose(file);

    return 0;

}
```

5.4 文件的其他操作

5.4.1 文件操作的错误检测

文件操作是一项重要的任务，通过文件操作，可以读取和写入数据，创建、删除和修改文件等。然而，在进行文件操作时，需要注意错误的处理，以确保程序的稳定和可靠。本节将详细介绍文件操作中的错误检测方法和技巧，帮助用户编写更健壮的程序。

文件操作可能会遇到各种错误，如文件不存在、权限不足、磁盘空间不足等。忽视这些错误可能导致程序崩溃或数据丢失。因此，正确处理错误是非常重要的。文件操作中常见的错误如下：

1）文件打开错误：在打开文件时，需要检查文件是否成功打开。如果文件打开失败，可能是因为文件不存在、权限不足或文件被其他进程锁定等原因。

2）文件读取错误：在读取文件内容时，可能发生读取错误。例如，文件结束、读取错误或文件格式不符等情况。

3）文件写入错误：在写入文件时，可能发生写入错误。例如，磁盘空间不足、写入错误或文件被其他进程锁定等情况。

4）文件关闭错误：在关闭文件时，可能发生关闭错误。例如，文件句柄无效或关闭失败等情况。

在文件操作中的错误检测方法和技巧如下：

1）文件流检测：在进行文件操作函数调用后，需要检查其返回值以判断是否发生错误。

通常，文件操作函数的返回值为整数类型，其中负值表示错误发生，非负值表示操作成功。可以使用条件语句（如 if 语句）检查返回值，并根据返回值采取相应的处理措施。其中，feof() 函数用于检测文件流是否处于文件结束状态。该函数接受文件流作为参数，并返回非零值表示文件结束状态，返回零值表示不是文件结束状态。利用 feof()函数检测文件流是否处于文件结束状态的代码示例如下：

```
#include <stdio.h>
#include <stdlib.h>

int main()
{
    FILE* file = fopen("example.txt", "r");
    if (file == NULL) {
        perror("文件打开失败");
        exit(EXIT_FAILURE);
    }
    // 读取文件内容
    int ch;
    while ((ch = fgetc(file)) != EOF) {
        // 处理读取到的字符
    }
    if (feof(file)) {
        // 文件已经读取到末尾
    } else {
        // 文件未读取到末尾，可能是出现了错误
    }
    fclose(file);

    return 0;

}
```

ferror()函数用于检测文件流是否处于错误状态。该函数接受文件流作为参数，并返回非零值表示文件错误状态，返回零值表示非错误状态。利用 ferror()函数检测文件流是否处于错误状态的代码示例如下：

```
#include <stdio.h>
#include <stdlib.h>

int main()
```

```
{
    FILE * file = fopen("example.txt", "w");
    if (file == NULL)
    {
        perror("文件打开失败");
        exit(EXIT_FAILURE);
    }
    // 写入数据
    if (fprintf(file, "Hello, World!\n") < 0)
    {
        perror("写入错误");
        // 处理写入错误的情况
    }
    if (ferror(file))
    {
        // 文件发生了错误
    } else {
        // 文件操作正常
    }
    fclose(file);

    return 0;

}
```

2) 错误信息输出：在错误发生时，及时输出错误信息是非常有用的。可以使用标准错误输出流[stderr()]或日志记录工具输出错误信息。可以结合错误码(如 errno)和错误描述[如 perror()函数]来提供更详细的错误信息。利用 stderr()函数结合错误码及时输出错误信息的代码示例如下：

```
#include <stdio.h>
#include <stdlib.h>

int main()
{
    FILE * file = fopen("example.txt", "r");
    if (file == NULL)
    {
```

```
        // 文件打开失败，输出错误信息
        fprintf(stderr, "文件打开失败：%s\n", strerror(errno));
        exit(EXIT_FAILURE); //EXIT_FAILURE 值为 1
    }
    // 关闭文件
    if (fclose(file) == EOF)
    {
        // 文件关闭失败，输出错误信息
        fprintf(stderr, "文件关闭失败：%s\n", strerror(errno));
        exit(EXIT_FAILURE);
    }

    return 0;

}
```

3）错误恢复和资源释放：当发生错误时，应该及时进行错误恢复和资源释放操作。例如，在文件打开失败后，应该关闭已打开的文件；在写入错误发生时，应该撤销已写入的数据，以避免数据的不一致性。发生错误时，及时进行错误恢复和资源释放操作的示例如下：

```
#include <stdio.h>
#include <stdlib.h>

int main()
{
    FILE * file = fopen("example.txt", "w");
    if (file == NULL)
    {
            // 文件打开失败，进行错误处理
            perror("文件打开失败");
            exit(EXIT_FAILURE);
    }
    // 文件打开成功，进行文件操作
    // 写入数据
    if (fprintf(file, "Hello, World!\n") < 0)
    {
        //写入错误，进行错误处理
        perror("写入错误");
```

```
        // 恢复数据
        // ...
        // 关闭文件
        fclose(file);
        exit(EXIT_FAILURE);
    }
    // 关闭文件
    if (fclose(file) == EOF)
    {
        // 文件关闭失败,进行错误处理
        perror("文件关闭失败");
        exit(EXIT_FAILURE);
    }

    return 0;

}
```

5.4.2 文件的定位

在进行文件操作时,有时候需要对文件流进行定位,以便读取或写入特定位置的数据。文件流定位可以在文件中指定位置进行操作,例如读取/写入指定字节的数据或跳过部分内容。在 C 语言中,可以使用以下函数对文件流进行定位:

fseek():该函数用于将文件指针定位到指定位置。它接受文件指针、偏移量和起始位置作为参数,若成功返回零,若失败返回非零值。fseek()函数原型如下:

```
int fseek(FILE *stream, long offset, int origin);
```

- stream 是文件指针,指向要进行定位的文件流;
- offset 是偏移量,指定相对于起始位置的偏移值,正值表示向后移动,负值表示向前移动;
- origin 是起始位置,指定偏移量的基准位置,可以使用的常量包括:SEEK_SET(从文件开头开始计算偏移量),SEEK_CUR(以当前位置为基准进行偏移),SEEK_END(以文件末尾为基准进行偏移)。

ftell():该函数用于获取当前文件指针的位置,即文件流的当前位置。它接受文件指针作为参数,并返回当前位置的偏移值。ftell()函数原型如下:

```
long ftell(FILE *stream);
```

rewind():该函数将文件指针重置到文件的起始位置,等效于将文件指针设置到偏移量为 0 的位置。rewind()函数原型如下：

```
void rewind(FILE * stream);
```

下面的示例介绍了使用文件流定位函数来读取和写入特定位置的数据。

```
#include <stdio.h>

int main()
{
    FILE * file = fopen("example.txt", "r+");
    if (file == NULL)
    {
        perror("文件打开失败");
        return -1;
    }
    // 定位到文件末尾
    fseek(file, 0, SEEK_END);
    // 获取当前位置
    long endPos = ftell(file);
    printf("当前位置:%ld\n", endPos);
    // 写入数据到文件末尾
    fprintf(file, "This is appended data.\n");
    // 将文件指针定位到文件开头
    rewind(file);
    // 读取文件内容
    char buffer[100];

while (fgets(buffer, sizeof(buffer), file) != NULL)
{
        printf("%s", buffer);
    }
    fclose(file);

    return 0;

}
```

该示例中,首先打开文件并将文件指针定位到文件末尾。然后使用 ftell()函数获取当前位置，以便确认定位是否成功。接下来，通过 fprintf() 函数向文件末尾写入数据。最后，使用 rewind() 函数将文件指针重新定位到文件开头，并使用 fgets() 函数读取文件的内容并输出到控制台。

5.4.3 文件的复制

文件复制的过程见图 5—4 所示，首先要将源文件和目标文件与当前进程建立联系，然后以读的方式打开源文件，以写的方式打开目标文件，将源文件中的数据，读到内存中的进程地址空间中的临时缓冲中，最后将其从内存中写入目标文件所在磁盘中。

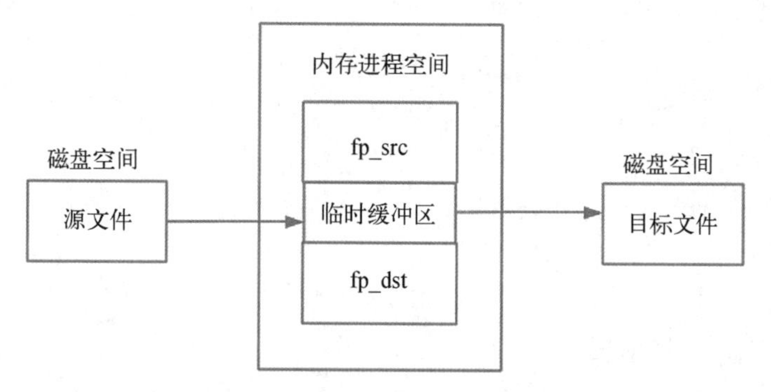

图 5—4　磁盘文件复制过程示意图

以下是一个文件复制操作的程序示例，使用字符串读写函数实现文件复制，将文件 example1.txt 的内容复制到新文件 example2.txt。

```
#include <stdio.h>
#include <stdlib.h>

int main()
{
    FILE *fpSrc, *fpDst;
    char str[20];
    /*以读方式打开文件 1 */
    if ((fpSrc=fopen("example1.txt","r"))==NULL)

    {
        printf("Can't open the file!\n");
        exit(0);
    }
    /*以写方式打开文件 2*/
    if ((fpDst=fopen("example2.txt","w"))==NULL)
    {
```

```
        printf("Can't open the file!\n");
        exit(0);
    }
    /* 当文件 1 未到达文件结尾 */
    while(fgets(str,10,fpSrc)!=NULL)
    {
        printf("%s",str);
        fputs(str,fpDst);
    }

    fclose(fpSrc);
    fclose(fpDst);

    return 0;
}
```

5.4.4 文件的管理

文件的管理包括文件的重命名、文件的删除等操作，以下详细介绍文件重命名函数和文件删除函数。

1）文件重命名：在 C 语言中，可以使用 rename()函数对文件进行重命名。rename()函数原型如下：

```
int rename(char *oldname, char *newname);
```

➢ oldname 为文件的旧文件名；
➢ newname 为文件的新文件名。

函数的实现效果分为两种情况：如果 newname 指定的文件存在，则会被删除；如果 newname 与 oldname 不在一个目录下，则相当于移动文件。

函数的返回值为：若成功则返回 0；错误则返回－1。

下面是一个 rename()函数的应用示例程序。首先程序定义两个数组存储用户指定的文件名，接着使用函数 gets()接收用户输入的文件名，再使用函数 rename()修改，如果成功则返回值为 0，提示修改成功。

```
#include <stdio.h>

int main(void)
{
```

```
    char oldname[80], newname[80];

    printf("File to rename: ");
    gets(oldname);
    printf("New name: ");
    gets(newname);
    if (rename(oldname, newname) == 0)
      printf("Renamed %s to %s.\n", oldname, newname);
    else
      printf("Rename file error! \n");

    return 0;

}
```

2) 文件删除：在 C 语言中，可以使用 remove()函数对指定的文件(可以包含目录)进行删除操作。remove()函数原型如下：

```
int remove(char * filename);
```

➢ filename 为要删除文件的文件名。

函数的返回值为：若成功则返回 0；错误则返回－1，并设置 errno。

下面是一个 remove()函数的应用示例程序。首先程序声明用于保存文件名的字符数组变量，从控制台获取文件名，然后删除该文件，并根据删除结果输出相应的提示信息。

```
#include<stdio.h>

int main()
{
   char filename[80];
   printf("The file to delete:");
   gets(filename);
   if( remove(filename) == 0 )
     printf("Removed %s.", filename);
   else
     printf("Remove file error! \n");

   return 0;

}
```

5.5　格式化输入输出函数

格式化输入输出函数是一项强大而常用的功能，通过格式化输入输出函数，可以根据特定的格式从输入流中读取数据，并将数据按照指定的格式输出到输出流中。下面详细介绍 Linux 环境下常用的格式化输入输出函数及其使用方法。

5.5.1　fprintf( )/fscanf( )函数

fprintf()/fscanf()函数与 printf()/scanf()函数的主要区别在于 printf()/scanf()函数专门针对标准输入输出流，而 fprintf()/fscanf()函数可用于任意流，当然包括标准输入输出流。fprintf()/fscanf()函数相比于 printf()/scanf()函数，它扩展了使用范围。

1) fprintf()函数：用于将格式化的数据输出到指定的输出流中。fprintf()函数原型如下：

```
int fprintf(FILE *stream, const char *format, ...);
```

- stream 是文件指针，fprintf()函数需要提供一个文件指针参数，指定要输出到的文件流；
- format 是格式控制符，fprintf()函数使用格式控制符来指定输出的格式和数据类型，用法与 printf()函数相似。

利用 fprintf()函数打印字符串、整数、浮点数到指定文件中的代码示例如下：

```
#include <stdio.h>
#include<stdlib.h>

int main()
{
    FILE *file = fopen("output.txt", "w");
    if (file == NULL) {
        perror("文件打开失败");
    return -1;
    }
    int age = 25;
    float height = 1.75;
    char name[] = "John";
    fprintf(file, "姓名：%s\n", name);
    fprintf(file, "年龄：%d\n", age);
```

```
    fprintf(file, "身高:%.2f\n", height);
    fclose(file);

    return 0;

}
```

2) fscanf()函数：用于从指定的输入流中按照指定格式读取数据。fscanf()函数原型如下：

```
int fscanf(FILE * stream, const char * format, ...);
```

- stream 是文件指针,fscanf()函数需要提供一个文件指针参数,指定要从中读取数据的文件流;
- format 是格式控制符,fscanf()函数使用格式控制符来指定要读取的数据类型和格式,用法与 scanf()函数相似。

利用 fscanf()函数从指定文件中读取整数、浮点数、字符串的示例如下：

```
#include <stdio.h>
#include<stdlib.h>

int main()
{
    FILE * file = fopen("data.txt", "r");
    if (file == NULL)
    {
        perror("文件打开失败");
        return -1;
    }
    int age;
    float height;
    char name[50];
    fscanf(file, "%d%f%s", &age, &height, name);
    fclose(file);

    return 0;

}
```

需要注意的是,在 fscanf()函数中,要使用取地址符(&)来获取变量的地址,以便将读取的值存储到变量中，字符串除外。

5.5.2 sprintf()函数

sprintf()函数是C语言中常用的标准库函数，和fprintf()函数以及printf()函数不同的是，sprintf()函数用于处理格式化字符串的输入和输出操作。sprintf()函数原型如下：

```
int sprintf(char * str, const char * format, ...);
```

- str是字符串指针，sprintf()函数需要提供一个指向目标字符串的指针，用于存储格式化输出的结果；
- format是格式控制符，sprintf()函数使用格式控制符来指定输出的格式和数据类型，用法与printf()函数和fprintf()函数相似。

sprintf()函数的主要功能包括：数字字符串打印和格式控制、浮点数打印和格式控制和连接字符串等。

1) 数字字符串打印和格式控制：sprintf()函数可以把整数打印成字符串保存到字符串中，且在大多数情况下可以替代itoa()函数(itoa()函数是C语言中的整型数转换成字符串的一个函数)。

```
//把整数520打印成一个字符串保存在s中
sprintf(s, "%d", 520);                //产生字符串"520"
```

不仅如此，sprintf()函数还可以利用格式控制符来指定各种格式化输出形式，比如指定宽度、补空格、左右对齐、按进制打印等。

指定宽度，不足的左边补空格：

```
sprintf(s, "%8d%8d", 123, 4567);      //产生字符串:"     123    4567"
```

左对齐：

```
sprintf(s, "%-8d%8d",123,4567);       //产生字符串:"123         4567"
```

按照16进制打印：

```
sprintf(s, "%8x", 1234);              //小写16进制,宽度占8个位置,右对齐
sprintf(s, "%-8x", 1234);             //大写16进制,宽度占8个位置,左对齐
```

在打印16进制内容时，左边补0的等宽格式：

```
sprintf(s, "%08x", 4567);             //产生字符串:"000011D7"
```

2) 浮点数打印和格式控制：作为sprintf()函数的常用功能，浮点数使用格式符“%f”控制，默认保留小数点后6位数字。如下所示：

```
sprintf(s, "%f", 3.1415926);          //产生"3.141593"字符串
```

如果希望控制打印的宽度和小数点后的位数,则可以使用“%m.nf”格式,其中 m 表示打印的宽度,n 表示小数点后的位数。

```
//指定宽度为10,小数点后3位,右对齐,产生:"     3.142"
sprintf(s, "%10.3f", 3.1415626);
//指定宽度为10,小数点后3位,左对齐,产生:"3.142     "
sprintf(s, "%-10.3f", 3.1415626);
//不指定总宽度,产生:"3.142"
sprintf(s, "%.3f", 3.1415626);
```

3) 连接字符串:sprintf()函数的格式控制符可以连接字符串,在许多场合可以替代 strcat()函数(C 语言中常用的字符串拼接函数),而且 sprintf()能够一次连接多个字符串。如下所示:

```
char * who = "I";
char * whom = "cat";
sprintf(s, "%s love %s.", who, whom);     //产生:"I love cat. "
```

在进行连接的字符串尾部,一般都有“'\0'”结束符,如果直接连接没有以“'\0'”结束的两字符,不管是 sprintf()还是 strcat()都可能会导致非法内存操作。为解决这一问题,可以使用在打印时指定宽度来实现:

```
char a1[] = {'A', 'B', 'C', 'D', 'E', 'F', 'G'};
char a2[] = {'H', 'I', 'J', 'K', 'L', 'M', 'N'};
```

如果使用以下代码:

```
sprintf(s, "%s%s", a1, a2);
//产生:
ABCDEFGHIJKLMNABCDEFGABCDEFG
```

则会出现问题,产生了不合法的字符串,可以改成:

```
sprintf(s,"%.7s%.7s", a1, a2);     //产生:"ABCDEFGHIJKLMN"
```

4) 利用 sprintf()函数的返回值:sprintf()函数同样返回了本次函数,调用最终打印到字符缓冲区中的字符数目。下面是一个产生 10 个[0,100]之间的随机数,并将他们打印到一个字符数组 s 中的示例程序,各数字以逗号分隔开:

```
#include <stdio.h>
#include <time.h>
#include <stdlib.h>
```

```
int main(){
    srand (time (0));    //产生随机种子,调用 rand ()函数前必须生成种子
    char s[64];
    int offset = 0;
    int i;
    for(i=0; i< 10; i++)
    {
        offset += sprintf(s + offset, "%d,", rand() % 100);
    }
    s[offset - 1] = '\n';
    printf (s);

    return 0;

}
```

程序输出如下：

```
40,14,80,23,87,50,40,58,75,43
```

5.5.3　sscanf( )函数

sscanf()函数也是C语言中常用的标准库函数，和 scanf()函数不同的是，scanf()函数是以标准输入设置 stdin 为输入源，而 sscanf()函数是以固定字符串作为输入源。sscanf()函数原型如下：

```
extern int sscanf (__const char * __restrict __s, __const char * __restrict __format, ...)
```

- s 是字符串指针，sscanf()函数需要提供一个指向源字符串的指针，从该字符串中读取数据；
- format 是格式控制符，sscanf()函数使用格式控制符来指定要读取的数据类型和格式，用法与 scanf()函数相似。

sscanf()函数的功能主要有：从字符串中提取整数、浮点数和字符串等。

1）提取字符串：可以使用 sscanf()函数复制字符串 123456 到数组中。

```
char str[512] = {0};
sscanf("123456 ", "%s", str);
printf ("str=%s\n", str);
```

程序输出：

```
str=123456
```

2）取指定长度的字符串：如下是使用 sscanf()函数取长度为 4 字节的字符串。

```
char str[512] = {0};
sscanf("123456", "%4s", str);
printf ("str=%s\n", str);
```

程序输出：

```
str=1234
```

3）提取遇到指定字符为止的字符串：以下是使用 sscanf()函数提取遇到空格为止前的字符串。

```
char str[512] = {0};
sscanf("123456 abcdedf", "%[^]", str);
printf("str=%s\n", str);
```

程序输出：

```
str=123456
```

4）提取仅包含指定字符的字符串：以下是使用 sscanf()函数提取仅包含 1 到 9 和小写字母的字符串。

```
char str[512] = {0};
sscanf("123456abcdedfBCDEF", "%[1-9a-z]", str);
printf("str=%s\n", str);
```

程序输出：

```
str=123456abcdedf
```

5）提取遇到指定字符集为止的字符串：以下是使用 sscanf()函数提取遇到大写字母为止的字符串。

```
char str[512] = {0};
sscanf("123456abcdedfBCDEF", "%[^A-Z]", str);
printf("str=%s\n", str);
```

程序输出：

```
str=123456abcdedf
```

5.6 数据库文件操作

数据库文件的相关操作，在 Linux 系统中，C 语言可以与各种数据库进行交互，其中一种常见的做法是使用嵌入式数据库。这里将以 SQLite 数据库为例进行介绍，因为 SQLite 是一种轻量级的嵌入式数据库，它以 C 语言库的形式提供，易于在 Linux 系统上使用。本章将介绍如何使用 C 语言和 SQLite 进行数据库文件操作，包括创建数据库、创建表格、插入数据和查询数据的基本步骤。

5.6.1 安装和引入 SQLite

首先，要确保系统上已经安装了 SQLite。可以使用系统的包管理器进行安装。在大多数基于 Debian 的系统（如 Ubuntu）上，可以使用以下命令安装：

```
sudo apt-get install sqlite3 libsqlite3-dev
```

安装完成后，需要在 C 程序中引入 SQLite 库。SQLite 提供了一个 C 语言的 API 来与数据库交互。可以从 SQLite 的官方网站下载 SQLite 的支持 C 语言操作的头文件（sqlite3.h）和预编译的动态库文件（libsqlite3.so）。

```
#include <stdio.h>
#include <sqlite3.h>
```

5.6.2 打开和关闭数据库

1）打开数据库：可以使用 sqlite3_open()函数来打开一个数据库文件或者创建一个新的数据库文件。sqlite3_open()函数原型如下：

```
int sqlite3_open(const char * filename, sqlite3 * * ppDb)
```

➢ filename 是数据库文件名，若文件名包含 ASCII 码表范围之外的字符，则其必需是(UTF－8)编码；
➢ ppDb 是数据库标识，此结构体为数据库操作句柄，通过此句柄可对数据库文件进行相应操作。

若返回值成功，返回 SQLITE_OK；若失败，则返回非 SQLITE_OK。

2）关闭数据库：可以用 sqlite3_close()函数来实现关闭，通过 sqlite3_close 函数可以关闭数据库、释放打开数据库时申请的资源。sqlite3_close()函数原型如下：

```
int sqlite3_close(sqlite3 * ppDb)
```

➢ ppDb 是数据库的标识。

以下是连接一个现有数据库的程序，如果数据库不存在，那么它就会被创建并返回一个数据库对象，最后关闭数据库，代码示例如下：

```
#include <stdio.h>      //引入 SQLite 库
#include <sqlite3.h>

//宏定义:文本替换,在下文中 STU_DB 即代表"./stu_info.db"
#define STU_DB "./stu_info.db"

int main(int argc, char const *argv[])
{
    sqlite3 *db;
    int ret = 0;

    //打开数据库 STU_DB
    if ((ret = sqlite3_open(STU_DB,&db)) != SQLITE_OK)
    {
        printf("open error!\n");
        return -1;
    }
    else
    {
        printf("open database successfully\n");
    }

    sqlite3_close(db);

    return 0;

}
```

3) 数据库回调方法：数据库回调方法执行 sql 指向的 SQL 语句，若结果集不为空，函数会调用函数指针 callback 所指向的函数。数据库回调函数 sqlite3_exec()函数原型如下：

```
int sqlite3_exec(sqlite3 * qqDb, const char * sql, execHandler_t callback, void *
data, char * * errmsg)
```

➢ qqDb 是数据库的标识；
➢ sql 是 SQL 语句(一条或多条)，以“;”结尾；
➢ callback 是回调函数指针，当这条语句执行之后，sqlite3 会去调用所提供的这个函数；

➢ arg 是当执行 sqlite3_exec 的时候，传递给回调函数的参数；

➢ errmsg 是存放错误信息的地址，执行失败后可以查阅这个指针。

5.6.3 执行 SQL 语句

使用 SQL 语句可以在数据库中实现多种操作，包括创建表格、插入数据、查询数据、更新和删除数据等。下面将介绍一些常见的 SQL 语句供用户学习和参考。

1）创建数据库表：CREATE TABLE 语句用于在任何给定的数据库创建一个新表。创建基本表时，涉及命名表、定义列及每一列的数据类型。CREATE TABLE 是告诉数据库系统创建一个新表的关键字。CREATE TABLE 语句后跟着表的唯一的名称或标识。基本语法如下：

```
CREATE TABLE database_name.table_name(
    column1 datatype   PRIMARY KEY(one or more columns),
    column2 datatype,
    column3 datatype,
    ......
    columnN datatype,
);
```

例如，在已经创建的数据库中创建一个名为 COMPANY 的表的代码如下：

```
const char * sql = "CREATE TABLE IF NOT EXISTS COMPANY("
"ID INT PRIMARY KEY      NOT NULL,"
"NAME           TEXT     NOT NULL,"
"AGE           INT      NOT NULL,"
"ADDRESS        CHAR(50),"
"SALARY         REAL);";

rc = sqlite3_exec(db, sql, 0, 0, &errMsg);

if (rc != SQLITE_OK) {
    fprintf(stderr, "无法创建表格：%s\n", errMsg);
    sqlite3_free(errMsg);
} else {
    fprintf(stdout, "成功创建表格\n");
}
```

2）插入数据：使用 INSERT INTO 语句可以向表格中插入数据，添加新的数据行。它有两种基本语法，如下所示：

```
INSERT INTO TABLE_NAME [(column1, column2, column3,...columnN)]
VALUES (value1, value2, value3,...valueN);
```

这是第一种语法,用于向数据库表中的指定列添加数据,其中,column1, column2,... columnN 是要插入数据的表中的列名称。

如果要为表中的所有列添加值,可以不需要在 SQLite 查询中指定列名称。但要确保值的顺序与列在表中的顺序一致,语法如下:

```
INSERT INTO TABLE_NAME VALUES (value1,value2,value3,...valueN);
```

这是第二种语法。再如,我们使用第一种语法,向数据库表 COMPANY 中指定列添加数据,代码如下:

```
sql = "INSERT INTO COMPANY (ID,NAME,AGE,ADDRESS,SALARY) "
      "VALUES (1, 'Paul', 32, 'California', 20000.00 ); "
      "INSERT INTO COMPANY (ID,NAME,AGE,ADDRESS,SALARY) "
      "VALUES (2, 'Allen', 25, 'Texas', 15000.00 ); "
      "INSERT INTO COMPANY (ID,NAME,AGE,ADDRESS,SALARY)"
      "VALUES (3, 'Teddy', 23, 'Norway', 20000.00 );"
      "INSERT INTO COMPANY (ID,NAME,AGE,ADDRESS,SALARY)"
      "VALUES (4, 'Mark', 25, 'Rich-Mond ', 65000.00 );";

rc = sqlite3_exec(db, sql, 0, 0, &errMsg);

if (rc != SQLITE_OK) {
    fprintf(stderr, "无法插入数据: %s\n", errMsg);
    sqlite3_free(errMsg);
} else {
    fprintf(stdout, "成功插入数据\n");
}
```

插入成功后,数据库表 COMPANY 的内容如表 5—2:

表 5—2　数据库表 COMPANY 的内容

ID	NAME	AGE	ADDRESS	SALARY
1	Paul	32	California	20 000.0
2	Allen	25	Texas	15 000.0

续　表

ID	NAME	AGE	ADDRESS	SALARY
3	Teddy	23	Norway	20 000.0
4	Mark	25	Rich-Mond	65 000.0

3）查询数据：使用 SELECT 语句可以从数据库表格中检索数据，以结果表的形式返回数据。这些结果表也被称为结果集。SELECT 语句的一般形式如下：

```
SELECT column1, column2, columnN FROM table_name;
```

其中，column1，column2...是表的字段，他们的值即是要获取的。如果想获取所有可用的字段，可以使用下面的语句：

```
SELECT * FROM table_name;
```

整段代码如下：

```
sql = "SELECT * FROM COMPANY";

rc = sqlite3_exec(db, sql, callback, 0, &errMsg);

if (rc != SQLITE_OK) {
    fprintf(stderr, "无法执行查询：%s\n", errMsg);
    sqlite3_free(errMsg);
} else {
    fprintf(stdout, "成功执行查询\n");
}
```

在上面创建的表格中，如果只想获取 COMPANY 表中指定的字段，例如 ID，NAME，SALARY，则可以使用下面的 SQL 语句查询：

```
SELECT ID, NAME, SALARY FROM COMPANY;
```

查询产生结果如下表所示：

表 5—3　数据库表 COMPANY 指定字段查询结果

ID	NAME	SALARY
1	Paul	20 000.0
2	Allen	15 000.0

续 表

ID	NAME	SALARY
3	Teddy	20 000.0
4	Mark	65 000.0

在使用 SELECT 语句进行数据查询时，有时需要查询满足特定条件的数据，此时普通的 SELECT 语法可能无法满足，需要使用 Where 子句、AND/OR 运算符、Like 运算符、Ordered By 子句、Group By 子句、Having 子句进行详细的查询。

Where 子句的基本语法如下所示，在具体条件处，可以使用比较或逻辑运算符指定条件，比如 >、<、=、LIKE、NOT，等等。

```
SELECT column1, column2, columnN
FROM table_name
WHERE [condition]
```

例如，表 5—3，查询出 AGE 大于等于 25 且工资大于等于 65 000.00 的所有记录的 SQL 语句如下：

```
SELECT * FROM COMPANY WHERE AGE >= 25 AND SALARY >= 65000;
```

查询出 NAME 以“'Ki'”开始的所有记录，“'Ki'”之后的字符不做限制的所有记录的 SQL 语句如下：

```
SELECT * FROM COMPANY WHERE NAME LIKE 'Ki%';
```

ORDER BY 子句的基本语法如下：

```
SELECT column-list
FROM table_name
[WHERE condition]
[ORDER BY column1, column2, ..., columnN] [ASC | DESC];
```

- ASC 默认值，从小到大，升序排列；
- DESC 从大到小，降序排列。

column 如果后面不指定排序规则，默认为 ASC 升序。对于上面的 COMPANY 表，将结果按 SALARY 升序排序的 SQL 语句如下：

```
SELECT * FROM COMPANY ORDER BY SALARY ASC;
```

GROUP BY 子句用于与 SELECT 语句一起使用，来对相同的数据进行分组。在 SELECT 语句中，GROUP BY 子句放在 WHERE 子句之后，放在 ORDER BY 子句之前。

下面是 GROUP BY 子句的基本语法：

```
SELECT column-list
FROM table_name
WHERE [ conditions ]
GROUP BY column1，column2...columnN
ORDER BY column1，column2...columnN
```

例如，对于上面的 COMPANY 表，如果想了解每个客户的工资总额，则可使用 GROUP BY 进行查询：

```
SELECT NAME，SUM(SALARY) FROM COMPANY GROUP BY NAME;
```

HAVING 子句允许指定条件来过滤将出现在最终结果中的分组结果。WHERE 子句在所选列上设置条件，而 HAVING 子句则在由 GROUP BY 子句创建的分组上设置条件。在一个查询中，HAVING 子句必须放在 GROUP BY 子句之后，必须放在 ORDER BY 子句之前。下面是包含 HAVING 子句的 SELECT 语句的语法：

```
SELECT column1，column2
FROM table1，table2
WHERE [ conditions ]
GROUP BY column1，column2
HAVING [ conditions ]
ORDER BY column1，column2
```

例如，对于上面的 COMPANY 表，显示名称计数小于 2 的所有记录的 SQL 语句如下：

```
SELECT * FROM COMPANY GROUP BY name HAVING count(name) < 2;
```

4）更新数据：可以使用 UPDATE 语句来实现，UPDATE 查询用于修改表中已有的记录。可以使用带有 WHERE 子句的 UPDATE 查询来更新选定行，否则所有的行都会被更新。

带有 WHERE 子句的 UPDATE 查询的基本语法如下：

```
UPDATE table_name
SET column1 = value1，column2 = value2,...，columnN = valueN
WHERE [condition];
```

例如，对于上面的 COMPANY 表，更新 ID 为 2 的客户地址的 SQL 语句如下：

```
UPDATE COMPANY SET ADDRESS = 'Houston' WHERE ID = 2;
```

5）删除数据：可以使用 DELETE 语句来实现，用于删除表中已有的记录。可以使用带有 WHERE 子句的 DELETE 查询来删除选定行,否则所有的记录都会被删除。

带有 WHERE 子句的 DELETE 查询的基本语法如下:

```
DELETE FROM table_name
WHERE [condition];
```

例如,对于上面的 COMPANY 表,删除 ID 为 7 的客户的 SQL 语句如下:

```
DELETE FROM COMPANY WHERE ID = 7;
```

5.7 小结

本章介绍了 Linux 操作系统下 C 语言文件编程的关键概念与相关操作,包括文件相关概念、文件的打开与关闭操作、读写操作以及文件操作的错误检测、文件定位和管理,还介绍了文件操作中常见的格式化输入输出函数等,最后介绍了数据库文件的相关概念和操作的内容,包括打开和关闭数据库、创建表、插入数据、查询数据、更新和删除数据等 SQL 语句的介绍和使用。通过本章对文件编程的相关介绍,读者应了解 Linux 操作系统用 C 语言实现文件的各种操作,为开发高效、可靠的应用程序打下坚实的基础。

第六章

进 程 管 理

进程是 Linux 操作系统抽象概念中基本的一种。进程从狭义上可以定义为一段程序的执行过程，广义上可以定义为一个具有一定独立功能的程序关于某次数据集合的一次执行活动，它是操作系统分配资源的基本单元。当目标代码执行的时候，进程不仅包括汇编代码，还由数据、资源、状态和一个虚拟的计算机组成。在本章将介绍进程的基本属性、进程从创建到结束的基本概念以及如何实现进程之间的通信。

6.1 进程概述

进程作为并发程序设计中的一个概念，它和程序本质的区别是程序是静态的，是保存在磁盘上指令的有序集合，没有执行的概念。而进程是一个动态的概念，是程序执行的过程，视为程序执行和资源管理的最小单位。

6.1.1 进程标识符

每个进程在内核中都有一个进程控制块(Process Control Block, PCB)来维护进程相关的信息，Linux 内核的进程控制块是 task_struct 结构体，该结构定义在 include/sched.h 中。系统用它来记录进程的外部特征，描述进程的运动变化过程、控制和管理进程。task_struct 数据结构中主要包括 4 项功能：

1) 进程标识和状态信息：task_struct 包含了与进程相关的标识信息，如进程 ID(PID)用于进程的唯一标识、父进程 ID(PPID)指向创建当前进程的父进程的进程 ID、组进程 ID(PGID)表示组内所有进程共享同一个 PGID、会话 ID(SID)表示进程所属会话的 ID，通常用于管理会话，以及记录进程当前的状态，如新建(NEW)、就绪(RUNNABLE)、运行(RUNNING)、阻塞(BLOCKED)、终止(TERMINATED)等。

2) 进程调度信息：task_struct 中包含了进程的调度信息，如调度优先级决定了进程的调度顺序；进程的时间片大小决定了 CPU 的分配时间；调度策略，如公平调度(CFS)、实时调度(RT)等，决定了进程的调度方式；就绪队列指针指向进程所在的就绪队列，便于调度器管理和调度。

3) 进程地址空间和上下文信息：task_struct 包含了与进程地址空间相关的信息，如代码段(Text Segment)用于存储可执行代码;数据段(Data Segment)存储初始化数据;BSS 段(BSS Segment)存储未初始化的数据;堆(Heap)用于动态内存分配;栈(Stack)用于存储函数调用、局部变量等。同时利用寄存器状态保存当前进程的寄存器值,包括程序计数器(PC)、栈指针(SP)、通用寄存器等。使用上下文切换信息保存进程切换时需要的状态,便于恢复进程的执行状态。

4) 资源管理和权限信息:task_struct 包含了关于进程资源管理和权限控制的信息,如文件描述符表存储进程打开的文件及其状态;内存管理信息包括内存映射信息、内存分配信息等;I/O 资源存储进程请求的 I/O 设备资源,如设备号、I/O 请求队列等。用户 ID(UID)和组 ID(GID)表示进程的所有者和所属组的 ID;有效用户 ID(EUID)和有效组 ID(EGID)表示进程的实际用户和组 ID,用于权限检查;文件权限掩码控制进程的文件访问权限,如读、写、执行权限。

通常情况下,新进程由一个已存在的父进程创建,在创建时新进程会被系统分配一个用于在其命名空间中唯一的标识号,简称进程 ID 号(Process ID, PID)。进程 ID 号被系统用于区分和管理不同进程,且不能进行更改。通过函数 getpid()获取进程 ID,函数 getppid()获取父进程 ID。在 Linux 系统中,进程为程序服务,程序为用户服务。用户在输入任何 Linux 命令时,对应的 Shell 通常会建立子进程来运行命令,可以将 Linux 系统中运行的程序叫作进程。因此进程通常从属于特定的用户,为构建进程与用户之间的联系,系统为每个进程提供进程所有者 ID。可通过函数 getuid()获得进程所有者 ID,同时还为每个进程提供一个有效用户 ID,以有利于系统资源的保护。表 6—1 中总结了以上提到的所有函数。

表 6—1 获取进程标识符的函数

函数原型	返回值
pid_t getpid(void)	调用进程的进程 ID
pid_t getppid(void)	调用进程的父进程 ID
pid_t getupid(void)	调用进程的实际用户 ID
pid_t geteupid(void)	调用进程的有效用户 ID

6.1.2 进程生命周期

进程的执行取决于其当前的状态和所需的资源。当进程所需的 CPU、内存等资源可用,没有与其他高优先级的进程存在资源竞争,且不依赖任何外部输入或事件的情况下,进程可立即执行。反之,需要进入等待状态。例如,当一个进程将数据写入文件时,需要等待硬盘控制器将数据从内存缓存写入到物理磁盘中。写入完成后,进程继续执行后续任务或关闭文件句柄。以下程序尝试读取 inputFile 文件,处理其中的数据,并将结果写入 outputFile 文件。在此过程中，进程会经历新建态、就绪态、运行态、阻塞态和终止态。

```
#include <stdio.h>
#include <stdlib.h>
#include <unistd.h>

int main() {
    FILE *inputFile, *outputFile;
    char buffer[256];

    // 新建态:创建进程并初始化
    printf("Process created.\\n");

    // 就绪态:进程准备好执行
    printf("Process is ready to run.\\n");

    // 运行态:进程正在执行
    printf("Process is running.\\n");

    // 打开输入文件(阻塞态:等待 I/O 操作完成)
    inputFile = fopen("input.txt", "r");
    if (inputFile == NULL) {
        perror("Failed to open input file");
        exit(EXIT_FAILURE);
    }

    // 处理文件数据(运行态:执行计算和操作)
    if (fgets(buffer, sizeof(buffer), inputFile) != NULL) {
        printf("Read from input file: %s\\n", buffer);
    }

    fclose(inputFile);

    // 打开输出文件(阻塞态:等待 I/O 操作完成)
    outputFile = fopen("output.txt", "w");
    if (outputFile == NULL) {
```

```
            perror("Failed to open output file");
            exit(EXIT_FAILURE);
        }

        // 写入输出文件(运行态:执行计算和操作)
        fprintf(outputFile, "Processed data: %s", buffer);
        fclose(outputFile);

        // 终止态:进程结束,清理资源
        printf("Process has completed and will terminate.\\n");

        return 0;
    }
```

1) 新建态：进程被创建时的状态，此时 linux 系统为该进程分配资源、初始化 PCB，还未将状态转为就绪态。如程序执行时，进程开始执行 main 函数，系统为进程分配资源，初始化进程控制块，处于新建态。

2) 就绪态：进程具备可运行的条件，等待系统分配处理器。系统中处于就绪的多个进程，存储于就绪队列中。程序执行过程中，进程初始化完成，准备好执行，等待 CPU 调度。

3) 运行态：进程占用处理器，程序正在执行的状态。单处理机系统中，只有一个进程处于运行态。多处理机系统中，可多个进程处于运行态。当进程获得 CPU 时间片，进入运行态，开始执行代码。

4) 阻塞态：正在运行的进程由于发生某一事件，例如 I/O 请求而暂停运行，此时处理器将分配给其他就绪进程，当前暂停的进程处于阻塞态。程序执行过程中，进程尝试打开 inputFile/outputFile 文件时，如果文件 I/O 操作被阻塞，则进程进入阻塞态，等待操作完成后，阻塞态结束，进程继续运行，完成读取、写入文件数据。

5) 终止态：进程任务完成正常终止，或出现无法克服的错误，或被操作系统、其他进程所终结，将进入终止态。程序执行过程中，进程完成所有操作，进入终止态，释放资源，结束执行。

上述五种状态是基于所有进程都在内存中的假设，当系统资源尤其是内存资源不能满足进程运行的要求时，必须将某些进程进行挂起的操作，即对换到磁盘区域，并释放进程所占用的部分资源，暂时不参与系统调度。在引入挂起操作后，进程状态将在五种状态的基础上增加以下两个状态：

6) 挂起就绪态：进程具备运行条件，在外存中需等待换入内存后进行调度。

7) 挂起阻塞态：此时进程处于外存，并且正在等待某一事件发生。

图 6—1 为进程状态之间的转换，主要为以下 10 种情况：

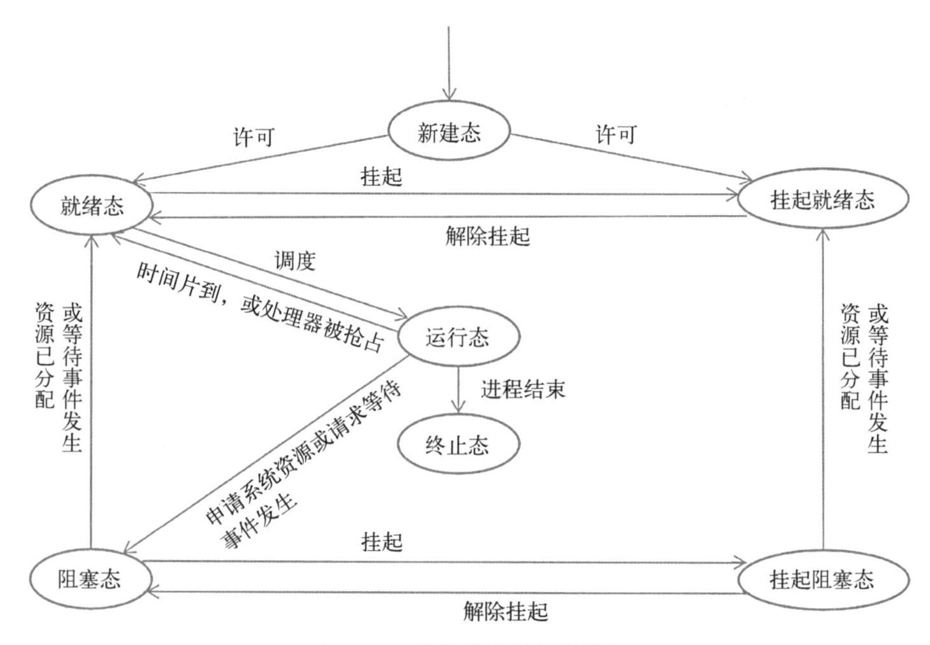

图 6—1　进程状态及状态转换

① NULL→新建态：进程创建时，处于新建态。

② 新建态→就绪态：当前系统的性能和虚拟内存的容量允许下，进程由新建态转换为就绪态，进程创建完成。

③ 新建态→挂起就绪态：在系统性能和虚拟内存容量有限的情况下，系统未分配给新建进程所需要的全部资源，此时进程处于外存中，处于挂起就绪态，不参与系统调度。

④ 就绪态→挂起就绪态：进程被挂起，进入挂起就绪态后不参与系统调度。

⑤ 挂起就绪态→就绪态：进程取消挂起，进入就绪态后等待时间片的分配。

⑥ 就绪态→运行态：分配就绪态进程处理器执行任务时，进程由就绪态转换为运行态。

⑦ 运行态→就绪态：系统分配时间片用完，进程由运行态转为就绪态，等待下一次调度。

⑧ 运行态→阻塞态：进程需要等待系统分配资源，或等待某事件发生，此时进程执行受阻，无法继续执行时，由运行态转换为阻塞态。

⑨ 阻塞态→就绪态：进程已分配所需的系统资源，或等待事件已发生，此时由阻塞态转换为就绪态。

⑩ 运行态→终止态：进程运行结束，或出现无法克服的错误，或被操作系统、其他进程所终结，由运行态转换为终止态，此时进程不能再执行。

6.1.3　进程间关系

在 Linux 系统中，进程之间存在继承关系，如图 6—2 所示，所有的进程都是 PID 为 1 的 init 进程的后代。内核在系统启动的最后阶段启动 init 进程，该进程读取系统的初始化脚本并执行其他的相关程序,最终完成系统启动的整个过程。系统中的每个进程必有一个父进程,相应的每个进程也拥有零个或者多个子进程。拥有同一个父进程的所有进程被称为兄弟进程。进程间的关系会存放在进程描述符中,即在 task_struct 中都包含一个指向其父进程的指针以及指向子进程的链表,因此在链接结构下形成了一个以 init 进程为根的家族树。

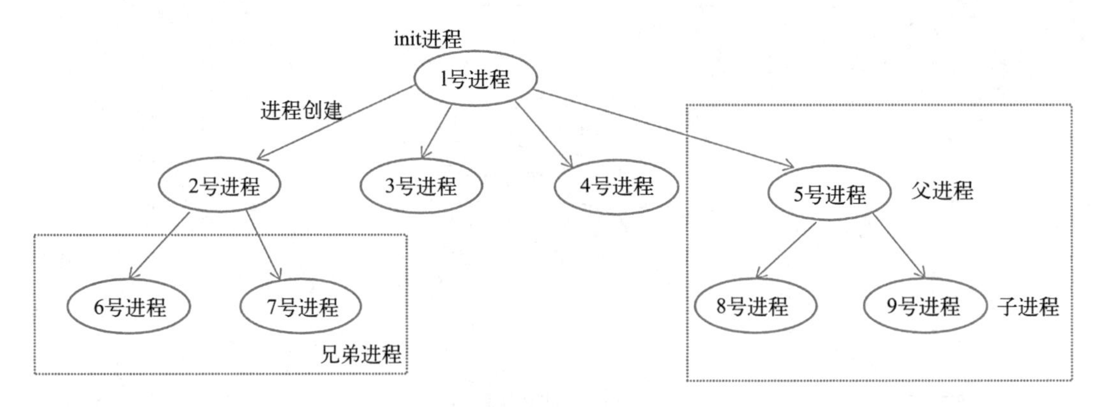

图 6—2 进程树

在 Linux 系统中,为实现对具有某些类似特性的进程进行统一管理,在 Linux 系统中引入了进程组的概念,如图 6—3 所示,以会话为例,当用户登录 Linux 系统时,登录进程会为该用户创建一个会话,其中会话是由多个进程组组成的,描述了一个会话中进程组之间及进程组内部的关系。在 Linux 系统中的每一个进程会属于一个进程组,一个进程组由多个进程组成,通常,他们联合起来作业,可以接受来自同一个终端下的各种信号,进程组的存在方便对进程进行管理。每一个进程组都有一个进程组 ID,在 Linux 中记为 PGID,可通过函数 getpgrp()获得进程组 ID。进程组中包含多个进程,进程组中存在一个进程作为进程组组长,一般进程组中第一个创建的进程就是组长进程,该进程的 PID 与 PGID 相同。一个进程组中只要还有一个进程存在,那么这个进程组就存在,与组长进程是否终止无关,因此一个进程组生命周期的结束为最后一个进程的离开或者进程组转移到新的进程组,其中进程组

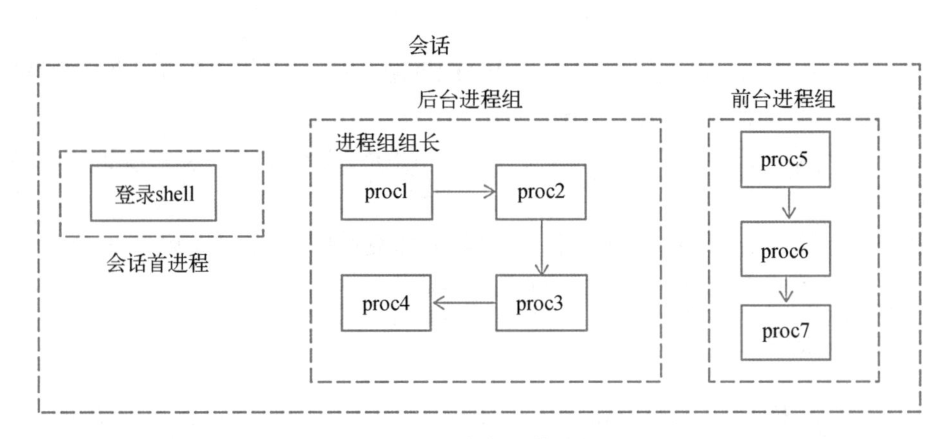

图 6—3 进程组关系图

的转移可以由组长进程更改进程组 ID 实现。进程组主要分为两类进程组，前台进程组及后台进程组。其中前台进程组中的进程是在终端中运行的命令，能够向终端设备进行读、写操作，自动接受终端信号，通常用于交互式任务与任务执行时间短的情况。后台进程组中的进程是在后台运行的进程，不会占用终端的输入和输出，通常用于长时间运行的任务、并发执行多个任务、自动化任务、服务器应用程序的情况。前台进程切换为后台进程需要先暂停该进程，然后使用 Shell 的 bg 命令将进程切换到后台运行。后台进程切换为前台进程，首先需要使用 jobs 命令列出当前后台运行的进程，获取进程的编号后，使用 fg 命令将特定的后台进程切换到前台。

6.2　进程控制

在本节中，将会讨论 fork()、exec()、wait()和 exit()等系统调用的实践，通过应用编程接口(Application Programming Interface, API)实现系统调用。

6.2.1　进程创建

用户可以在进程下创建多个子进程实现多个任务的并发执行，所有的进程都是通过复刻 init 进程得到的，是 init 进程的子进程。传统的 UNIX 中用于复刻进程的系统调用是 fork()函数，但在 Linux 系统中实现该功能的系统调用包含 3 个。(1) fork()函数是重量级调用，因为它建立了父进程的一个完整副本，然后作为子进程执行。为减少与该调用相关的工作量，Linux 使用了写时复制(Copy-On-Write, COW)技术。(2) vfork()函数，类似于 fork()函数，但并不创建父进程数据的副本。相反，父子进程之间共享数据。这节省了大量 CPU 时间。vfork()设计用于子进程形成后立即执行 exec()系统调用加载新程序的情形。(3) clone()产生进程，可以对父子进程之间的共享、复制进行精确控制。

1. 写时复制技术

写时复制技术是一种通用的内存管理优化技术，可以防止在 fork()执行时将父进程的所有数据复制到子进程中。进程通常只使用其内存页的一小部分，在调用 fork()时，系统通常对父进程的每个内存页，都为子进程创建一个相同的副本，但这样会造成大量内存的使用以及复制操作耗费时间过长。如果应用程序在进程复制之后使用 exec()立即加载新程序，则会带来更严重的负面效应，意味着此前的复制操作完全多余。

当一个进程调用 fork()函数创建子进程时，父进程和子进程最开始共享同一个地址空间，包括代码段、数据段、堆和栈等。但是，实际上并不会立即进行复制操作，而是采用写时复制技术。具体地说，当父进程或子进程要修改某个内存区域时，才会进行复制，将需要修改的内存区域复制出一份副本，然后让修改操作针对这个副本进行，从而避免了对原始内存区域的修改。

这样，父进程和子进程之间的数据是共享的，但是它们各自的地址空间是独立的。在子进程中，修改一个变量并不会影响父进程中相同变量的值，因为实际上子进程拥有的是这个变量的副本。类似地，父进程修改一个变量的值也不会影响子进程中的变量。只有在父进程和子进程之间共享的内存区域中发生写操作时，才会进行复制。

写时复制技术的好处在于避免了在 fork()调用时进行完全的复制，这样可以显著减少内存开销和时间开销，提高系统的性能和响应速度。

2. fork()函数介绍

fork()函数原型如下：

```
#include <sys/types.h>
#include<unistd.h>
pid_t fork(void);
```

返回值：若 fork()函数调用失败，即创建子进程失败，则返回−1。使用 fork()失败的两个主要原因是：① 内存不足：fork()需要为新进程分配内存空间，如果系统内存不足，则无法为新进程分配足够的内存，从而导致 fork()调用失败；② 进程数限制：每个系统都有一个进程数的限制，如果已经达到了进程数限制，那么 fork()调用就会失败，此时可以使用 ulimit 命令修改当前用户对于同时运行的进程数的限制，增加进程数限制；若调用成功，fork()函数会进行两次返回。一种是在父进程中返回，则返回值为新创建的子进程 ID。另一种是在子进程中返回，返回值为 0。将子进程 ID 返回给父进程是由于一个进程的子进程可以有多个，并且不存在能够获取进程所有子进程 ID 的函数，因此父进程需要对返回的 PID 值进行保存记录，从而获得子进程的进程 ID。

使用 fork()函数创建新进程，代码示例如下：

```
#include <sys/types.h>
#include <unistd.h>
#include <stdio.h>
#include <stdlib.h>
int main(void)
{
    pid_t pid;
    char *message;
    int n;
    pid = fork();
    if (pid < 0)
    {
        perror("fork failed");
        exit(1);
    }
```

```
    if (pid == 0)
    {
        message = "This is the child\n";
        n = 6;
    }
    else
    {
        message = "This is the parent\n";
        n = 3;
    }
    for (; n > 0; n--)
    {
        printf("%s",message);
        sleep(1);
    }
    return 0;
}
```

运行结果如下所示：

```
This is the parent
This is the child
This is the parent
This is the child
This is the parent
This is the child
This is the child
This is the child
This is the child
```

程序执行过程中，父进程调用 fork()，进入内核。内核根据父进程复制出一个子进程，子进程获得父进程数据空间、堆和栈的副本，但不共享存储空间部分。初始化后，fork()函数还未从内核返回。此时两个进程需等待从内核返回，而内核中等待返回的进程不只包括当前的父进程、子进程，内核根据调度算法，进行调度。因此父进程、子进程的返回顺序取决于内核调度的先后。从输出结果可以看出，进程修改 message 与 n 值时，父子进程不会受对方的影响，子进程与父进程之间的数据是完全独立的，它们各自拥有自己的地址空间和资源。

3. vfork()函数介绍

除了不复制父进程的页表项外，vfork()系统调用和 fork()的功能相同。vfork()系统调用创建的进程共享父进程的内存地址空间，为防止父进程重写子进程需要的数据，阻塞父进程，直到子进程退出，或执行一个新的程序为止。

使用 vfork()函数创建新进程，代码示例如下：

```
#include <unistd.h>
#include <stdio.h>
#include <stdlib.h>
int main(void)
{
    int var;
    pid_t pid;
    var = 0;

    if ((pid = vfork()) < 0)
    {
        perror("fork failed");
        exit(1);
    }
    else if (pid == 0)
    {
        var++;
        exit(0);
    }
    else if (pid > 0)
    {
        printf("pid = % d, var = % d\n", pid, var);
        exit(0);
    }
}
```

运行结果如下所示：

```
pid = 38596, var = 1
```

从结果中可以看出父进程中的数据已经改变，说明子进程对变量进行增 1 的操作是在父进程的地址空间中运行的。

4. clone()函数介绍

在 Linux 操作系统中，clone()函数是 Linux 系统中用于创建新进程的函数之一，它与

fork()和 exec()等函数一起构成了进程管理的核心功能。clone()函数允许在创建新进程时更加灵活地控制新进程与父进程之间的资源共享。与 fork()、vfork()继承父进程的全部资源不同，clone()函数可以设置被创建进程所共享的资源，包括文件句柄、信号处理器、内存映射区域等。因此，clone()函数相比 fork()、vfork()函数更为灵活和可控，可以用来创建具有不同特性的进程，而 fork()、vfork()适合于创建具有单一执行路径的进程。

clone()函数原型如下：

```
int clone(int ( * fn)(void * ), void * child_stack, int flags, void * arg, ...);
```

- fn 为新进程执行的入口函数；
- child_stack 为新进程的栈空间指针；
- flags 是一个标志位，用来控制新线程和父进程的资源共享情况；
- arg 是入口函数的参数指针。

clone()函数的标志是一个 int 类型的参数，用于控制新进程和父进程之间的资源共享方式，从而方便地控制新进程与父进程之间的资源共享和隔离。如表 6—2 列举了一些常用的标志参数：

表 6—2　clone()函数中常用的标志参数

名　称	功　能
CLONE_CHILD_CLEARTID	子进程终止时，清除 'tid'(线程 ID)的值
CLONE_CHILD_SETTID	子进程创建时，设置 'tid' 的值为子进程的 ID
CLONE_FILES	子进程继承父进程的文件描述符
CLONE_FS	子进程继承父进程的文件系统信息
CLONE_IO	子进程继承父进程的 I/O 上下文
CLONE_NEWIPC	创建一个新的 IPC(进程间通信)命名空间
CLONE_NEWNET	创建一个新的网络命名空间
CLONE_NEWNS	创建一个新的挂载命名空间
CLONE_NEWPID	创建一个新的 PID(进程 ID)命名空间
CLONE_NEWUSER	创建一个新的用户命名空间
CLONE_NEWUTS	创建一个新的 UTS(主机名和域名)命名空间
CLONE_PARENT	子进程的父进程为调用 'clone' 的进程
CLONE_PARENT_SETTID	子进程创建时，设置 'tid' 的值为父进程的 ID

续 表

名　称	功　能
CLONE_PTRACE	允许父进程跟踪子进程
CLONE_SETTLS	设置子进程的线程本地存储(TLS)指针
CLONE_SIGHAND	子进程继承父进程的信号处理函数
CLONE_THREAD	创建一个线程而不是进程
CLONE_UNTRACED	子进程不被跟踪
CLONE_VFORK	子进程在父进程空间中运行，直到'exec'或者'exit'
CLONE_VM	子进程继承父进程的内存空间

下面通过一个代码示例来理解 clone()是如何创建新进程的。

```
#define _GNU_SOURCE
#include <stdio.h>
#include <sched.h>
#include <unistd.h>
#include <sys/types.h>
#include <sys/wait.h>

#define STACK_SIZE 65536

int child_func(void * arg) {
    printf("Child process PID: %d\n", getpid());
    return 0;
}

int main() {
    char child_stack[STACK_SIZE];
    pid_t child_pid;

// 创建新进程，并使用 CLONE_NEWPID 标志
    child_pid = clone(child_func, child_stack + STACK_SIZE, CLONE_
NEWPID | SIGCHLD, NULL);
    if (child_pid == -1) {
```

```
        perror("clone");
        return 1;
    }
    printf("Parent process PID: %d\n", getpid());
    printf("Child process PID under the new namespace: %d\n", child_pid);

    waitpid(child_pid, NULL, 0);
    return 0;
}
```

运行结果如下所示：

```
Parent process PID: 2454
Child process PID: 2455
Child process PID under the new namespace: 1
```

该示例使用 clone()函数创建一个新的进程，并使用 CLONE_NEWPID 标志来创建一个新的 PID 命名空间。新进程的入口函数是 child_func()，在这个函数中，它打印了子进程的 PID。主进程中，它打印了父进程和子进程的 PID。由于子进程运行在一个新的 PID 命名空间中，所以子进程的 PID 与父进程的 PID 不同，而 1 是在全局命名空间中的 init 进程的 PID。

6.2.2 进程执行

使用前面介绍的 fork()函数创建新的子进程后，子进程往往调用 exec()函数来执行另一个程序。当进程调用一种 exec()函数时，该进程的用户空间代码和数据完全被新程序替换，从新程序的 main()函数开始执行。因为 exec()函数并不创建新进程，所以前后进程 ID 并不改变，只是用磁盘上的一个新程序替换了当前进程的正文段、数据段、堆段和栈段。Linux 中提供了一个系统调用函数 execve()，同时 C 语言的程序库向应用程序提供了一整套的库函数，包含六种以 exec 开头的函数，统称 exec()函数。exec()函数原型如下：

```
#include <unistd.h>
int execl(const char *path, const char *arg, ...);
int execlp(const char *file, const char *arg, ...);
int execle(const char *path, const char *arg, ..., char *const environ[]);
int execv(const char *path, char *const argv[]);
int execvp(const char *file, char *const argv[]);
int execve(const char *path, char *const argv[], char *const environ[]);
```

函数调用成功则加载新的程序从启动代码开始执行，不再返回；若调用出错则返回－1。

因此 exec()函数调用成功无返回值，调用失败则有返回值。

exec()函数之间主要区别如下：

1) 指向程序的参数不同。使用函数名不带字母 p 的 exec()函数第一个参数必须是程序的相对路径或绝对路径，例如“/bin/user”或“./exec.out”，而不能是“user”或“exec.out”。对于带有字母 p 的函数，如果参数中包含/，则将其视为路径名；否则视为不带路径的程序名，按 PATH 环境变量，在它所指定的各目录中搜寻可执行文件。其中 PATH 变量包含一张目录表即路径前缀，目录之间以冒号“：”分割，例如：PATH＝/bin：/user/bin：/user/public/bin：，该环境变量中包含 4 个目录。

2) 参数表传递不同。带有字母 l 的 exec()函数要求将新程序的每个命令行参数都说明为一个单独的参数，其中命令行数量可变，并且最后一个可变参数为 NULL。带有字母 v 的函数，需要先构造一个指向参数的指针数组，其中数组中的最后一个指针为 NULL，然后将数组地址作为函数的参数。

3) 新程序传递的环境表不同。以 e 结尾的函数可以传递一个指向环境字符串指针数组的指针。而其他函数则使用调用进程中的 environ 变量为新程序复制现有的环境。

Linux 系统中，6 个函数中只有 execve 是内核的系统调用，另外 5 个是库函数，最终都要调用该系统调用。函数之间的关系如图 6—4：

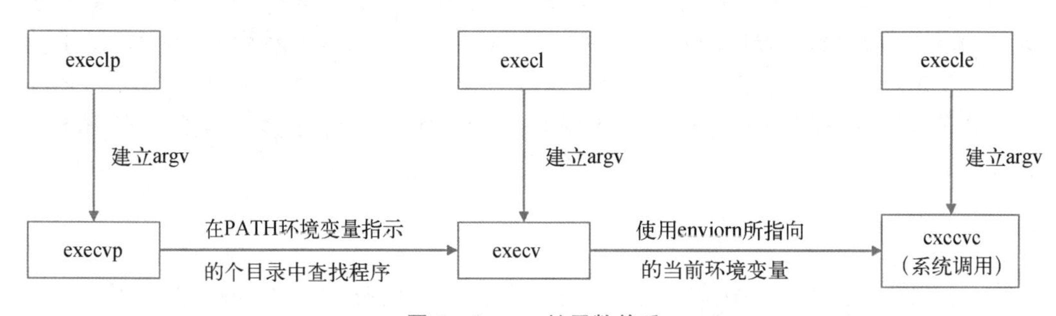

图 6—4　exec()函数关系

使用 exec()函数的代码示例如下。

```
#include <unistd.h>
#include <stdlib.h>
void perror(const char * s);
int main(void)
{
    execlp("ps","ps","-o","pid, ppid, pgrp, session, tpgid, comm", NULL);
    perror("exec ps");
    exit(1);
}
```

execlp()函数第一个参数“ps”表示程序名，需要在 PATH 环境变量中找到该程序并执行。运行结果如下所示：

```
  PID   PPID  PGRP  SESS  TPGID COMMAND
38094  37841 38094 38094  39015 bash
39015  38094 39015 38094  39015 ps
```

6.2.3 进程终止

在 Linux 环境下，进程是操作系统进行资源分配和调度的基本单位。当进程完成任务或者出现异常情况时，需要终止进程。在 C 语言中，可以使用 exit()函数来终止进程。进程有 5 种正常终止与 3 种异常终止方式。

1. 正常终止

1）main()函数执行 return 语句：从 main()函数中返回，这相当于调用 exit()函数并将其返回值设置为 0。但区别是，在递归程序中，exit()仍会终止程序，而 return 将控制权交给递归的上一级，直到最初一级的递归中 return 才会终止程序。

2）调用 exit()函数：当进程执行完它的任务后，可以调用 exit()函数来终止进程。exit()函数原型如下：

```
#include <stdlib.h>
void exit(int status);
```

当一个进程调用 exit()函数时，它会向内核发送一个信号，通知内核该进程已经完成了它的任务，并请求内核正常终止该进程。同时，exit()函数会自动调用一些清理函数，释放进程占用的资源，包括打开的文件、分配的内存等。其中，status 为进程的退出状态码，它是一个整数值。通常情况下，0 表示进程正常终止，非 0 值表示进程异常终止，这些值可以被其他进程通过 wait()函数获取。

使用 exit()函数的代码示例如下：

```
#include <stdio.h>
#include <stdlib.h>
int main()
{
    printf("Hello, world!\n");
    exit(0);
}
```

在上述代码中，当 main()函数执行完毕时，它调用了 exit()函数，传递了一个 0 值作为参数。这表示进程正常终止。在进程终止之前，printf()函数会将“Hello, world!”输出到标准输出流中。最终，进程会向内核发送一个信号，请求正常终止。需要注意的是，exit()函数不会刷新缓冲区。如果在调用 exit()函数之前，有一些数据还没有被写入文件或输出到终端，这些数据将会丢失。如果需要确保缓冲区中的数据被写入文件或输出到终端，可以使用 fflush()函数或者 fclose()函数来刷新缓冲区。另外，exit()函数不会直接结束进程，而是将进程的终止请求发送给内核。内核会在适当的时候(例如当前进程的所有子进程都已经终止)将进程终止掉。如果需要立即终止进程,可以使用_exit()函数或者 abort()函数。

3) 调用_exit()或_Exit()函数:_exit()和_Exit()函数是用于立即终止程序的函数,消除其使用的内存空间,并销毁其在内核中的各种数据结构。_exit()和_Exit()函数之间的唯一区别是_Exit()函数是 ISO C 标准定义的函数,而_exit()函数是 POSIX 标准定义的函数,但两者的功能相同。

4) 进程中的最后一个线程执行 return 语句:当最后一个线程从启动进程返回时,该进程以终止状态 0 返回。

5) 进程最后一个线程调用 pthread_exit()函数:在这种情况下,进程终止状态总是 0,与传送给 pthread_exit()的参数无关。

2. 异常终止

1) 调用 abort():abort()函数是一个标准 C 库函数,它会使程序立即异常终止,并向操作系统发送 SIGABRT 信号。与_exit()和_Exit()不同,abort()函数不执行任何清理动作,因此程序异常终止时可能导致一些资源泄漏或其他问题。通常应该避免在正常情况下使用 abort()函数,仅在出现无法恢复的严重错误时才将其用作最后一道保险。

2) 进程接收到某种信号:信号可由进程本身、其他进程或内核产生。例如,进程执行除以 0 操作,内核就会为该进程产生相应的信号。

3) 最后一个进程对"取消"请求做出响应:不管进程如何终止,最后都会执行内核中的同一段代码。代码的作用是为相应进程关闭所有打开描述符,释放它所使用的存储空间等。

6.2.4 进程清理

当一个进程正常或异常终止时,会关闭所有文件描述符,释放用户在用户空间分配的内存,但 PCB 还保存着进程的一些信息,其中若进程是正常终止则保存着退出状态,若为异常终止则保存着导致该进程终止的信号,同时操作系统会向其父进程发送 SIGCHLD 信号。父进程可以忽略该信号或者提供一个该信号发生时被调用执行的函数。通常父进程可以调用 wait()或 waitpid()等函数获取进程终止信息以及清理进程。

如果一个进程已经终止,但是其父进程尚未调用 wait()等函数对它进行清理,这时的进程状态称为僵尸进程。而调用 wait()、waitpid()等函数会出现以下几种情况:

1) 调用进程的子进程都在运行,则调用进程阻塞;

2) 如果一个子进程已终止,则获取该子进程的终止状态并返回;

3) 如若没有子进程,则立即返回出错。

如果进程在接受 SIGCHLD 信号的情况下调用 wait()函数,则会立即返回。否则 wait()函数将阻塞调用进程,直到子进程终止。wait()、waitpid()、waitid()函数原型如下:

```
#include<sys/types.h>
#include <sys/wait.h>
pid_t wait(int * status);
```

```
pid_t waitpid(pid_t pid, int *status, int options);
int waitid(idtype_t idtype, id_t id, siginfo_t *info, int options);
```

函数调用成功则返回清理掉的子进程 id,若调用出错则返回－1。上述函数之间的区别主要有以下几点：

1) 在一个子进程终止之前,wait()使调用进程阻塞,而 waitpid()、waitid()中可以通过设置 options 参数,使调用进程不阻塞；

2) waitpid()、waitid()并不等待在其调用之后的第一个终止子进程,可以设定处理指定子进程,从而控制它所等待的进程。

函数中的参数 status 是一个整型指针,info 是一个指向 siginfo_t 类型的指针,均用于存储子进程终止状态的指针。如果不关心终止状态,则可以将该参数指定为 NULL。其中,终止状态可以使用定义在＜sys.wait.h＞中的各个宏进行查看,包括 4 个互斥的宏用来获取进程终止的原因。通过 4 个宏的返回值判断进程终止状态,从而调用其他宏来获取退出状态、信号编号等。这 4 个互斥的宏如表 6—3 所示：

表 6—3　互 斥 宏

宏	说　　明
WIFEXITED(status)	若子进程正常终止,则返回真。该情况可以执行 WEXITSTATUS(status)子进程传递给 exit()或者_exit()函数的退出状态值
WIFSIGNALED(status)	若子进程为异常终止,则返回真。该情况可以执行 WTERMSIG(status)获取使子进程终止的信号编号
WIFSTOPPED(status)	用于检查子进程是否由于收到一个信号而停止,如果子进程因为收到一个信号而停止,则将返回一个非零值,否则返回 0。使用 WSTOPSIG(status)获取导致子进程停止的信号编号
WIFCONTINUED(status)	用于检查子进程是否被恢复执行,如果子进程被恢复执行,则返回一个非零值,否则返回 0。使用 kill(pid, SIGCONT)才能使由于收到 SIGSTOP、SIGTSTP 或 SIGTTIN 信号而停止的进程得以恢复执行

在如下代码中设置一个函数 PRINT_STATUS,在该函数中使用上述所介绍的宏对进程终止状态进行打印。

```
#include <stdio.h>
#include <stdlib.h>
#include <sys/wait.h>
#include <sys/types.h>
#include <unistd.h>
void PRINT_STATUS(int status)
```

```
{
    if (WIFEXITED(status))
    {
        printf("Child process exited normally, status=%d\n", WEXITSTATUS
(status));
    }
    else if (WIFSIGNALED(status))
    {
        printf("Child process terminated by signal, signal=%d\n", WTERMSIG
(status));
    }
    else if (WIFSTOPPED(status))
    {
        printf("Child process stopped by signal, signal=%d\n", WSTOPSIG(status));
    }
    else
    {
        printf("Unknown child process status\n");
    }
}

int main()
{
    pid_t pid;
    int status;
    pid = fork();
    if (pid == 0)        // Child process
    {
        printf("Child process is running\n");
        exit(0);
    }
    else if (pid > 0)    // Parent process
    {
        wait(&status);
        PRINT_STATUS(status);
    }
    else
```

```
    {
        printf("Failed to create child process\n");
        exit(1);
    }

    return 0;
}
```

运行结果如下所示：

```
Child process is running
Child process exited normally, status=0
```

在调用 wait()函数时，只要有子进程终止就返回。而当需要等待一个指定的进程终止时，可以调用 waitpid()、waitid()函数实现。其中 waitpid()函数中设置 pid 参数实现，其中 pid 参数设置如表 6—4 所示：

表 6—4　waitpid()函数的 pid 参数

pid	说　　明
pid==-1	等待任一子进程，此情况下，与 wait 等效
pid>0	等待进程 ID 与 pid 相等的子进程
pid==0	等待组 ID 等于调用进程组 ID 的任一子进程
pid<-1	等待组 ID 等于 pid 绝对值的任一子进程

若 pid 指定的进程或进程组不存在，或参数 pid 指定的进程不是调用进程的子进程，则出错。

在 waitid()中使用两个单独的参数表示要等待的子进程所属的类型，分别为指定类型参数 idtype，以及指定等待的进程或进程组的 ID 的参数 id。其中函数支持的 idtype 类型如表 6—5 所示：

表 6—5　waitid()函数的 idtype 类型

id_type	说　　明
P_PID	等待指定 PID 的进程
P_PGID	等待指定进程组 ID 的进程
P_ALL	等待任何子进程

对于函数 waitpid()、waitid()函数中的 options 参数,用于指定等待子进程状态变化的行为,此参数可以设为 0 或者如下表中的常量,同时也可以通过按位或运算来同时传递多个选项。

waitpid()函数包含的选项如表 6—6 所示:

表 6—6　waitpid()函数的 options 参数

名　称	描　　述
WNOHANG	若没有任何子进程处于需要等待的状态,则立即返回 0,不阻塞当前进程
WUNTRACED	当子进程已处于停止状态,并且其状态自停止以来还未报告过,则返回其状态,使用 WIFSTOPPED 宏确定返回值是否对应于一个停止的子进程
WCONTINUED	当子进程停止后由于收到 SIGCONT 信号而恢复执行时,但其状态尚未报告,将返回其状态

waitid()函数包含的选项如表 6—7 所示:

表 6—7　waitid()函数的 options 参数

名　称	描　　述
WEXITED	等待已退出的子进程
WCONTINUED	当子进程停止后由于收到 SIGCONT 信号而恢复执行时,但其状态尚未报告,将返回其状态
WSTOPPED	等待已停止的子进程,但状态尚未报告
WNOHANG	如果没有可用的子进程退出状态,立即返回而非阻塞
WNOWAIT	不破坏子进程退出状态。该子进程状态可由后续的 wait、waitpid 或 waitid 调用取得

在 Linux 系统中,waitid()函数的 options 参数可以同时指定多个选项,通过使用按位或运算符“|”来组合多个选项。但必须包含 WCONTINUED、WEXITED 或 WSTOPPED 这三个常量其中之一,否则 waitid() 函数的行为将是未定义的。

6.3　进程间通信

进程各自有不同的用户地址空间,任何一个进程的全局变量在另一个进程中都看不到,因此进程之间交换数据必须通过内核实现。进程间通信(Inter-Process Communication, IPC)通过在内核中开辟一块缓冲区,进程 1 把数据从用户空间复制到内核缓冲区,进程 2 从内核缓冲区读取数据,实现进程间的通信,图 6—5 描述了进程通信的整体框架。

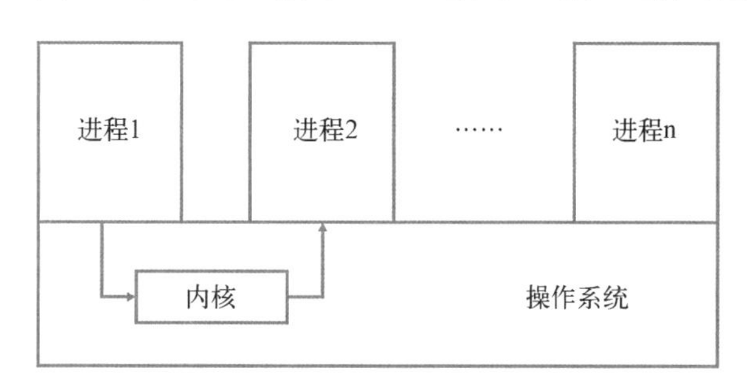

图 6—5　进程间的通信方式

IPC 是 Linux 操作系统中的关键概念,它允许不同的进程之间进行数据交换和协作,使得多个进程能够共同完成复杂的任务。进程间通信在计算机科学中扮演着至关重要的角色。当多个进程需要相互协作、共享数据或进行信息交换时,IPC 提供了一种机制来实现这种交互。它不仅在 Linux 系统中起着关键作用,也是开发高性能并发应用程序的关键技术。

在本节将介绍进程间通信涉及的多种方式,其中包括管道、信号、消息队列、信号量和共享内存等。管道分为匿名管道和命名管道(First-In-First-Out, FIFO),前者用于父子进程间单向通信,而 FIFO 允许不相关进程之间进行双向通信。信号是操作系统用来异步通知进程事件发生的机制,包括多种类型和自定义处理机制。消息队列提供可靠的异步通信,适用于高并发环境。信号量用于保护共享资源,确保只有一个进程可以访问。共享内存允许多个进程共享同一块内存,实现高效数据交换。这些方法共同构成了多样化的进程间通信手段,适用于不同的应用场景和需求。

6.3.1　管道通信

1. 匿名管道

匿名管道(Pipe)是一种简单且常用的进程间通信方式之一。管道提供了一种单向通信的机制,数据只能从一个进程流向另一个进程。

在 Linux 操作系统中,匿名管道可以通过 pipe()系统调用来创建。pipe()函数原型如下:

```
#include <unistd.h>
int pipe(int fd[2]);
```

调用 pipe()函数时在内核中开辟一块缓存区(称为管道)用于通信,包括一个读端和一个写端,经由参数 fd 返回两个文件描述符,其中 fd[0]指向管道的读端,fd[1]指向管道的写端。因此匿名管道在用户程序看起来像一个打开的文件,使用 pipe()系统调用来创建一个新管道,并返回一对文件描述符,然后进程通过调用 fork()函数把这两个描述符传递给它的子进程,由此实现与子进程共享通道。进程可以在 read()系统调用中使用 f[0]从管道中读取数据,在 write()系统调用中使用 f[1]向管道中写入数据。图 6—6 描述了两个进程之间如何通过匿名管道实现通信。

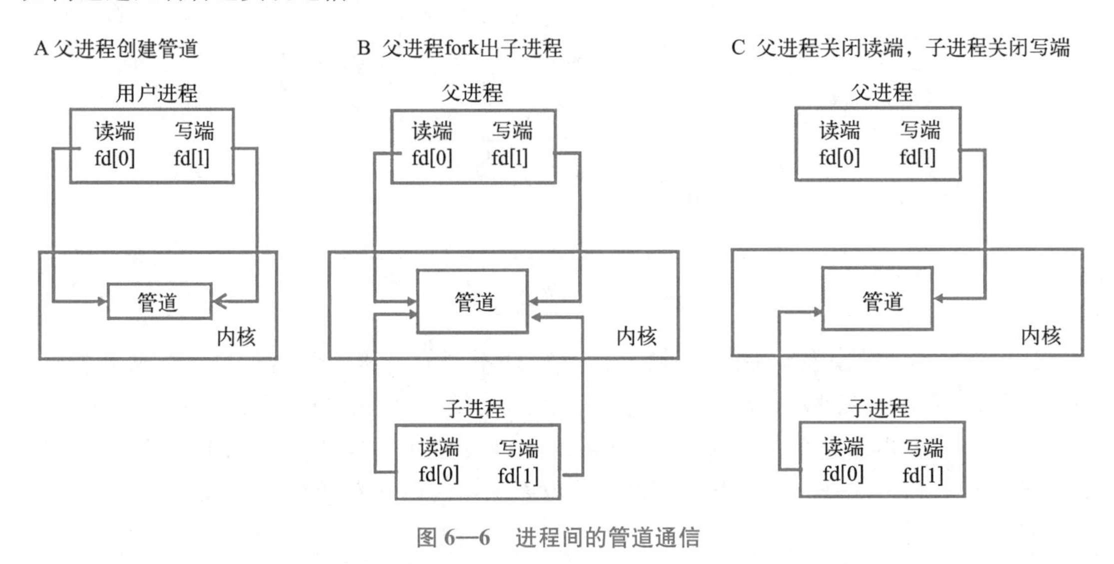

图 6—6 进程间的管道通信

匿名管道是一种单向通信方式,数据只能在一个方向上流动,在实现通信时需要选择关闭管道的读、写端来确保管道的单向通信,避免数据的混乱和冲突,保证通信的正确性和完整性。因此对于从父进程到子进程的管道,需要父进程关闭管道的读端“fd[0]”,子进程关闭写端“fd[1]”,从而实现父进程通过管道写端向子进程写入数据,子进程通过管道读端读取数据。同理对于一个从子进程到父进程的管道,父进程关闭“fd[1]”,子进程关闭“fd[0]”,实现子进程通过管道写端向父进程写入数据,父进程通过管道读端读取数据。

当管道的一端被关闭后,下列两条规则起作用:

1) 当读取一个写端已被关闭的管道时,如果所有数据都已经被读取完毕,read 函数将返回 0,表示文件结束。这意味着读取进程已经读取了管道中的所有数据,并且写端已经关闭,没有更多的数据可读取。

2) 如果写入一个读端已被关闭的管道,将会触发 SIGPIPE 信号。SIGPIPE 信号的默认行为是终止进程。如果忽略该信号或者捕捉该信号并从其处理程序返回,则 write()函数将返回−1,并且 errno 设置为 EPIPE。这意味着写入进程尝试向一个读端已关闭的管道写入数据,但是管道无法传递数据给读取进程,因此写入操作失败。

总结可知,匿名管道通信具有以下特点:

1) 半双工通信:管道是一种半双工通信方式,即在同一时间内只能有一个进程进行读或写操作。进程可以通过关闭不需要的读写端来实现单向的通信。

2) 面向字节流:管道是基于字节流的通信方式,没有消息边界。进程可以按照字节流的方式进行读写操作,需要自行解析数据。

3）父子进程通信：匿名管道通常用于父子进程之间的通信。父进程可以创建管道，并通过 fork 创建子进程，从而实现进程间的通信。

4）同步阻塞：当管道中没有数据可读时，读操作会阻塞，直到有数据可读为止。同样地，当管道已满时，写操作也会阻塞，直到有空间可写为止。这种同步阻塞的特性可以用来实现进程间的同步和互斥。

5）管道大小有限：管道的大小是有限的，一般为 4 KB 或者更大。如果管道已满，写操作将会被阻塞，直到有空间可写为止。

使用 pipe()函数实现进程之间通信的代码示例如下。

```
#include <stdlib.h>
#include <unistd.h>
#include <stdio.h>
#include <sys/wait.h>
#define MAXLINE 80
int main(void)
{
    int n;
    int fd[2];
    pid_t pid;
    char line[MAXLINE];
    if (pipe(fd) < 0)
    {
        perror("pipe"); // 创建管道失败时输出错误信息
        exit(1);
    }
    if ((pid = fork()) < 0)
    {
        perror("fork"); // 创建子进程失败时输出错误信息
        exit(1);
    }

    if (pid > 0)
    { /* parent */
    // 关闭父进程的读端
        close(fd[0]);
    // 向管道写入数据
        write(fd[1], "hello world\n", 12);
```

```
// 等待子进程结束
    wait(NULL);
}

else
{ /* child */
// 关闭子进程的写端
    close(fd[1]);
// 从管道读取数据
    n = read(fd[0], line, MAXLINE);
    // 将读取的数据写入标准输出
    write(STDOUT_FILENO, line, n);
}
return 0;
}
```

上述代码实现了父进程与子进程之间的管道通信,运行结果如下:

```
hello world
```

2. 命名管道(FIFO)

FIFO(First In, First Out)是一种特殊的文件类型,用于在文件系统中进行进程间通信,称为命名管道,通过创建一个特殊的文件来实现进程之间的数据传输。

如果要互相通信的几个进程没有从公共祖先那里继承文件描述符,它们怎么通信呢?如何标识这条通道使各进程都可以访问它?由于文件系统中的路径名是全局的,各进程都可以访问,因此可以用文件系统中的路径名来标识一个 IPC 通道。支持 FIFO 可以实现在不相关的进程之间进行通信。

创建 FIFO 类似于创建文件,创建命名管道函数原型如下:

```
#include <sys/stat.h>
int mkfifo(const char *path, mode_t mode);
int mkfifoat(int fd, const char *path, mode_t mode);
```

两个函数返回值为 0,则表示创建成功;返回值为−1,则表示创建失败。mkfifo 函数用于创建一个具有指定路径和模式的命名管道(FIFO)。

- path 表示创建的命名管道的路径名。
- mode 表示权限模式用于设置新创建的命名管道的权限,权限模式可以使用 chmod() 函数中的权限向量来设置或者八进制表示权限值。

chmod()函数中的权限常量如表 6—8 所示，这些常量可以通过按位或运算符“|”进行组合，以设置所需的权限。例如，S_IRUSR | S_IWUSR | S_IRGRP | S_IROTH 表示设置用户和其他用户可读写权限，组用户可读权限。八进制表示权限值的方法中每个数字表示对应的权限位。最高位表示特殊权限位，后面的三位表示用户权限位，再后面的三位表示组权限位，最后的三位表示其他用户权限位。例如，“0644”表示用户可读写权限，组用户和其他用户只有读权限。mkfifoat()函数与 mkfifo()类似，但是 mkfifoat()函数可以被用来在 fd 文件描述符表示的目录相关的位置创建一个 FIFO。存在以下 3 种情形：

1) 如果 path 参数指定的是绝对路径名，则 fd 参数会被忽略掉，并且 mkfifoat()函数的行为和 mkfifo()类似，会在指定的绝对路径上创建一个新的命名管道。

2) 如果 path 参数指定的是相对路径名，mkfifoat()函数会在与 fd 参数关联的目录中，根据 path 参数指定的相对路径名创建一个新的命名管道。

3) 如果 path 参数指定的是相对路径名，并且 fd 参数有一个特殊值 AT_FDCWD，AT_FDCWD 表示当前工作目录，mkfifoat()函数会以当前工作目录作为起点，根据 path 参数指定的相对路径名创建一个新的命名管道。这种情况下，mkfifoat()函数的行为和 mkfifo()函数类似。

表 6—8　权限常量及相应说明

权限常量	说　明
S_IRUSR	用户可读权限
S_IWUSR	用户可写权限
S_IXUSR	用户可执行权限
S_IRGRP	组可读权限
S_IWGRP	组可写权限
S_IXGRP	组可执行权限
S_IROTH	其他用户可读权限
S_IWOTH	其他用户可写权限
S_IXOTH	其他用户可执行权限

一旦 FIFO 被创建后，可以使用 open()、read()、write()和 close()系统调用实现对 FIFO 的访问和操作，实现进程之间的数据交换。以下为对这 4 个函数的具体介绍，open()函数原型如下：

```
#include <fcntl.h>
int open(const char *pathname, int flags);
```

该函数允许进程打开 FIFO。

- pathname 表示 FIFO 的路径名;
- flags 表示打开方式和选项,可以使用 O_RDONLY(只读)、O_WRONLY(只写)或 O_RDWR(读写)等标志,还可以使用其他标志如 O_CREAT(如果 FIFO 不存在则创建)和 O_NONBLOCK(非阻塞模式)等。

函数调用成功时返回一个文件描述符,用于后续的读取和写入操作;失败时返回-1。特别注意,当 open()一个 FIFO 时,非阻塞标志(O_NONBLOCK)会产生下列影响:

1) 在一般情况下(没有指定 O_NONBLOCK)。只读 open()会阻塞,直到某个其他进程以写模式打开相同的 FIFO。这意味着只有当有其他进程向 FIFO 中写入数据时,只读 open()才会成功返回。只写 open()会阻塞,直到某个进程以读模式打开相同的 FIFO。这意味着只有当有其他进程从 FIFO 中读取数据时,只写 open()才会成功返。

2) 如果指定了 O_NONBLOCK。只读 open()会立即返回,不会阻塞。即使没有其他进程以写模式打开 FIFO,只读 open()也会成功返回。如果没有可用的数据可读取,后续的 read()操作可能会返回 0,表示已到达文件末尾。但是,如果没有进程以读模式打开 FIFO,只写 open()将返回-1,并将 errno 设置为 ENXIO。这是因为在没有读者的情况下,写入数据到 FIFO 是没有意义的。

read()函数原型如下:

```
#include <unistd.h>
ssize_t read(int fd, void *buf, size_t count);
```

该函数允许进程从 FIFO 中读取数据,该函数调用成功时返回实际读取的字节数,返回 0 表示已到达文件末尾;返回-1 表示出错。

- fd 表示打开的 FIFO 的文件描述符;
- buf 表示用于存储读取数据的缓冲区;
- count 表示要读取的字节数。

write()函数原型如下:

```
#include <unistd.h>
ssize_t write(int fd, const void *buf, size_t count);
```

该函数允许进程向 FIFO 中写入数据,函数调用成功时返回实际写入的字节数;返回-1 表示出错。类似于管道,若 write()一个目前没有进程为读而打开的 FIFO,则产生信号 SIGPIPE。若某个 FIFO 的最后一个写进程关闭了该 FIFO,则将为该 FIFO 的读进程产生一个文件结束标志。

➢ fd 表示打开的 FIFO 的文件描述符；
➢ buf 表示要写入的数据的缓冲区；
➢ count 表示要写入的字节数。

close()函数原型如下：

```
#include <unistd.h>
int close(int fd);
```

该函数允许进程关闭 FIFO，该函数调用成功时返回 0；表示出错返回－1。

➢ fd 表示关闭 FIFO 的文件描述符。

FIFO 提供了一种进程间通信的机制，允许不相关的进程通过读写 FIFO 来交换数据，相比于匿名管道通信可以实现任意进程之间进行数据传输和共享。在数据传输共享中能够保持数据的有序性，按照写入 FIFO 的顺序进行读取。FIFO 存在两种模式的读写操作，在阻塞模式下，读取和写入操作会阻塞进程，直到有数据可读取或写入成功，在非阻塞模式下，读取和写入操作会立即返回，不会阻塞进程。同时 FIFO 是一种持久化的对象，一直存在于文件系统中，不同进程可以在不同时刻进行数据交换。可根据需要设置不同的权限，控制进程的读写操作。

6.3.2 信号通信

信号是一种用于处理异步事件的机制，它可以来自系统外部或程序内部的活动。例如，用户按下中断符(通常是 Ctrl－C)或进程执行除以零的代码。信号作为进程间通信的基本形式，允许进程向其他进程发送信号。信号的关键特点在于事件的发生是异步的，程序对信号的处理也是异步的。信号处理函数在内核注册，收到信号时，内核从程序的其他部分异步地调用信号处理函数。

现在的信号相比于早期信号在可靠性、功能方面有很大的改进。信号不易出现丢失的情况，且提供更强大的功能，如可以携带用户定义的附加信息。同时在 POSIX 标准下使得信号处理得到了统一和标准化，在 Linux 系统中提供了丰富的信号处理接口。通过在 Shell 下运行 kill -l 命令可以查看 Linux 系统下的信号数目以及其对应的编号，表 6—9 给出了 Linux 系统中的信号。

表 6—9 Linux 系统下的信号名称及编号

1) SIGHUP	2) SIGINT	3) SIGQUIT	4) SIGILL	5) SIGTRAP
6) SIGABRT	7) SIGBUS	8) SIGFPE	9) SIGKILL	10) SIGUSR1
11) SIGSEGV	12) SIGUSR2	13) SIGPIPE	14) SIGALRM	15) SIGTERM
16) SIGSTKFLT	17) SIGCHLD	18) SIGCONT	19) SIGSTOP	20(SIGTSTP

续 表

21) SIGTTIN	22) SIGTTOU	23) SIGURG	24) SIGXCPU	25) SIGXFSZ
26) SIGVTALRM	27) SIGPROF	28) SIGWINCH	29) SIGIO	30) SIGPWR
31) SIGSYS	34) SIGRTMIN	35) SIGRTMIN+1	36) SIGRTMIN+2	37) SIGRTMIN+3
38) SIGRTMIN+4	39) SIGRTMIN+5	40) SIGRTMIN+6	41) SIGRTMIN+7	42) SIGRTMIN8
43) SIGRTMIN+9	44) SIGRTMIN+10	45) SIGRTMIN+11	46) SIGRTMIN+12	47) SIGRTMIN+13
48) SIGRTMIN+14	49) SIGRTMIN+15	50) SIGRTMAX-14	51) SIGRTMAX-13	52) SIGRTMAX-12
53) SIGRTMAX-11	54) SIGRTMAX-10	55) SIGRTMAX-9	56) SIGRTMAX-8	57) SIGRTMAX-7
58) SIGRTMAX-6	59) SIGRTMAX-5	60) SIGRTMAX-4	61) SIGRTMAX-3	62) SIGRTMAX-2
63) SIGRTMAX-1	64) SIGRTMAX			

其中,编号为 1~31 的信号称为普通信号,34~64 的信号称为实时信号。每个信号都对应一个编号以及宏定义,宏定义可以在 signal.h 中找到,通过 man 7 signal 查看详细说明,如图 6—7 所示。

```
Signal     Value     Action   Comment
──────────────────────────────────────────────────────────────────────
SIGHUP        1       Term    Hangup detected on controlling terminal
                              or death of controlling process
SIGINT        2       Term    Interrupt from keyboard
SIGQUIT       3       Core    Quit from keyboard
SIGILL        4       Core    Illegal Instruction
SIGABRT       6       Core    Abort signal from abort(3)
SIGFPE        8       Core    Floating-point exception
SIGKILL       9       Term    Kill signal
SIGSEGV      11       Core    Invalid memory reference
SIGPIPE      13       Term    Broken pipe: write to pipe with no
                              readers; see pipe(7)
SIGALRM      14       Term    Timer signal from alarm(2)
SIGTERM      15       Term    Termination signal
SIGUSR1   30,10,16    Term    User-defined signal 1
SIGUSR2   31,12,17    Term    User-defined signal 2
SIGCHLD   20,17,18    Ign     Child stopped or terminated
SIGCONT   19,18,25    Cont    Continue if stopped
SIGSTOP   17,19,23    Stop    Stop process
SIGTSTP   18,20,24    Stop    Stop typed at terminal
SIGTTIN   21,21,26    Stop    Terminal input for background process
SIGTTOU   22,22,27    Stop    Terminal output for background process
```

图 6—7 Linux 系统下的信号编号及宏定义

信号常见的产生方式如下:

1) 用户输入:当用户按某些终端键时,引发终端产生信号。例如 Ctrl+C 组合键产生中断信号(SIGINT),Ctrl+/组合产生 SIGQUIT 信号,Ctrl+Z 组合产生 SIGTSTP 信号。

2）硬件中断：硬件异常产生信号，硬件检测到异常条件并通知内核，然后内核向当前进程发送适当的信号。例如当前进程执行除以 0 的指令，那么 CPU 运算单元会产生异常，内核将发送 SIGFPE 信号给进程；当前进程访问了非法内存地址，内存管理单元（MMU）会产生异常，内核将发送 SIGSEGV 信号给进程。

3）软件中断：当内核检测到某种软件条件发生时可以通过信号通知进程。例如，当闹钟超时时会产生 SIGALRM 信号；向读端已关闭的管道写数据时产生 SIGPIPE 信号。

4）系统调用返回：进程调用 kill（系统调用）函数可以将任意信号发送给另一个进程或进程组。该方式的使用存在一些约束，如发送进程和目标进程必须属于同一个会话或进程组，需要确保发送进程有权限向目标进程发送进程。

5）kill 指令发送信号：进程可以通过在 Shell 下运行 kill 指令来对某个进程发出信号，kill 指令是 kill 系统调用的一个接口。

当某个信号出现时，内核按下列 3 种方式之一进行信号处理：

1）默认处理方式：操作系统对每个信号都定义了默认的处理方式。例如，对于 SIGINT 信号（通常由 Ctrl＋C 触发），默认处理方式是终止进程。对于 SIGTERM 信号（通常由 kill 命令发送），默认处理方式是终止进程。默认处理方式是由操作系统定义的，无法修改，表 6—10 给出了对于常见信号的系统默认动作。其中，在系统默认动作中，有一种动作叫作“终止程序并生成核心转储文件”，简称“终止＋core”，表示在进程当前工作目录的 core 文件复制了该进程的内存映像。

表 6—10　常见信号的系统默认动作

信号量	说　明	产 生 的 动 作
SIGABRT	程序异常终止	终止＋core
SIGFPE	浮点异常	终止＋core
SIGILL	非法指令	终止＋core
SIGINT	中断信号	终止程序
SIGSEGV	无效的内存引用	终止＋core
SIGTERM	终止信号	终止程序
SIGUSR1	用户自定义信号 1	根据程序的具体实现而定
SIGUSR2	用户自定义信号 2	根据程序的具体实现而定
SIGCHLD	子进程状态改变	忽略或终止程序，取决于程序的具体实现
SIGCONT	继续执行停止的进程	忽略或继续执行程序，取决于程序的具体实现
SIGSTOP	停止进程	暂停程序执行

续 表

信号量	说　明	产 生 的 动 作
SIGTSTP	终端停止信号	暂停程序执行
SIGTTIN	后台进程读终端	暂停程序执行
SIGTTOU	后台进程写终端	暂停程序执行

2）忽略信号：忽略信号指内核不会向进程传递信号，大多数的信号可以采取这种方式进行处理，但由于 SIGKILL 信号和 SIGSTOP 信号是直接向内核提供进程终止和停止的可靠方法，因此这两个信号不能被忽略。

3）捕捉信号：自定义信号处理函数，进程可以通过调用 signal 函数(或 sigaction 函数）将某个信号的处理方式设置为自定义函数。当进程收到该信号时，操作系统将调用该自定义函数来处理信号。进程可以在自定义函数中编写自己的处理逻辑，例如捕获并处理特定的信号，执行特定的操作，或者忽略该信号。需要注意的是不能够捕获 SIGKILL 信号和 SIGSTOP 信号。

1. 产生信号

1）signal()函数：是一个用于处理信号的函数，其函数原型如下：

```
#include <signal.h>
void (*signal(int signum, void (*handler)(int)))(int);
```

signal()函数用于为指定的信号 signum 设置信号处理函数 handler。

- signum 表示信号名或信号编号；
- handler 表示指向信号处理函数的指针，可以是一个函数指针，也可以是 SIG_DFL、SIG_IGN 宏定义值。如果成功设置信号处理函数，则返回之前的信号处理函数的指针。如果出错，则返回 SIG_ERR。

使用 signal()函数的代码示例如下：

```
#include <stdio.h>
#include <signal.h>
void sig_handler(int signum) {
    printf("Received signal: %d\n", signum);
}

int main() {
    // 注册信号处理函数
    signal(SIGINT, sig_handler);
```

```
    int i = 0;
    while (1) {
        printf("i= %d\n", i);
    }

    return 0;
}
```

在上述的代码中，定义了一个名为 sig_handler 的信号处理函数，用于处理接收到的 SIGINT 信号。然后使用 signal()函数将 SIGINT 信号与 sig_handler()函数关联起来。示例结果如下所示，按下 Ctrl+C，接收到 SIGINT 信号，调用 sigHandler()函数：

```
i= 0
i= 1
i= 2
^CReceived signal: 2
i= 3
```

2) kill()函数：它是一个系统调用函数，将信号发送给进程或进程组。其函数原型如下：

```
#include <sys/types.h>
#include <signal.h>
int kill(pid_t pid, int signum);
```

kill()函数的返回值为 0 表示成功，返回值为 −1 表示失败，失败时可以通过 errno 变量获取具体的错误信息。需要注意的是，当信号编号为 0 时，kill()仍执行正常的错误检查，但不发送信号，这常被用来判断一个特定的进程是否仍然存在，因为在向不存在的进程发送空信号的情况下，kill()函数会返回 −1，并将 errno 设置为 ESRCH。

➢ pid 指定了要发送信号进程的进程 ID;

➢ signum 指定了要发送信号的编号。

函数中 pid 参数的取值可以分为以下几种情况：

表 6—11　pid 参数取值

pid	功　能	说　　明
pid>0	发送信号给指定进程 ID 的进程	如果进程 ID 存在且发送权限允许，则信号会发送给指定的进程； 如果进程 ID 不存在或者发送权限不允许，则 kill 函数失败，返回 −1，并设置 errno 为 ESRCH 或 EPERM

续 表

pid	功 能	说 明
pid=0	发送信号给与调用进程属于同一进程组的所有进程	信号会发送给与调用进程属于同一进程组的所有进程(包括调用进程本身); 进程组是由 setpgid 函数设置的,如果调用进程没有调用 setpgid 函数,则进程组 ID 与进程 ID 相同; 如果发送权限不允许,则 kill 函数失败,返回-1,并设置 errno 为 EPERM; pid=-1:发送信号给所有有权限接收信号的进程; 信号会发送给所有有权限接收信号的进程(除了 init 进程); 如果发送权限不允许,则 kill 函数失败,返回-1,并设置 errno 为 EPERM
pid<-1	发送信号给进程组 ID 为 pid 绝对值的所有进程	信号会发送给进程组 ID 为 pid 绝对值的所有进程; 如果发送权限不允许,则 kill 函数失败,返回-1,并设置 errno 为 EPERM

可以通过如下代码来加深对 kill()函数的理解,创建一个 pid=2 350 的进程不断执行循环,然后在当前进程中调用 kill()函数,函数的参数 pid=2 350、signum=SIGTERM。

```
#include <stdio.h>
#include <signal.h>

int main() {
    pid_t pid = 2350; // 替换为目标进程的进程 ID

    // 发送 SIGTERM 信号给目标进程
    int result = kill(pid, SIGTERM);

    if (result == 0) {
        printf("The signal was successfully sent to the process. \n");
    } else {
        printf("Signal failure \n");
    }

    return 0;
}
```

执行结果如下,根据输出看出 kill()函数的返回值为 0,信号发送成功。同时利用指令 ps aux 查看所有进程,pid=2 350 进程已经不存在了。

```
The signal was successfully sent to the process.
```

3）raise()函数：与 kill()函数最大不同在于，raise()函数默认发送信号给当前进程自身。其函数原型如下：

```
#include <signal.h>
int raise(int signum);
```

该函数会向当前进程发送指定的信号。raise()函数的返回值为零表示成功发送信号，非零值表示发送信号失败。raise()函数只能发送可由当前进程接收和处理的信号。如果试图发送无效的信号或发送给其他进程的信号，将会导致不可预测的行为。

➢ signum 表示要发送的信号的编号。

接下来，通过如下代码介绍如何使用 raise()函数发送 SIGINT 信号。

```
#include <stdio.h>
#include <signal.h>
#include <unistd.h>

void signal_handler(int sig) {
    if (sig == SIGINT) {
        printf("The process received the SIGINT signal. \n");
    }
}
int main() {
    printf("Send the SIGINT signal to the current process.\n");
    // 设置 SIGINT 的信号处理程序
    signal(SIGINT, signal_handler);
    raise(SIGINT);

    return 0;
}
```

代码定义了一个名为 signal_handler 的信号处理程序函数，用于处理接收 SIGINT 信号。程序结果输出如下，可以看出 raise()函数成功将 SIGINT 信号发送给当前进程。

```
Send the SIGINT signal to the current process.
The process received the SIGINT signal.
```

4）abort()函数：用于异常终止程序，它会导致程序生成一个 SIGABRT 信号，该信号默认情况下会终止程序并生成一个核心转储文件。其函数原型如下：

```
#include <stdlib.h>
void abort(void);
```

abort 函数没有参数,也没有返回值。它会向操作系统发送 SIGABRT 信号,以终止程序的执行。通常用于处理严重的错误或异常情况,例如内存分配失败、关键文件无法打开等。当程序无法从这些错误中恢复时,可以调用 abort()函数来终止程序的执行,以防止进一步的错误发生。abort()函数会立即终止程序的执行,不会执行任何清理操作,例如关闭文件、释放内存等。因此,在调用 abort()函数之前,应该确保已经完成了必要的清理工作。另外,abort()函数还可以通过设置一个异常处理函数来改变其默认的行为。异常处理函数可以通过调用 longjmp()函数来跳转到一个事先定义好的位置,以执行一些特定的操作,例如打印错误信息、保存程序状态等。

通过如下代码加深对 abort()函数的理解。

```
#include <stdio.h>
#include <stdlib.h>

void test_function()
{
    FILE *file = fopen("nonexistent_file.txt", "r");
    if (file == NULL) {
        printf("Failed to open file.\n");
        abort(); // 终止程序的执行
    }
    // 执行其他操作
    fclose(file);
}

int main()
{
    test_function();
    printf("Program continues...\n");
    return 0;
}
```

在代码中,test_function 函数尝试打开一个不存在的文件。如果文件打开失败,程序会打印错误信息并调用 abort()函数来终止程序的执行。由于 abort()函数的调用,程序会立即终止,不会继续执行后面的代码。因此,"Program continues..."这行代码不会被执行。该代码执行结果如下:

```
Failed to open file.
//已放弃 (核心已转储)
```

5) alarm()函数:用于设置一个定时器,当定时器到达指定的时间时,会发送一个

SIGALRM 信号给当前进程。alarm()函数常用于实现定时操作、超时处理等功能。函数的原型如下：

```
#include <unisted.h>
unsigned int alarm(unsigned int seconds);
```

➢ seconds，表示定时器的时间长度，单位为秒。

当代码调用 alarm()函数时，会启动一个定时器，并在 seconds 秒后发送一个 SIGALRM 信号给当前进程。每个进程只能有一个闹钟时间，如果之前已经设置了一个定时器，新的调用会覆盖之前的定时器。如果在调用 alarm()时，之前已为该进程注册的闹钟时间还没有超时，则该闹钟时间的余值作为本次调用 alarm()函数的返回值。如果本次调用的 seconds 的值为 0，则之前设置的定时器会被取消，并且函数会返回之前剩余的定时器时间。

当定时器到达指定的时间时，会触发一个 SIGALRM 信号，可以通过设置信号处理函数来处理该信号。默认情况下，SIGALRM 信号会终止程序的执行。可以通过调用 alarm(0)来取消定时器。

alarm()函数不是一个精确的定时器，它只能提供秒级的精度。因此，在使用 alarm()函数时，如果需要更精确的定时器，可以考虑使用其他系统调用，例如 setitimer()函数。

使用 alarm()函数的代码示例如下：

```
#include <stdio.h>
#include <unistd.h>
#include <signal.h>

void alarm_handler(int signum)
{
    printf("Alarm signal received.\n");
}

int main()
{
    signal(SIGALRM, alarm_handler); // 设置信号处理函数

    unsigned int seconds = 5;
    printf("Setting alarm for %u seconds.\n", seconds);
    alarm(seconds); // 设置定时器

    printf("Waiting for alarm...\n");
    int i = 1;
```

```
    while (i < 8)
    {
        printf(" i=%d\n", i++);
        sleep(1);
    }

    printf("Program continues...\n");
    return 0;
}
```

在上述代码中，程序首先设置了一个信号处理函数 alarm_handler 来处理 SIGALRM 信号。然后，调用 alarm()函数设置一个定时器，定时器的时间长度为 5 秒。之后，程序等待定时器触发。当定时器到达指定的时间时，会触发 SIGALRM 信号，进而调用 alarm_handler()函数。最后，程序继续执行后面的代码。上述代码执行结果如下：

```
Setting alarm for 5 seconds.
Waiting for alarm...
i=1
i=2
i=3
i=4
i=5
Alarm signal received.
i=6
i=7
Program continues...
```

通过如下代码查看 alarm()函数的返回值。

```
#include <stdio.h>
#include <unistd.h>
#include <signal.h>

void alarm_handler(int signum)
{
    printf("Alarm signal received.\n");
}
```

```
int main()
{
    signal(SIGALRM, alarm_handler); // 设置信号处理函数

    unsigned int seconds1 = 5;
    unsigned int seconds2 = 8;
    printf("Setting alarm 1 for %u seconds.\n", seconds1);
    unsigned int remaining1 = alarm(seconds1); // 设置定时器 1,并获取剩余时间
    printf("Remaining time for alarm 1: %u seconds.\n", remaining1);

    printf("Setting alarm 2 for %u seconds.\n", seconds2);
    unsigned int remaining2 = alarm(seconds2); // 设置定时器 2,并获取剩余时间
    printf("Remaining time for alarm 2: %u seconds.\n", remaining2);

    printf("Waiting for alarm...\n");
    sleep(10); // 等待定时器触发

    printf("Program continues...\n");
    return 0;
}
```

该代码设置了两个定时器，分别为 5 秒和 8 秒。在调用 alarm() 函数时，将返回之前设置的定时器剩余的时间，并将其保存在 remaining1 和 remaining2 变量中。然后，打印出这两个变量的值，以查看定时器的剩余时间。上述程序的执行结果如下，可以看到，在设置第一个定时器时，返回的剩余时间为 0 秒，表示之前没有设置过定时器。而在设置第二个定时器时，返回的剩余时间为 5 秒，表示之前的定时器还有 5 秒的剩余时间。当定时器触发时，会收到 SIGALRM 信号，并执行相应的处理函数。

```
Setting alarm 1 for 5 seconds.
Remaining time for alarm 1: 0 seconds.
Setting alarm 2 for 8 seconds.
Remaining time for alarm 2: 5 seconds.
Waiting for alarm...
Alarm signal received.
Program continues...
```

2. 阻塞信号

阻塞信号是指将某个特定的信号或一组信号设置为阻塞状态，使得进程在阻塞状态下无法接收或处理该信号。当信号被阻塞时，如果有相应的信号到达，系统会将其排队等待，

直到将信号解除阻塞后才会被处理。阻塞信号通常用于控制信号的处理方式,可以在某些情况下暂时屏蔽某些信号的处理,以避免在关键时刻被打断或干扰。

在信号产生到信号处理的过程中还包括一个信号传递的过程,信号在内核中的示意图如图 6—8 所示,每个信号都有两个标志位表示阻塞和未决,以及一个函数指针指向信号处理函数。其中未决标志表示该信号还未递达,递达时清除该标志。该图中 SIGHUP 信号的状态是未阻塞未产生,当它递达时执行默认处理动作;SIGINT 信号产生过,但正在阻塞,暂时不能递达。这里需要注意,虽然 SIGINT 信号的处理动作是忽略,但在没有解除阻塞之前不能忽略这个信号。同时,如果在解除阻塞之前,修改了该信号的处理函数,那么在解除阻塞之后,该信号的处理动作将不是忽略,而是执行新的自定义函数;SIGQUIT 信号未产生过,一旦产生将会被阻塞,处理动作为用户自定义函数 sighandler。从图 6—8 中可以看出,每个信号的阻塞标志与未决标志都是使用一个 bit 来表示,因此这两个标志可以使用相同的数据类型 sigset_t 来存储,sigset_t 称为信号集,这个数据表示每个信号的"有效"或者"无效"状态。其中阻塞信号集也可以称为当前进程的信号屏蔽字(Signal Mask)。

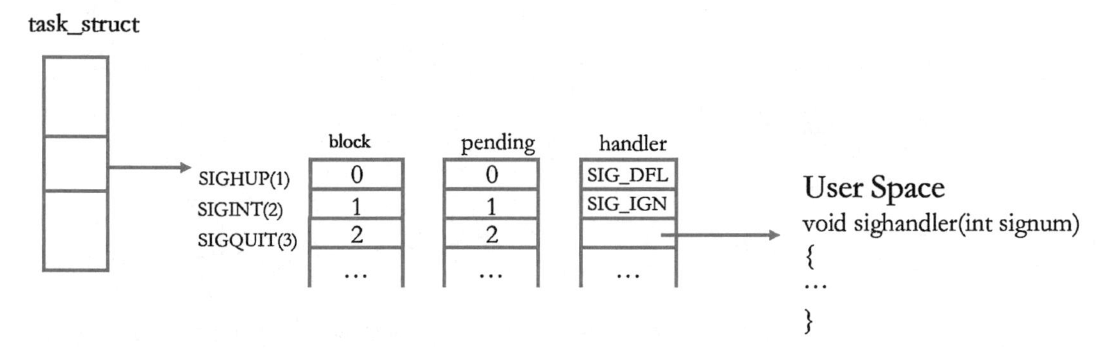

图 6—8 信号在内核中的示意图

在 Linux 系统中,如果进程在解除对某一信号的阻塞之前,已经产生过多次该信号,常规信号递达之前产生的多次信号只记录一次,而实时信号递达之前产生的多次信号将依次放入队列中。

1) 信号集:是一组信号的集合,它可以用来管理和处理不同类型的信号。以下列出的信号集合操作可以管理这些信号集:

```
#include <signal.h>
int sigemptyset (sigset_t * set);
int sigfillset (sigset_t * set);
int sigaddset (sigset_t * set, int signum);
int sigdelset (sigset_t * set, int signum);
int sigismember (const sigset_t * set, int signum);
```

函数 sigemptyset()初始化 set 所指向的信号集,将集合标记为空,表示该信号集中不包含任何有效信号。函数 sigfillset()初始化由 set 给定的信号集,将信号集标记为满,表示该信号集的有效信号包含系统支持的所有信号。所有应用程序在使用信号集之前，都需要调用 sigemptyset()或 sigfillset()进行初始化，使信号集处于确定的状态。初始化信号集后，可以在该信号集中进行增、删特定信号的操作。函数 sigaddset()、sigdelset()在该信号集中添加或删除某种有效信号。四个函数调用成功时返回 0，出错返回 -1。函数 sigismember()为一个布尔函数，用于判断一个信号集的有效信号是否包含某种信号，包含则返回 1，不包含则返回 0，出错返回 -1。

2) sigprocmask()函数：是一个用于管理进程信号屏蔽集的系统调用函数。它可以用来阻塞或解除阻塞指定的信号。函数原型如下：

```
#include <signal.h>
int sigprocmask(int how, const sigset_t *set, sigset_t *oldset);
```

➢ how 表示信号屏蔽集的操作方式，可以取表 6—12 中三个值之一。

表 6—12　参数 how 设置

how	说　　明
SIG_BLOCK	该进程新的信号屏蔽字是其当前信号屏蔽字和 set 指向信号集的并集，set 包含了希望阻塞的附加信号
SIG_UNBLOCK	该进程新的信号屏蔽字是其当前信号屏蔽字和 set 所指向信号集补集的交集，set 包含了希望解除阻塞的信号
SIG_SETMASK	该进程新的信号屏蔽是 set 指向的值

➢ set 指向一个 sigset_t 类型的指针，其中包含要添加、移除或设置的信号集；

➢ oldset 指向一个 sigset_t 类型的指针，用于存储之前的信号屏蔽集。

函数返回值为 0 表示成功，-1 表示失败。

如下代码介绍如何调用 sigprocmask()函数设置当前进程所阻塞的信号。

```
#include <stdio.h>
#include <stdlib.h>
#include <signal.h>
#include <unistd.h>

void handler(int signum) {
    printf("Received signal: %d\n", signum);
}

int main() {
```

```
// 安装信号处理函数
signal(SIGINT, handler);

// 创建并初始化信号集
sigset_t mask;
sigemptyset(&mask);

// 将 SIGINT 和 SIGUSR1 信号添加到屏蔽字中
sigaddset(&mask, SIGINT);
sigaddset(&mask, SIGUSR1);

// 设置信号屏蔽字
sigprocmask(SIG_BLOCK, &mask, NULL);

printf("Signal mask set. Press Ctrl+C to send SIGINT or send SIGUSR1.\n");

// 获取当前进程的进程 ID
pid_t pid = getpid();

printf("Process ID: %d\n", pid);
printf("Press Enter to send SIGUSR1 signal...\n");
getchar();

// 向当前进程发送 SIGUSR1 信号
int result = kill(pid, SIGUSR1);
if (result == -1) {
    perror("Error sending signal");
    return 1;
}

printf("SIGUSR1 signal sent.\n");

// 进入一个无限循环
while (1) {
    // 检查是否有未决信号
    sigset_t pending;
    sigpending(&pending);
```

```
        // 检查 SIGINT 信号是否在未决信号集中
        if (sigismember(&pending, SIGINT)) {
            printf("SIGINT is pending. Unblocking SIGINT.\n");

    // 解除对 SIGINT 信号的屏蔽
            sigdelset(&mask, SIGINT);
            sigprocmask(SIG_UNBLOCK, &mask, NULL);
        }

        sleep(1);
    }

    return 0;
}
```

上述示例首先设置了一个信号处理函数 handler(),用于处理 SIGINT 信号。然后创建并初始化一个信号集 mask,将 SIGINT 和 SIGUSR1 信号添加到屏蔽字中。接着使用 sigprocmask()函数设置信号屏蔽字,将这两个信号屏蔽。使用 getpid()函数获取当前进程的进程 ID,并等待用户按下 Enter 键后,使用 kill()函数向当前进程发送 SIGUSR1 信号。如果发送信号成功,kill 函数返回 0;如果发送信号失败,kill()函数返回−1,并通过 perror()函数打印错误信息。最后进入一个无限循环,检查是否有未决信号,并根据需要解除对 SIGINT 信号的屏蔽。代码运行结果如下:首先会打印出当前进程的进程 ID,然后提示用户按下 Enter 键来发送 SIGUSR1 信号。在按下 Enter 键后,程序会使用 kill()函数向当前进程发送 SIGUSR1 信号,并打印出"SIGUSR1 signal sent."的信息,由于该信号在屏蔽字中,因此程序不会立即进入终止。程序运行到 while 循环中,按下 Ctrl+C 发送 SIGINT 信号,sigpending()函数获取当前未决信号集中包含 SIGINT 信号,sigismember()函数检查未决信号集中包含 SIGINT 信号,从而解除对 SIGINT 信号的屏蔽,并打印出"SIGINT is pending. Unblocking SIGINT."的信息。

```
Signal mask set. Press Ctrl+C to send SIGINT or send SIGUSR1.
Process ID: 2634
Press Enter to send SIGUSR1 signal...

SIGUSR1 signal sent.
^CSIGINT is pending. Unblocking SIGINT.
```

3) 函数 sigpending():用于获取当前进程的未决信号集,即已经发送但尚未被处理的信号集合。sigpending()函数原型如下:

```
#include <signal.h>
int sigpending(sigset_t *set);
```

➢ set 是一个指向 sigset_t 类型的指针，用于存储获取到的未决信号集。

函数返回值为 0 表示成功，为-1 表示失败。

如下代码中使用函数 sigpending()获取当前进程的未决信号集，并使用 sigprocmask()函数解除对该信号的阻塞。

```
#include <stdio.h>
#include <stdlib.h>
#include <signal.h>

void signal_handler(int signum) {
    printf("Received signal %d\n", signum);
}

int main()
{
    sigset_t block_set;
    sigset_t pending_set;

    // 设置阻塞信号
    sigemptyset(&block_set);
    sigaddset(&block_set, SIGUSR1);
    sigprocmask(SIG_BLOCK, &block_set, NULL);

    // 注册信号处理函数
    signal(SIGUSR1, signal_handler);

    // 发送信号
    raise(SIGUSR1);

    // 检测未决信号
    sigpending(&pending_set);
    if (sigismember(&pending_set, SIGUSR1)) {
        printf("Signal SIGUSR1 is pending\n");
    }
```

```
    // 解除信号阻塞
    sigprocmask(SIG_UNBLOCK, &block_set, NULL);

    return 0;
}
```

在上述代码中，首先使用 sigemptyset()和 sigaddset()函数设置了一个阻塞信号集合 block_set，其中包含了 SIGUSR1 信号。然后使用 sigprocmask()函数将该信号集合设置为阻塞状态。接下来，使用 signal()函数注册了一个信号处理函数 signal_handler，用于处理接收到的 SIGUSR1 信号。然后，使用 raise()函数发送了一个 SIGUSR1 信号。使用 sigpending()函数检测当前进程的未决信号，并使用 sigismember()函数判断 SIGUSR1 信号是否在未决信号集合中，如果是，则打印一条消息表示信号未决。最后，使用 sigprocmask()函数解除了 SIGUSR1 信号的阻塞状态。

程序运行结果如下：

```
Signal SIGUSR1 is pending
Received signal 10
```

3. 捕捉信号

1）内核实现信号捕捉：信号捕捉是指在程序中注册一个信号处理函数，当进程接收到信号时，操作系统会中断进程的正常执行流程，转而执行事先注册的信号处理函数。在内核中实现信号捕捉包含以下 5 个步骤，图 6—9 中是实现信号捕捉的流程图：

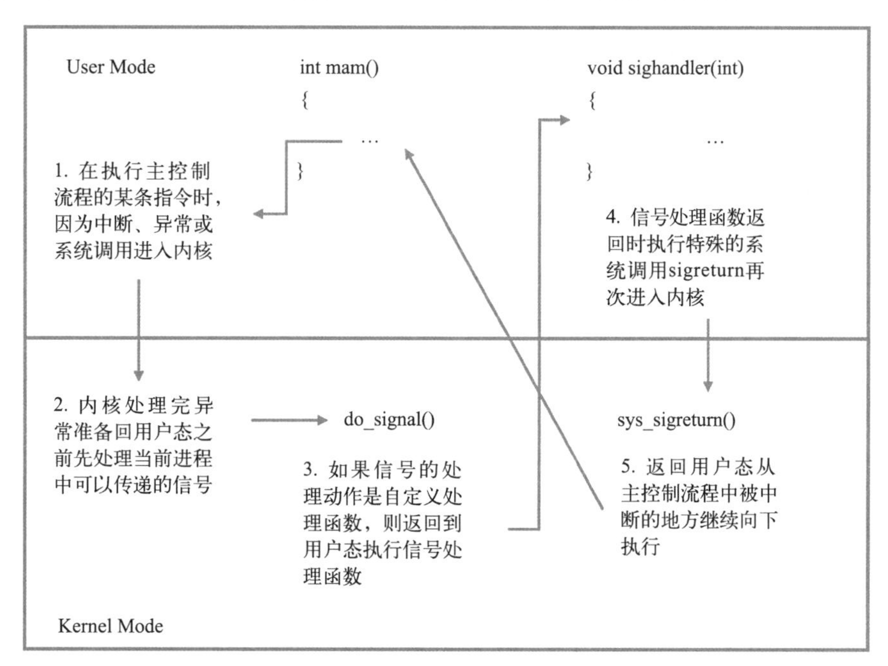

图 6—9　信号的捕捉

① 注册信号处理函数：用户进程通过系统调用 signal()、sigaction()等函数向内核注册信号处理函数。在注册时，用户进程需要指定信号号码和对应的处理函数。

② 设置信号处理标志：内核维护了一个进程表，其中包含了每个进程的状态信息，信号处理标志。当用户进程注册信号处理函数后，内核会将对应的信号处理标志设置为相应的值，表示该信号已经有了处理函数。

③ 发送信号：当某个事件发生时，如硬件中断、其他进程发送信号等，内核会根据信号的类型和目标进程的状态来决定是否向目标进程发送信号。如果目标进程已经注册了信号处理函数，内核会将信号传递给该进程。

④ 信号处理：当目标进程接收到信号时，内核会根据进程表中的信号处理标志来确定如何处理信号。如果信号处理标志为默认值，内核会采取默认的处理方式，如终止进程或忽略信号。如果信号处理标志为用户自定义的处理函数，内核会调用该函数来处理信号。

⑤ 恢复信号处理：在信号处理函数执行完毕后，内核会将信号处理标志恢复为默认值，表示该信号已经被处理。如果信号是可靠信号(如 SIGCHLD)，内核会在进程退出时自动恢复默认的信号处理方式。

2) sigaction()函数：是一个用于检查或修改与指定信号相关联的处理动作。Sigaction()函数的原型如下：

```
#include <signal.h>
int sigaction(int signum, const struct sigaction *act, struct sigaction *oldact);
```

- signum 表示要设置或检查的信号编号；
- act 表示指向一个 struct sigaction 结构体，用于设置信号的处理方式；
- oldact 表示指向一个 struct sigaction 结构体，用于保存原先的信号处理方式。若 act 指针非空，则修改其动作。如果 oact 指针非空，则系统经由 oact 指针返回该信号的上一个动作。sigaction()函数结构如下：

```
struct sigaction
{
    void (*sa_handler)(int);
    sigset_t sa_mask;
    int sa_flags;
    void (*sa_sigaction)(int, siginfo_t *, void *);)
};
```

- sa_handler 表示指向信号处理函数的指针。当信号被触发时，系统会调用该函数来处理信号。

如果 sa_handler 字段包含一个信号捕捉函数的地址(不是常量 SIG_IGN 或 SIG_DFL)，则 sa_mask 表示调用信号处理函数期间被阻塞的信号集。当信号处理函数正在执行时，如果收到了 sa_mask 中指定的信号，那么这些信号会被阻塞，直到信号处理函数返回。在介绍阻塞信号时提到若同一种信号多次发生，通常并不将它们加入队列，所以如果在某种信号被阻塞时发生多次，那么对这种信号解除阻塞后，其信号处理函数通常只会被调用一次。

sa_flags 用于设置一些标志和选项的参数，指定对信号进行处理的各个选项。常用的标志如表 6—13 所示。

表 6—13　sa_flags 常用的标志

参　数	说　　明
SA_RESTART	如果在信号处理函数执行期间，收到了某些系统调用被信号中断，那么系统会自动重启这些系统调用
SA_SIGINFO	指定 sa_sigaction 作为信号处理函数，而不是 sa_handler
SA_NOCLDSTOP	当子进程停止时，不会向其父进程发送 SIGCHLD 信号

sa_sigaction 为指向信号处理函数的指针，在 sigaction 结构中使用了 SA_SIGINFO 标志时，使用该信号处理程序。对于 sa_sigaction 和 sa_handler 只能二选一，与 sa_handler 不同的是，该函数接收三个参数：信号的编号、一个指向 siginfo_t 结构体的指针，以及一个指向 void 类型的指针。

```
void handler(int signo, siginfo_t * info, void * context);
```

➢ siginfo_t 结构体中包含了关于信号的更多信息，如发送信号的进程 ID、信号产生原因等。

使用 sigaction()函数处理 SIGINT 信号并进行相应的操作，代码示例如下。

```
#include <stdio.h>
#include <signal.h>
#include <stdlib.h>

void sigint_handler(int signum)
{
    printf("Received SIGINT signal. Exiting...\n");

// 可以在这里进行一些清理工作或其他操作
    exit(0);
}

int main()
{
```

```
    struct sigaction sa;
    sa.sa_handler = sigint_handler;
    sigemptyset(&sa.sa_mask);
    sa.sa_flags = 0;

    // 设置 SIGINT 信号的处理方式为自定义的 sigint_handler 函数
    if (sigaction(SIGINT, &sa, NULL) == -1)
    {
        perror("sigaction");
        return 1;
    }

    printf("Press Ctrl+C to send SIGINT signal\n");

    while (1)
    {
        // 无限循环,等待信号触发
    }

    return 0;}
```

在代码中,首先定义了一个名为 sigint_handler 的自定义信号处理函数,用于处理收到的 SIGINT 信号。当收到 SIGINT 信号时,程序会打印一条信息并退出。在 main()函数中,创建了一个 struct sigaction 结构体 sa,并设置了 sa_handler 成员为 sigint_handler()函数的指针。接着使用 sigaction()函数将 SIGINT 信号的处理方式设置为 sa。最后,进入一个无限循环,等待信号的触发。当按下 Ctrl+C 时,会发送 SIGINT 信号,触发 sigint_handler()函数,打印出相应的信息并退出程序。程序运行结果如下:

```
Press Ctrl+C to send SIGINT signal
^CReceived SIGINT signal. Exiting...
```

3) pause()函数:是一个用于暂停程序执行的函数。当调用 pause()函数时,程序会停止执行,直到接收到一个信号来继续执行。函数原型如下:

```
#include <unistd.h>
int pause(void);
```

如果信号的处理动作是终止进程,则进程终止,pause()函数没有机会返回;如果信号的处理动作是忽略,则进程继续处于挂起状态,pause()不返回;如果信号的处理动作是捕捉,则调用了信号处理函数之后 pause()返回-1,errno 设置为 EINTR 表示被信号中断。

使用 alarm()和 pause()实现 sleep()函数功能的代码示例如下：

```
#include <stdio.h>
#include <unistd.h>
#include <signal.h>

void alarm_handler(int signum)
{
    // 只是为了中断 pause 函数
}

unsigned int sleep(unsigned int seconds) {

// 安装信号处理函数
    signal(SIGALRM, alarm_handler);

// 设置定时器
    alarm(seconds);

// 调用 pause 函数,等待信号中断
    pause();

// 返回剩余的秒数
    return alarm(0);
}

int main() {
    printf("Sleeping for 5 seconds...\n");

    sleep(5);

    printf("Woke up!\n");

    return 0;
}
```

程序运行结果如下：在输出第一行后，等待 5 秒后发送 SIGALRM 信号，pause()函数在接收到信号后会被中断，最后输出提示信息。

```
Sleeping for 5 seconds...
Woke up!
```

4) 可重入函数：在进程内，可重入函数(Reentrant Function)指的可以在同一个进程中多次同时调用而不会相互干扰或引发竞态条件的函数。表示在多线程环境中，多个线程可以同时调用这个函数，而不需要额外的同步机制，函数内部能够正确处理多个并发调用。

进程捕捉到信号并对其进行处理时，进程正在执行的正常指令序列就被信号处理程序临时中断，进而执行该信号处理程序中的指令。信号处理函数是一个单独的控制流程，和主控制流程是异步的，二者之间不存在调用与被调用关系，使用不同的堆栈空间。引入信号处理函数后将一个进程转变为多控制流程，在不同控制流程访问相同的全局资源(全局变量、硬件资源等)情况下，可能会产生冲突。如当进程正在执行 malloc()为其堆中分配存储空间，而由于捕捉信号转而执行信号处理程序时，在该程序中也调用 malloc()且对同一个对象进行处理，很容易产生冲突。具体实例如图 6—10 所示：

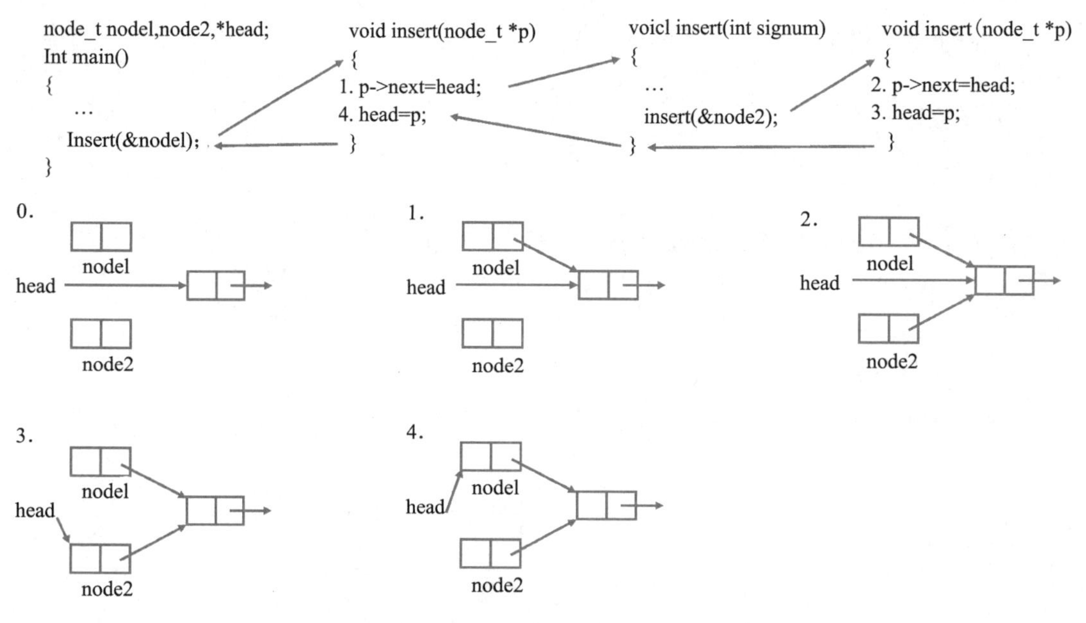

图 6—10　insert()函数访问全局链表所产生的冲突

在 main()函数中调用 insert()函数向一个链表 head 中插入节点 node1 作为头节点，链表中插入节点操作分为两个步骤，首先将插入节点 node1 的指针指向链表的头节点 head，然后将插入节点设置为头节点。但由于在执行完节点插入第一步后，由于硬件中断使进程切换到内核，返回用户态之前检查到存在信号待处理，此时执行信号处理函数 sighandler()，在函数 sighandler()中对同一链表执行相同的节点插入操作，节点 node2 称为新的 head 节点。因此在返回 main()函数调用的 insert()函数时，此时 head 节点已更换，因此节点的赋值出现错误。最终的节点插入结果如图 6—10 中的步骤 4 所示，只有一个节点真正的插入链表中。

图 6—10 的案例中，由于 insert()函数被不同的控制流程调用，在第一次调用未返回时再次进入该函数，称为重入。由于 insert()函数访问的是全局链表，存在由于重入而造成的错乱，因此这种函数称为不可重入函数。符合以下条件之一的函数都是不可重入的：

① 使用静态数据结构；

② 调用 malloc()或 free()，因为分别使用全局链表来管理堆内存的分配和释放；

③ 调用标准 I/O 库函数。标准 I/O 库的很多实现都以不可重入的方式使用全局数据结构。

当写信号处理程序时，必须使用可重入函数来防止冲突的发生。表 6—14 中是在信号处理中可使用的可重入函数：

表 6—14 可重入函数

abort()	fdatasync()	poll()	signal()
accept()	fork()	posix_trace_even()	sigpause()
access()	fpathconf()	pselect()	sigpending()
aio_error()	fstat()	raise()	sigprocmask()
aio_return()	fsync()	read()	sigqueue()
aio_ suspend()	ftruncate()	readlink()	sigset()
alarm()	getegid()	recv()	sigsuspend()
bind()	geteuid()	recvfrom()	sleep()
cfgetispeed()	getgid()	recvmsg()	socket()
cfgetospeed()	getgroups()	rename()	socketpair()
cfsetispeed()	getpeername()	rmdir()	stat()
cfsetospeed()	getpgrp()	select()	symlink()
chdir()	getpid()	sem_ post()	sysconf()
chmod()	getppid()	send()	tcdrain()
chown()	getsockname()	sendmsg()	tcflow()
clock_gettime()	getsockopt()	sendto()	tcflush()
close()	getuid()	setgid()	tcgetattr()
connect()	kill()	setpgid()	tcgetpgrp()
creat()	link()	setsid()	tcsendbreak()
dup()	listen()	setsockopt()	tcsetattr()
dup2()	lseek()	setuid()	tcsetpgrp()
execle()	lstat()	shutdown()	time()
execve()	mkdir()	sigaction()	timer_getoverrun()
Exit()	mkfifo()	sigaddset()	timer_ gettime()
_exit()	open()	sigdelset()	timer_ settime()
fchmod()	pathconf()	sigemptyset()	times()
fchown()	pause()	sigfillset()	umask()
fcntl()	pipe()	sigismember()	

5）竞争条件与 sigsuspend()函数：如果在上述示例中执行的时序如下：

① 注册 SIGALRM 信号的处理函数；

② 调用 alarm(5)设定闹钟；

③ 内核调度优先级更高的进行执行，当前进程暂停执行。

④ 5 秒钟之后闹钟超时，内核发送 SIGALRM 信号给原来的进程，此时处于未决状态。

⑤ 优先级更高的进程执行完了，内核调度回原来的进程执行。SIGALRM 信号递达，执行函数 sig_handler()后进入内核；

⑥ 返回原来进程的主控制流，alarm(5)返回，调用 pause()挂起等待；

⑦ 此时 SIGALRM 信号已被处理，pause()函数等待不到 SIGALRM 信号，该进程将一直被挂起。

由于无法保证 pause()一定会在 alarm()设定时间后立即被调用，会产生异步事件，而由于时序问题而导致的错误叫作竞争条件。为了让某个信号不被处理，通常将该信号进行屏蔽。那么在 pause()之前，可以先将 SIGALRM 信号进行屏蔽，然后在 pause()之前或这之后尝试解除对 SIGALRM 信号的屏蔽，这两种操作可行吗？这两种方法其实都不可行。如果在 pause()之前解除对信号的屏蔽还是不能保证信号在 pause()调用后执行；如果在 pause()之后解除对信号的屏蔽，那么 pause()将等待不到 SIGALRM 信号，那么这种情况下如何解决时序的问题？

为了纠正上述问题，需要在一个原子操作中先恢复信号屏蔽字，然后使进程休眠。该功能可以通过 sigsuspend()函数实现，该函数原型如下：

```
#include <signal.h>
int sigsuspend(const sigset_t *mask);
```

➢ mask 表示进程的信号屏蔽字指向的信号集。

该函数会暂停进程的执行，直到收到一个信号。一旦收到信号，进程会恢复执行，并将信号屏蔽字恢复为调用 sigsuspend()之前的状态。sigsuspend()函数的主要用途是在信号处理程序中暂停进程的执行，等待特定的信号到来。sigsuspend()函数的优势在于它可以在一次调用中设置信号屏蔽字，并且可以原子解除阻塞和暂停进程的执行，从而避免了竞争条件。sigsuspend()函数的返回值为−1，并将 errno 设置为 EINTR，表示函数调用出错。

使用 sigsuspend()函数实现程序挂起的代码示例如下：

```
#include <stdio.h>
#include <stdlib.h>
#include <signal.h>

void signal_handler(int sig) {
    printf("Received signal %d\n", sig);
}

int main() {
    sigset_t mask, orig_mask;
```

```
    struct sigaction sa;

    // 设置信号处理程序
    sa.sa_handler = signal_handler;
    sigemptyset(&sa.sa_mask);
    sa.sa_flags = 0;
    sigaction(SIGINT, &sa, NULL);

    // 设置信号屏蔽字
    sigemptyset(&mask);
    sigaddset(&mask, SIGINT);

    // 阻塞 SIGINT 信号并保存当前信号屏蔽字
    sigprocmask(SIG_BLOCK, &mask, &orig_mask);

    printf("Waiting for SIGINT signal...\n");

    // 暂停进程的执行,直到收到 SIGINT 信号
    sigsuspend(&orig_mask);

    printf("Received SIGINT signal. Exiting...\n");

    return 0;
}
```

通过 sigprocmask()函数将进程的信号屏蔽字设置为 mask,实现对信号 SIGINT 的屏蔽,并保存当前原始的信号屏蔽字到 orig_mask 中。然后,调用 sigsuspend()函数,将进程的信号屏蔽字设置为 orig_mask(表示取消对 SIGINT 信号的屏蔽),并暂停进程的执行,直到收到 SIGINT 信号。上述程序执行结果如下,按下 Ctrl+C 发送 SIGINT 信号:

```
Waiting for SIGINT signal...
^CReceived signal 2
Received SIGINT signal. Exiting...
```

6) SIGCHLD 信号:是在一个子进程终止或停止时发送给其父进程的信号。它是一个通知父进程子进程状态改变的信号。

当一个子进程终止时,内核会向其父进程发送 SIGCHLD 信号。父进程可以通过捕获 SIGCHLD 信号并调用相应的信号处理程序来处理子进程的终止状态。SIGCHLD 信号的默认行为是忽略,即父进程不会收到该信号,但是,父进程可以通过调用 signal()函数或使用

sigaction()函数来设置自定义的信号处理程序。父进程可以使用 wait()或 waitpid()系统调用来获取子进程的终止状态,并避免僵尸进程的产生。当父进程调用 wait()或 waitpid()时,如果有子进程终止了,父进程会收到 SIGCHLD 信号。父进程可以捕获 SIGCHLD 信号并在信号处理程序中调用 wait()或 waitpid()来等待子进程的终止状态。这样,父进程可以及时处理子进程的终止状态,避免子进程成为僵尸进程。需要注意的是,如果父进程没有捕获 SIGCHLD 信号或没有及时调用 wait()或 waitpid()来等待子进程的终止状态,子进程可能会成为僵尸进程,从而导致资源泄漏和系统性能下降。

总结起来,SIGCHLD 信号是用于通知父进程子进程状态改变的信号,父进程可以通过捕获该信号并调用 wait()或 waitpid()来获取子进程的终止状态,避免子进程成为僵尸进程。

6.3.3 消息队列

在进程通信中,消息队列是一种可用于在不同进程之间传递消息的通信机制,实现异步的通信,即发送进程将消息放入队列后即可继续其他任务,而无需等待接收进程处理消息,这使得进程之间的通信更加灵活和高效。消息队列的本质其实是一个内核提供的链表,内核基于这个链表,实现了一个数据结构。消息队列都有一个 msg_queue 结构与其相关联:

```
struct msg_queue
{
    struct ipc_perm q_perm;
    time_t q_stime;              /* 上一次调用 msgsnd 发送消息的时间 */
    time_t q_rtime;              /* 上一次调用 msgrcv 接受消息的时间 */
    time_t q_ctime;              /* 上一次修改的时间 */
    unsigned long q_qnum;        /* 队列中的消息数目 */
    unsigned long q_qbytes;      /* 队列设置的消息最大字节数目 */
    pid_t q_lspid;               /* 上一次发送消息的进程 pid */
    pid_t q_lrpid;               /* 上一次接受消息的进程 pid */
    ......
};
```

该结构定义了队列的当前状态以及队列的访问权限。

1. 用户消息缓冲区

无论发送进程还是接收进程,都需要在进程空间中用消息缓冲区来暂存消息。该消息缓冲区的结构定义如下:

```
struct msgbuf {
    long mtype;          /* 消息的类型 */
    char mtext[1];       /* 消息正文 */
};
```

➢ mytype 指定了消息类型，值为正整数。由于消息类型的引入，消息队列在逻辑上由一个消息链表转化为多个消息链表。发送进程仍然无条件把消息写入队列的尾部，但接收进程不一定以先进先出次序读取消息，可以根据消息的类型字段读取消息。相应消息一旦被读取，就从队列中删除，其他消息维持不变。

➢ mtext 指定了消息的数据，可以定义任意的数据类型甚至包括结构来描述消息数据。

2. 消息队列进行进程间通信

使用消息列进行进程间通信的一般包括如下 4 个步骤。首先创建消息队列，进程通过调用系统函数创建一个消息队列，并获取一个标识符，以便后续的操作。其次发送消息，发送进程将消息写入消息队列，通常包括消息类型和内容等信息。接着读取消息，接收进程从消息队列中读取消息，并根据需要处理相应的操作。最后删除消息队列，当不再需要使用消息队列时，可以调用系统函数删除消息队列，释放相关资源。

1) 创建消息队列：函数 msgget()创建一个新的消息队列，或访问一个已经存在的消息队列。其函数原型如下：

```
#include <sys/msg.h>
int msgget(key_t key, int msgflg);
```

➢ key 是消息队列的关键字，当参数 key 取值 IPC_PRIVATE 时，函数创建关键字为 0 的消息队列。

➢ msgflg 由九个权限标志构成，用法和创建文件时使用的 mode 模式标志一样。该函数若执行成功返回非负队列 ID，该 ID 可被其他 3 个消息队列函数使用；若出错，则返回－1。

2) 发送消息：使用 msgsnd()函数向消息队列中添加数据，其函数原型如下：

```
#include <sys/msg.h>
int msgsnd(int msqid, void *msgp, int msgsz, int msgflg);
```

➢ msgid 指定发送消息队列的标识号；

➢ msgp 是一个指针，指向存储待发送消息内容的内存地址，用户可设计特定的消息结构；

➢ msgsz 指定记载数据的长度，不包括消息类型部分，且必须大于 0；

➢ msgflg 控制消息发送的方式，有阻塞和非阻塞(IPC_NOWAIT)两种方式。若消息队列已满(或者队列中的消息总数等于系统限制数，或队列中的字节总数等于系统限制值)，则指定 IPC_NOWAIT 使得 msgsng()立即出错返回 EAGAIN。如果没有指定 IPC_NOWAIT，则进程会一致阻塞到有空间可以容纳要发送的消息，或从系统中删除此队列，或捕捉到一个信号，并从信号处理程序返回。在删除队列的情况下，会返回 EIDRM 错误。在捕捉信号的情况下，会返回 EINTR 错误。

函数调用成功返回 0，且消息队列相关的 msg_queue 结构会进行更新；调用失败返回－1。

3) 读取消息：使用 msgrcv()函数从消息队列中读取消息，其函数原型如下：

```
#include <sys/msg.h>
int msgrcv(int msgid, void *msgp, int msgsz, long msgtyp, int msgflg);
```

与函数 msgsnd()部分参数相同，其中部分参数表示为：

- msgp 指向准备接收的消息的内存缓冲区；
- msgsz 指定该缓冲区的最大容量，不包括消息类型占用的部分；
- msgtyp 指定读取消息的类型，设置为 0 时表示读取消息队列中第一个消息；设置为正整数时读取消息队列中第一个类型为 msgtyp 的消息；设置为负整数时读取消息队列中第一个类型小于或等于 msgtyp 的绝对值的消息。参数 msgflg 指定了消息的接收方式，指定为 IPC_NOWAIT 时，操作不阻塞，在这种情况下如果没有指定类型的消息可用，则 msgrcv 返回－1，error 设置为 ENOMSG。如果未指定 IPC_NOWAIT，则进程会一直阻塞到有指定类型消息可用，或则从系统中删除了此队列(返回－1，error 设置为 EIDRM)，或者捕捉到一个信号并从信号处理程序返回(返回－1，errno 设置为 EINTR)。

4) 控制函数：使用 msgctl()函数对队列执行多种操作，其函数原型如下：

```
#include <sys/msg.h>
int msgctl(int msqid, int command, strcut msqid_ds *buf);
```

- msqid 为消息队列标识码；
- command 指定将要采取的动作，存在以下三种取值方式：

① IPC_STAT：表示把 msg_queue 结构中的数据设置为消息队列的当前关联值；

② IPC_SET：在进程有足够权限的前提下，把消息队列的当前关联值设置为 msg_queue 数据结构中给出的值；

③ IPC_RMID：从系统中删除该消息队列以及队列中的所有数据。

从上述消息队列的工作原理以及相关函数的介绍可以看出消息队列的通信方式与管道机制主要存在以下四点不同：

① 消息队列允许一个或多个进程向它写入或读取消息。

② 消息队列可以实现消息的随机查询，不一定非要以先进先出的次序读取消息，也可以按消息的类型读取。比有名管道的先进先出原则更有优势。

③ 对于消息队列来说，在某个进程往一个队列写入消息之前，并不需要另一个进程在该消息队列上等待消息的到达。而对于管道来说，除非读进程已存在，否则先有写进程进行写入操作是没有意义的。

④ 消息队列的生命周期随内核，如果没有释放消息队列或者没有关闭操作系统，消息队列就会一直存在。而匿名管道随进程的创建而建立，随进程的结束而销毁。

通过创建消息队列，实现父进程向队列中写入消息，并由子进程读取消息的代码示例如下：

```
#include <stdio.h>
#include <string.h>
#include <stdlib.h>
#include <sys/types.h>
#include <sys/ipc.h>
#include <sys/msg.h>
#include <errno.h>
#include <unistd.h>

#define MSGKEY 123

//消息的数据结构是以一个长整型成员变量开始的结构体
struct msgbuf
{
    long mtype;
    char mtext[2048];
};

int main()
{
    struct msgbuf msgs;
    char str[256];
    int msg_type;
    int ret_value;
    int msqid;
    int pid;

    //检查消息队列是否存在
    msqid = msgget(MSGKEY, IPC_EXCL);//(键名,权限)
    if (msqid < 0)
    {
        //创建消息队列
        msqid = msgget(MSGKEY, IPC_CREAT | 0666);
        if (msqid <0)
        {
            printf("failed to create msq | errno=%d [%s]\n", errno, strerror(errno));
            exit(-1);
```

```
        }
    }

    pid = fork();//创建子进程
    if (pid > 0)
    {
        //父进程
        while (1)
        {
            printf("input message type:\n");//输入消息类型
            scanf("%d", &msg_type);
            if (msg_type == 0)
                break;

            printf("input message to be sent:\n");//输入消息信息
            scanf("%s", str);

            msgs.mtype = msg_type;
            strcpy(msgs.mtext, str);

            //发送消息队列(sizeof 消息的长度,而不是整个结构体的长度)
            ret_value = msgsnd(msqid, &msgs, sizeof(msgs.mtext), IPC_NOWAIT);
            if (ret_value < 0)
            {
                printf("msgsnd() write msg failed,errno=%d[%s]\n", errno,
strerror(errno));
                exit(-1);
            }
        }
    }
    else if (pid == 0)
    {
        //子进程
        while (1)
        {
            msg_type = 1;//接收的消息类型为 1
            msgs.mtype = msg_type;
```

```
                //发送消息队列(sizeof 消息的长度,而不是整个结构体的长度)
                ret_value = msgrcv(msqid, &msgs, sizeof(msgs.mtext), msgs.mtype, IPC_NOWAIT);
                if (ret_value > 0)
                {
                    printf("read msg:%s\n", msgs.mtext);
                }
            }
        }
    else
    {
        printf("fork error\n");
        //删除消息队列
        msgctl(msqid, IPC_RMID, 0);
        exit(1);
    }

    return 0;
}
```

上述代码运行结果如下:

```
input message type:
1
input message to be sent:
hello
input message type:
read msg:hello
```

6.3.4　信号量

信号量本质上是一个计数器,用于多进程对共享数据对象的读取,它和管道有所不同,它不以传送数据为主要目的,它主要是用来保护共享资源(信号量也属于临界资源),使得资源在一个时刻只有一个进程独享。

由于信号量只能进行两种操作,一种是等待信号,另一种是发送信号,即 P、V。P(s)具体操作为:如果 s 的值大于零,则减 1;如果值为 0,则挂起该进程的执行。V(s)具体操作为:如果有其他进程因等待 s 而被挂起,就让它恢复执行,如果没有进程被挂起,则 s 值加 1。因此为了正确的使用信号量,信号量的两种操作只能是原子操作,通常信号量是在内核中实现的。

使用信号量实现资源共享,进程通常需要执行以下三个步骤:① 测试控制该资源的信号量;② 信号量值为正,进程使用该资源,进程信号量减 1;③ 若信号量为 0,表示没有资源可用,则该进程进入休眠状态,直到信号量值大于 0,进程被唤醒,返回至步骤①继续判断。其中当进程不再使用由信号量控制的共享资源时,信号量值加 1。

互斥信号量(Mutex Semaphore)是常见的信号量形式之一。它广泛用于多线程和多进程编程中,以确保对共享资源的互斥访问。

在信号量的实际应用中,并不是指定一个信号量,而是定义一个信号量集。信号量集通常是一个或者多个信号量值的集合,同一信号量集中的信号量使用同一个引用 ID,实现多个资源或同步操作的需要。每个信号量集都有一个与之对应的结构,其中记录了信号量集的各种信息,该结构定义如下:

```
struct semid_ds
{
    struct ipc_perm sem_perm;      //ipc_perm 数据结构
    struct sem  *sem_base;         // 指向第一个 sem 结构的指针 t
    unsigned short sem_nsems;      // 数组中信号量的个数
    time_t sem_otime;              // 最后一次调用 semop()的时间戳
    time_t sem_ctime;              // 最后一次修改的时间戳
};
```

在结构体 ipc_perm 中包含了信号量集的键值、所有者信息及操作权限等,定义如下:

```
struct ipc_perm
{
    int id;               //内核内部的 ID
    key_t key;            //用户程序用来标识信号量的魔数
    uid_t uid;            //所有者的用户 ID
    gid_t gid;            //所有者的组 ID
    uid_t cuid;           //产生信号量进程的用户 ID
    gid_t cgid;           //产生信号量进程的组 ID
    mode_t mode;          //保存了位掩码,指定了所有者、组、其他用户的访问权限
    unsigned long seq;    //分配 IPC 对象时使用的序号
};
```

sem 结构体记录了一个信号量的信息。在 sem_base 数组中描述了集合中的一个信号量,保存当前信号量值和上一次访问它的进程 PID。

```
struct sem
{
    int semval;                   // 当前值
```

```
    int sempid;                    // 上一次操作进程的 PID
    unsigned short semncent;       // numbers of processes awaiting semval > curval
    unsigned short semzcnt;        // numbers of processes awaiting semval = 0
};
```

当需要使用信号量时，首先需要通过调用函数 semget 来获得一个信号量 ID。Semget()函数的作用是创建一个新信号量或取得一个已有信号量。Semget()函数原型如下：

```
#include <sys/sem.h>
int semget(key_t key, int nsems, int semflg);
```

- key 为整数型值，不相关的进程可以通过它访问一个信号量，它代表程序可能要使用的某个资源；
- nsems 指定需要的信号数量，通常情况下为 1；
- 参数 semflg 是一组标志位，当想要的信号量不存在时创建一个新的信号量，可以 semflg 设置为 IPC_CREAT 与文件权限做按位或操作。设置了 IPC_CREAT 标志后，即使给出的 key 是一个已有信号量的 key，也不会产生错误。而设置 IPC_CREAT | IPC_EXCL 则可以创建一个新的、唯一的信号量，如果信号量已存在，返回一个错误。

该函数调用成功返回一个相应信号标识符(非零)，失败返回－1。

semctl()函数包含了多种信号量操作，用来直接控制信号量信息。semctl()函数原型如下：

```
#include <sys/sem.h>
int semctl(int semid, int semnum, int cmd, ...);
```

使用 semctl 可以实现删除和初始化信号量。

- semid 是由 semget 返回的信号量标识符；
- semnum 表示当前信号量集的哪一个信号量；
- cmd 定义函数的操作；对于函数中的第四个参数是可选的，是否使用取决于所请求的命令，如果使用该参数，其类型为 semun，是多个命令特定参数的联合。它的定义如下：

```
union semun{
    int val;  //使用的值
    struct semid_ds *buf;  //IPC_STAT、IPC_SET 使用的缓存区
    unsigned short *arry;  //GETALL,、SETALL 使用的数组
    struct seminfo *__buf; // IPC_INFO(Linux 特有) 使用的缓存区
};
```

- cmd 中通常设置为 SETVAL 和 IPC_RMID 两个值，值 SETVAL 用来把信号量初

始化为一个已知的值。这个值通过 union semun 中的 val 成员设置,其作用是在信号量第一次使用前对它进行设置。值 IPC_RMID 用于删除一个已经无需继续使用的信号量标识符。

semop()函数改变信号量的值,其函数原型如下:

```
#include <sys/sem.h>
int semop(int semid, struct sembuf * sops, unsigned nsops);
```

➢ sops 是一个指针,它指向一个由 sembuf 结构表示的信号量操作数组,其中 sembuf 结构体表示如下:

```
struct sembuf{
    short sem_num;   //除非使用一组信号量,否则它为 0
    short sem_op;    //信号量在一次操作中需要改变的数据,通常是两个数,
                     //一个是-1,即 P(等待)操作,
                     //一个是+1,即 V(发送信号)操作。
    short sem_flg;   //通常为 SEM_UNDO,使操作系统跟踪信号量,
                     //并在进程没有释放该信号量而终止时,操作系统释放信号量
};
```

➢ 参数 nsops 表示进行操作信号量的个数,即 sops 结构变量的个数,需大于或等于 1。常见设置此值等于 1,只完成对一个信号量的操作。semop()函数返回 0 表示成功,返回-1 表示失败。

通过创建简单的 PV 类型接口,并利用该接口进行信号量的相关操作的代码示例如下:

```
#include <unistd.h>
#include <stdlib.h>
#include <stdio.h>

#include <sys/sem.h> //包含信号量定义的头文件

// 联合类型 semun 定义
union semun
{
    int val;
    struct semid_ds * buf;
    unsigned short * array;
};

// 函数声明
```

```
// 函数:设置信号量的值
static int set_semvalue(void);
// 函数:删除信号量
static void del_semvalue(void);
// 函数:信号量 P 操作
static int semaphore_p(void);
// 函数:信号量 V 操作
static int semaphore_v(void);

static int sem_id; // 信号量 ID

int main(int argc, char *argv[])
{
    int i;
    int pause_time;
    char op_char = 'O';

    srand((unsigned int)getpid());

    // 创建一个新的信号量或者是取得一个已有信号量的键
    sem_id = semget((key_t)1234, 1, 0666 | IPC_CREAT);

    // 如果参数数量大于1,则这个程序负责创建信号和删除信号量
    if (argc > 1)
    {
        if (!set_semvalue())
        {
            fprintf(stderr, "failed to initialize semaphore\n");
            exit(EXIT_FAILURE);
        }

        op_char = 'X'; // 对进程进行标记
        sleep(5);
    }

    // 循环:访问临界区
    for (i = 0; i < 10; ++i)
```

```
    {
        // P 操作,尝试进入缓冲区
        if (!semaphore_p())
            exit(EXIT_FAILURE);
        printf("%c", op_char);
        fflush(stdout); // 刷新标准输出缓冲区,把输出缓冲区里的东西打印到标
准输出设备上

        pause_time = rand() % 3;
        sleep(pause_time);

        printf("%c", op_char);
        fflush(stdout);

        // V 操作,尝试离开缓冲区
        if (!semaphore_v())
            exit(EXIT_FAILURE);
        pause_time = rand() % 2;
        sleep(pause_time);
    }

    printf("\n %d - finished \n", getpid());

    if (argc > 1)
    {
        sleep(10);
        del_semvalue(); // 删除信号量
    }
}

// 函数:设置信号量的值
static int set_semvalue(void)
{
    union semun sem_union;
    sem_union.val = 1;

    if (semctl(sem_id, 0, SETVAL, sem_union))
```

```
        return 0;

    return 1;
}

// 函数:删除信号量
static void del_semvalue(void)
{
    union semun sem_union;

    if (semctl(sem_id, 0, IPC_RMID, sem_union))
        fprintf(stderr, "Failed to delete semaphore\n");
}

// 函数:信号量 P 操作:对信号量进行减一操作
static int semaphore_p(void)
{
    struct sembuf sem_b;

    sem_b.sem_num = 0; // 信号量编号
    sem_b.sem_op = -1; // P 操作
    sem_b.sem_flg = SEM_UNDO;

    if (semop(sem_id, &sem_b, 1) == -1)
    {
        fprintf(stderr, "semaphore_p failed\n");
        return 0;
    }

    return 1;
}

// 函数:信号量 V 操作:对信号量进行加一操作
static int semaphore_v(void)
{
    struct sembuf sem_b;
```

```
    sem_b.sem_num = 0; // 信号量编号
    sem_b.sem_op = 1;  // V 操作
    sem_b.sem_flg = SEM_UNDO;

    if (semop(sem_id, &sem_b, 1) == -1)
    {
        fprintf(stderr, "semaphore_v failed\n");
        return 0;
    }

    return 1;
}
```

上述代码实现了 P、V 操作以及设置信号量、删除信号量的操作。在运行程序时,使用两个不同的实例同时访问临界区,通过输出的字符区分实例,程序运行结果如下,可以发现两个不同的字符都是成对出现的,说明同一时刻只允许一个进程进入临界区。

```
linux@linux-virtual-machine:~/c_code$./semaphoreTest 1 &
[6] 2637
linux@linux-virtual-machine:~/c_code$./semaphoreTest
OOOOOOOOOOXXOOXXXXOOXXOOXXOOOO
2638 - finished
linux@linux-virtual-machine:~/c_code$XXXXXXXXXX
2637 - finished
```

6.3.5 共享内存

由于用户进程使用消息队列进行通信时需要频繁的复制信息进行系统调用,在数据量较大的情况下,会造成频繁的系统调用,从而需要消耗更多时间在切换的过程。共享内存是进程间的通信方式之一,可以避免频繁的系统调用,允许两个或多个进程共享一个给定的存储区,从而实现快速的进程间通信。

从用户和内核的角度看,它的实现使用与信号量、消息队列机制存在类似的结构。共享内存工作原理为:① 不同的进程在物理内存上开辟一块空间,称为共享内存;② 不同进程将这块共享内存连接到自己的地址空间,以各自地址空间的虚拟地址通过页表找到共享内存;③ 通过向共享内存中写数据和读数据实现进程间通信。图 6—11 显示了共享内存工作的原理。

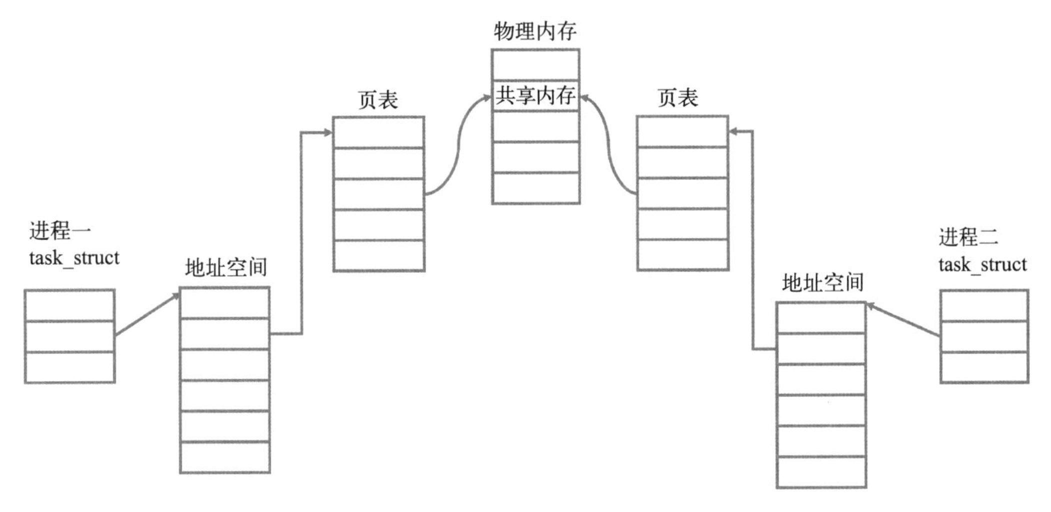

图 6—11　共享内存原理图

共享内存的数据结构中至少包含以下成员：

```
struct shmid_ds
{
    //IPC 对象都有
    struct ipc_perm shm_perm;
    //共享内存所特有
    size_t          shm_segsz;   /* 共享内存段的大小 */
    time_t          shm_atime;   /* 最后一次映射共享内存的时间 */
    time_t          shm_dtime;   /* 最后一次解除映射的时间 */
    time_t          shm_ctime;   /* 最后一次共享内存状态改变的时间 */
    pid_t           shm_cpid;    /* 共享内存创建者的 PID */
    pid_t           shm_lpid;    /*最后一次连接/脱离共享内存的 PID*/
    shmatt_t        shm_nattch;  /* 当前共享内存被连接的次数 */
    …
};
```

实际使用共享内存进行通信时，对共享内存的操作包括创建共享内存、共享内存的映射与解除映射、属性控制等。

1）创建共享内存：使用 shmget()函数用来创建共享内存，其函数原型为：

```
#include <sys/shm.h>
int shmget(key_t key, size_t size, int shmflg);
```

➢ shmget()函数与信号量的 semget()函数一样，程序需要提供一个参数 key(非 0 整数)来有效地为共享内存段命名，shmget()函数成功时返回一个与 key 相关的共享内存标识符(非负整数),用于后续的共享内存函数。调用失败返回−1。不相关的进程可以通过该函数的返回值访问同一共享内存。

- size 以字节为单位指定需要共享的内存容量;
- shmflg 是标志参数,用于指定创建共享内存时的一些选项。常见的标志参数包括:IPC_CREAT 标志,该参数表示在具有给定 key 的共享内存不存在时,则创建一个新的共享内存段。存在时则返回一个已经存在的共享内存的操作符;IPC_EXCL 标志,此标志和 IPC_CREAT 一起使用以确保创建共享内存区域,如果区域已经存在,则函数执行失败。

2)共享内存的映射与解除映射:shmat()函数实现将一个共享内存段映射到调用进程的数据段中。其函数原型如下:

```
#include <sys/shm.h>
void *shmat(int shmid, const void *shmaddr, int shmflg);
```

第一次创建完共享内存时,它还不能被任何进程访问,shmat()函数的作用就是用来启动对该共享内存的访问,并把共享内存连接到当前进程的地址空间。

- shm_id 是由 shmget()函数返回的共享内存标识;
- shm_addr 指定共享内存连接到当前进程中的地址位置,通常为空,表示让系统来选择共享内存的地址。
- shm_flg 是一组标志位。通常为 0,表示共享内存工具可读可写权限;设置为 SHM_RDONLY,表示只读权限;设置为 SHM_RND,表示 shmaddr 非空时才有效。

函数调用成功时返回一个指向共享内存第一个字节的指针,如果调用失败返回−1。

3)共享内存属性控制:shmct()函数对共享内存属性的控制,其函数原型如下:

```
#include <sys/shm.h>
int shmctl(int shmid, int cmd, struct shmid_ds *buf);
```

- shm_id 是 shmget 函数返回的共享内存标识符;
- command 是要采取的操作,它有三个取值选择:① IPC_STAT:把 shmid_ds 结构中的数据设置为共享内存的当前关联值,即用共享内存的当前关联值覆盖 shmid_ds 的值;② IPC_SET:如果进程有足够的权限,就把共享内存的当前关联值设置为 shmid_ds 结构中给出的值;③ IPC_RMID:删除共享内存段;
- buf 是一个结构指针,它指向共享内存模式和访问权限的结构。

4)与当前进程分离:shmdt()函数用于将共享内存从当前进程中分离。注意,将共享内存分离并不是删除它,只是使该共享内存对当前进程不再可用。shmdt()函数原型如下:

```
#include <sys/shm.h>
int shmdt(const void *shmaddr);
```

- shmaddr 是 shmat 函数返回的地址指针,调用成功时返回 0,失败时返回−1。

6.4 小结

本章引入了进程的概念，介绍了 Linux 系统下的进程控制管理，包括进程基本概念、进程创建、进程执行、进程终止与进程清理等与进程管理有关的系统函数的使用方法。通过进程之间的通信方式，包括管道通信、信号通信、消息队列、信号量、共享内存等，借助诸多代码示例展示了如何实现进程间的数据传输以及不同方式下的通信特点，帮助用户理解为什么进程需要相互通信，以及如何根据实际需求选择合适的通信方式。

第七章

线 程 编 程

进程是计算机操作系统中的基本执行单位，它拥有自己独立的内存地址空间、数据和资源，并且与其他进程相互独立运行。这种设计允许计算机同时执行多个程序，提高了系统的并发性和多任务处理能力。然而，进程的独立性也带来了一些挑战。例如，创建和撤销进程需要操作系统进行大量的资源分配和回收操作，包括内存空间的分配、初始化数据结构、加载程序依赖的库和文件等。特别是在进程切换（上下文切换）时，操作系统需要保存当前进程的状态信息，然后加载下一个进程的状态。这一过程涉及大量的保存和恢复操作，耗费了宝贵的 CPU 时间。此外，在上下文切换过程中，CPU 和其他硬件资源可能会暂时闲置，导致资源利用率降低。为了解决进程带来的资源和计算效率问题，引入了一种新的基本单位——线程（Thread），它是进程中的一个执行单元，多个线程共享同一个进程的地址空间和资源，创建和撤销比进程更高效，上下文切换也更轻量。线程间可以直接访问共享数据，减少了通信开销，并通过丰富的同步机制实现高效协作。因此，线程的引入能够减少进程创建和切换的开销，提高资源利用率和系统整体性能。

7.1 线程

7.1.1 线程与进程

一个进程指的是一个正在执行的应用程序，而线程的功能是执行应用程序中的某个具体任务。线程具有传统进程所具有的特征，在引入线程的操作系统中，一个进程包括多个线程，或者至少包括 1 个线程，所有线程共享进程的资源，各个线程也可以有私有资源。进程与线程的关系如图 7—1 所示。

同一线程可以共享进程的堆和方法区，每个线程有自己私有的栈和程序计数器（Program Counter，PC）。堆记录当前程序创造的所有实例对象，方法区存放了常量和静态变量等信息；栈记录每个线程自己的局部变量，程序计数器是一块内存区域，存放了线程当前要执行的指令地址。

在现代操作系统中，进程是操作系统资源分配的基本单位，而线程是操作系统资源调度的最小单元，也是 CPU 任务调度和执行的基本单位。进程拥有独立的堆栈空间和数据段，所以每当启动一个新的进程必须分配给它独立的地址空间，建立众多的数据表来维护它的代码段、堆栈段和数据段，系统开销比较大。线程可以看作轻量级的进程，线程拥有独立的

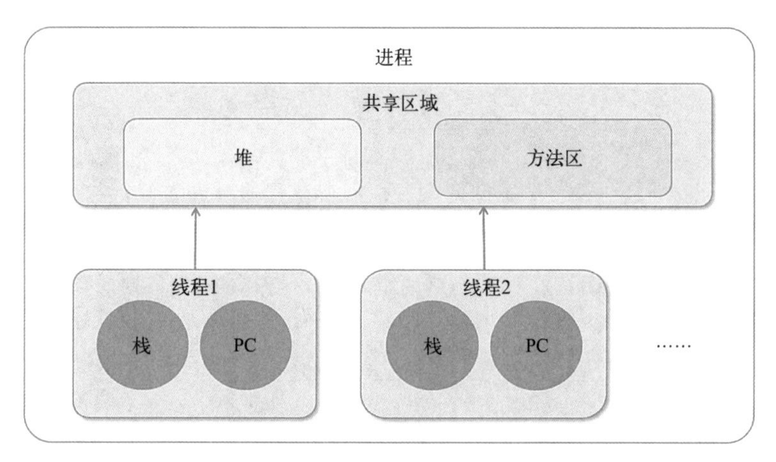

图 7—1　进程与线程之间的关系

堆栈空间，但是同一进程的线程共享代码和数据空间，它们彼此之间使用相同的地址空间，比进程更节俭，线程之间的切换开销比较小，效率高。表 7—1 介绍了两者的差异。

表 7—1　进程与线程的差异

	进　程	线　程
根本区别	进程是操作系统资源分配的基本单元	线程是处理器任务调度的基本单元
操作对象	操作系统	编程人员
资源开销	拥有独立的程序上下文，程序之间切换开销大	共享代码和数据空间，有独立的栈和 PC，线程之间切换开销小
内存分配	进程之间的地址空间和资源是独立的	同一进程的线程共享本进程的地址空间和资源
影响关系	一个进程崩溃，不影响其他进程	一个线程崩溃，整个进程都崩溃
执行过程	进程可以独立运行	线程在进程中运行

7.1.2　线程的状态

在 Linux 系统中，线程状态通常反映了线程的当前活动和执行阶段。表 7—2 介绍了线程的状态。

表 7—2　线 程 状 态

状　态	描　述
新建状态(New)	线程被创建但尚未开始执行。在这个阶段，线程正在初始化，并等待操作系统的调度器为其分配 CPU 时间片
就绪状态(Runnable)	线程已经准备好运行，但等待操作系统的调度器分配 CPU 时间片来执行。多个就绪状态的线程等待执行的机会。通常，这些线程都具备相应的 CPU 时间，并正在等待调度

续 表

状 态	描 述
运行状态(Running)	线程正在 CPU 上执行其代码,处于活动状态。在任何给定时刻,只有一个线程可以处于运行状态。操作系统的调度器控制着线程何时进入运行状态,以及何时退出运行状态
阻塞状态(Blocked)	线程由于某些原因被阻止执行,例如等待 I/O 操作完成、等待锁或资源、休眠等。在阻塞状态下的线程不占用 CPU 时间,直到其条件得到满足。通常,这些线程被暂停,直到某种事件发生,如数据准备好了,锁变得可用等
终止状态(Terminated)	线程执行完毕或由于异常情况而终止。一旦线程终止,它的资源会被释放,包括堆栈内存和其他资源。终止状态的线程不再参与执行

线程状态之间的转换通常由操作系统的调度器和线程本身的操作触发,其中一些常见的状态转换如下:

① 从新建状态到就绪状态:线程被创建后,操作系统将其放入就绪队列中,等待执行。

② 从就绪状态到运行状态:当线程被调度器选中时,它从就绪状态切换到运行状态,开始执行。

③ 从运行状态到就绪状态:线程执行完一个时间片或主动让出 CPU 时,它将回到就绪状态。

④ 从运行状态到阻塞状态:线程需要等待某些事件的发生(如 I/O 操作完成),这时它会从运行状态切换到阻塞状态。

⑤ 从阻塞状态到就绪状态:当等待的事件完成后,线程可以切换回就绪状态。

⑥ 从运行状态到终止状态:线程执行完毕或由于异常情况而终止时,它将进入终止状态。

线程状态的管理和切换由操作系统的调度器负责,它决定了何时执行哪个线程,并根据线程的状态进行切换。线程的状态变化也会受到线程自身的控制,例如使用同步机制(如锁)来使线程在适当的时候阻塞和解锁。线程的正确状态管理对于多线程程序的稳定性和性能至关重要。

7.1.3 单线程和多线程

在单个程序中只有一个线程串行地执行任务称为单线程。多线程是程序中包含多个执行流,即在一个程序中可以同时运行多个不同的线程来执行不同的任务。因此,多线程提高了 CPU 的使用率。多线程有两种实现方式——并行和并发,并发是一个处理器处理多个任务,并行是多个处理器或者多核处理器同时执行多个不同的任务。其实一个处理器在一个瞬间只能做一件事,如图 7—2 中(并发),CPU 在一个时间片后无论进程是否运行结束,操作系统都会强制将 CPU 这个资源转到另一个进程去执行,不过时间片轮转调度方式使得多个任务看起来是同时进行的。随着多核处理器的出现,真正的并行得以实现,例如图 7—2 中(并行)的 3 个任务同时运行。

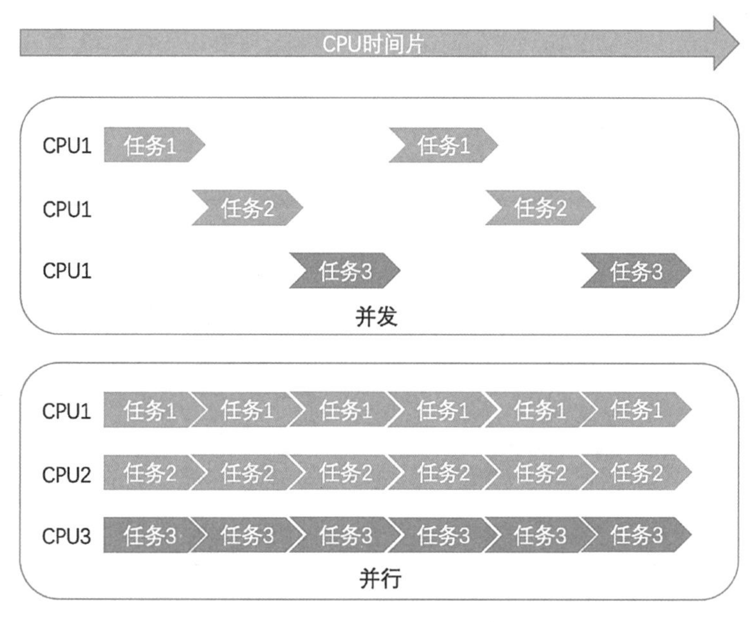

图 7—2　并发与并行示意图

在 Linux 操作系统中进行多线程编程时，通常会涉及主线程(Main Thread)和子线程(Child Thread)的概念，详细描述如下：

1) 主线程：是程序执行的入口点，它是程序中第一个被创建的线程。主线程负责创建、管理和调度其他子线程。在程序中，主线程通常负责初始化系统、配置环境、创建必要的数据结构和资源等任务，然后创建子线程来执行并行或并发的任务。主线程具有较高的权限和掌控能力，它可以控制子线程的创建、执行和终止。

2) 子线程：是主线程的派生线程，由主线程创建和管理。子线程可以执行并行或并发的任务，以提高程序的并发性和性能。子线程可以用于执行 I/O 操作、计算任务、数据处理等任务，为主线程分担负担。子线程之间可以互相通信和协作，但它们不能像主线程那样拥有独立的运行环境，其生命周期和行为受到主线程的控制。

在 Linux 操作系统多线程编程中，主线程和子线程之间的通信和同步是关键问题之一。主线程可以通过共享内存、消息队列、信号量等机制与子线程进行通信，协调它们之间的任务执行顺序和资源访问。同时，为了避免多线程竞争和数据不一致问题，需要使用同步机制来保证对共享资源的访问安全。此外，多线程编程需要使用相关的系统调用和 API 来实现线程的创建、管理和同步。例如，pthread 库是常用的多线程编程库之一，提供了丰富的多线程功能和 API 接口，使得多线程编程更加方便和高效。

7.2　线程操作函数

线程操作函数主要用于创建、管理和同步线程，以及处理线程间的互斥和通信，它们在多线程编程中起到关键作用。表 7—3 介绍了关于线程操作的函数。

表 7—3 线程操作函数

函 数	功 能 描 述
pthread_self	获取当前线程的 ID
pthread_create	创建新的线程
pthread_exit	线程主动退出,返回线程函数的返回值
pthread_cancel	取消指定线程的执行
pthread_join	等待指定线程的终止,并回收其资源
pthread_detach	分离指定线程,使其在退出时自动回收资源
pthread_mutex_init pthread_mutex_lock pthread_mutex_unlock	实现对共享资源的互斥访问,防止数据竞争
pthread_cond_init pthread_cond_wait pthread_cond_signal pthread_cond_broadcast	实现线程间的条件同步,用于线程等待和唤醒

7.2.1 线程创建

线程创建是指在程序中创建一个新的执行线程,使得程序可以同时执行多个任务,从而实现并发处理。在 Linux 环境下,线程创建通过 pthread_create()函数来完成。pthread_create()函数原型如下:

```
#include <pthread.h>
int pthread_create(pthread_t * thread, const pthread_attr_t * attr, void * ( * start_routine) (void * ), void * arg);
```

➢ attr 是用于指定新线程的属性,通常为 NULL 表示使用默认属性;
➢ start_routine 是指定新线程的入口函数,该函数将在新线程中执行;
➢ arg 是传递给入口函数的参数,可以是任意类型的指针;
➢ thread 是用于接收新线程的 ID。

如下是一个线程创建的代码示例,该示例将字符串“Hello, world!”作为参数传递给线程。线程函数将参数转换为 char * 类型,并打印出来。线程通过遍历字符串打印每个字符的 ASCII 值,并暂停一段时间展示字符输出过程。

```
#include <stdio.h>
#include <pthread.h>
#include <unistd.h>
#include <stdlib.h>
#include <string.h>

void* thread_function(void* arg) {
    char* thread_arg = (char*)arg;
    printf("Thread started with argument: %s\n", thread_arg);

    // 遍历字符串并输出每个字符的 ASCII 值
    for (int i = 0; thread_arg[i] != '\0'; i++) {
        printf("Character: %c, ASCII value: %d\n", thread_arg[i], thread_arg[i]);
        usleep(500000); // 休眠 500 毫秒
    }

    pthread_exit(NULL); // 线程终止,返回值为 NULL
}

int main() {
    pthread_t thread_id;
    char* arg = "Hello, world!"; // 作为线程参数的字符串

    // 创建新线程并传递参数
    int ret = pthread_create(&thread_id, NULL, thread_function, (void*)arg);
    if (ret != 0) {
        printf("Failed to create thread.\n");
        return 1;
    }
    // 等待新线程结束
    pthread_join(thread_id, NULL);

    printf("Main thread exiting.\n");

    return 0;
}
```

上述代码运行结果如下：

```
Thread started with argument: Hello, world!
Character: H, ASCII value: 72
Character: e, ASCII value: 101
Character: l, ASCII value: 108
Character: l, ASCII value: 108
Character: o, ASCII value: 111
Character: ,, ASCII value: 44
Character:  , ASCII value: 32
Character: w, ASCII value: 119
Character: o, ASCII value: 111
Character: r, ASCII value: 114
Character: l, ASCII value: 108
Character: d, ASCII value: 100
Character: !, ASCII value: 33
Main thread exiting.
```

在 Linux 系统中，线程 ID 使用 pthread_t 类型来表示。在使用 pthread_create()函数创建线程时，可以传入一个 pthread_t 类型的变量，该变量将在创建成功后保存新线程的 ID。线程 ID 是唯一标识一个线程的整数。在多线程编程中，每个线程都有自己的线程 ID，用于区分不同的线程。线程 ID 通常由系统分配，在线程创建时自动分配，并在整个生命周期中保持不变。通常使用 pthread_self()函数来获取当前线程的 ID。

```
#include <pthread.h>
// 获取当前线程的 ID
pthread_t thread_id = pthread_self();
```

由于不同进程有不同的线程 ID 空间。在不同的进程中，可能存在相同的线程 ID，相同的线程 ID 可能表示不同的线程，因此，线程 ID 并不是全局唯一的。在多线程编程中，正确处理线程 ID 是保证程序正确性和稳定性的重要一环。

下面是使用 pthread_equal()函数来比较两个线程的 ID 是否相等的代码示例：

```
#include <stdio.h>
#include <pthread.h>

void * thread_function(void * arg) {
    // 线程入口函数
    pthread_t thread_id = pthread_self();
    printf("Thread ID: %lu\n", thread_id);
```

```
    return NULL;
}

int main() {
    pthread_t thread1, thread2;

    // 创建两个线程
    pthread_create(&thread1, NULL, thread_function, NULL);
    pthread_create(&thread2, NULL, thread_function, NULL);

    // 等待两个线程结束
    pthread_join(thread1, NULL);
    pthread_join(thread2, NULL);

    // 对比两个线程的 ID 是否相等
    if (pthread_equal(thread1, thread2)) {
        printf("Thread1 and Thread2 have the same ID.\n");
    } else {
        printf("Thread1 and Thread2 have different IDs.\n");
    }

    return 0;
}
```

上述示例创建了两个线程即 thread1 和 thread2,每个线程都会执行 thread_function()函数。在 thread_function()函数内部使用 pthread_self()函数来获取当前线程的 ID。然而,线程的创建和执行是异步的,所以线程的 ID 通常会不同。因此,pthread_equal()函数返回的结果通常是 false,表示线程的 ID 不相等。上述示例运行结果如下:

```
Thread ID: 1
Thread ID: 2
Thread1 and Thread2 have different IDs.
```

7.2.2 线程退出

线程退出指的是线程结束其执行的过程。在多线程编程中,线程可以通过自然退出和强制退出两种方式来终止。

1) 自然退出:指线程在完成其任务后自动结束的情况。当线程的函数执行完毕,或者线程通过调用 pthread_exit()函数主动退出,线程就会自然结束。在自然退出的情况下,线

程会将返回值传递给调用 pthread_join()的线程,并释放其资源。pthread_exit()函数原型如下:

```
#include <pthread.h>
void pthread_exit(void * retval);
```

➢ retval 是一个指向线程返回值的指针,可以将线程的返回值传递给主线程或其他线程。如果线程没有返回值,可以将 retval 设置为 NULL。

使用 pthread_exit()函数时,在需要退出的地方调用函数,线程将立即终止执行,不会继续往下执行后续代码。如果设置了返回值,该值可以通过 pthread_join() 函数获取。

如下是使用 pthread_exit()函数退出线程的代码示例:

```
#include <stdio.h>
#include <pthread.h>

void* thread_function(void* arg) {
    int thread_arg = *(int*)arg;
    printf("Thread started with argument: %d\n", thread_arg);

    // 线程工作显示
    for (int i = 0; i < 5; i++) {
        printf("Thread is working...\n");
        sleep(1);
    }

    int* retval = malloc(sizeof(int));
    *retval = 321;

    pthread_exit((void*)retval);
}

int main() {
    pthread_t thread_id;
    int arg = 42; // 作为线程参数的整数

    // 创建新线程并传递参数
    int ret = pthread_create(&thread_id, NULL, thread_function, (void*)&arg);
    if (ret != 0) {
```

```
        printf("Failed to create thread.\n");
        return 1;
    }

    // 等待新线程结束，并获取返回值
    int* retval;
    pthread_join(thread_id, (void**)&retval);
    printf("Thread returned: %d\n", *retval);

    free(retval); // 释放内存

    printf("Main thread exiting.\n");

    return 0;
}
```

上述示例中，线程函数 thread_function()在执行完工作后通过 pthread_exit() 函数返回一个整数值 321，主线程使用 pthread_join()获取了线程的返回值并输出。此外，在获取返回值后需要释放返回值所占用的内存。如果线程没有调用 pthread_exit()函数，线程会在函数末尾自动调用 pthread_exit(NULL)来终止自己的执行。所以，在不需要返回值的情况下，线程可以直接从线程函数的末尾返回，而不需要显式地调用 pthread_exit(NULL)。运行结果如下所示：

```
Thread started with argument: 42
Thread is working...
Thread is working...
Thread is working...
Thread is working...
Thread is working...
Thread returned: 321
Main thread exiting.
```

2) 强制退出：指通过取消线程来提前结束其执行。在线程还未完成工作时，可以通过调用 pthread_cancel()函数来取消线程的执行。pthread_cancel()函数用于向指定的线程发送取消请求，请求该线程终止运行。调用该函数并不是直接终止线程的执行，而是向线程发送一个取消请求。线程在执行到取消点(cancellation point)时，会检查是否有取消请求，如果有，则终止线程的执行。其中，取消点是指线程中的某些特定位置，系统在这些位置上检查是否有取消请求。通常，标准 C 库的 I/O 函数和系统调用都是取消点。例如，sleep()函数、read()函数、write() 函数等都是取消点。pthread_cancel()函数原型如下：

```
#include <pthread.h>
int pthread_cancel(pthread_t thread);
```

➢ thread 是目标线程的标识符，可以通过 pthread_create()函数创建线程后返回的 pthread_t 类型变量来指定。

使用 pthread_cancel()函数要注意以下几点：

① 线程需要设置为可取消状态，可以通过 pthread_setcancelstate()函数进行设置，默认情况下，线程是可以取消的。

② 线程需要设置取消类型，可以通过 pthread_setcanceltype()函数进行设置，默认情况下，取消类型为 PTHREAD_CANCEL_DEFERRED，表示取消请求将在取消点生效。

③ 在线程中应该定期调用 pthread_testcancel()函数，以确保在没有取消请求的情况下，也能够响应取消请求。

当调用 pthread_cancel()函数后，目标线程将在遇到取消点时终止执行。可以在目标线程中使用 pthread_cleanup_push()和 pthread_cleanup_pop()函数，以确保在线程被取消时，能够执行一些清理操作。

如下是一个使用 pthread_cancel()函数退出线程的代码示例：

```
#include <stdio.h>
#include <pthread.h>
#include <unistd.h>

void* thread_function(void* arg) {
    printf("Thread started.\n");

    // 设置取消点，使线程可以接收取消请求
    pthread_setcancelstate(PTHREAD_CANCEL_ENABLE, NULL);
    pthread_setcanceltype(PTHREAD_CANCEL_ASYNCHRONOUS, NULL);

    // 循环输出线程运行状态
    for (int i = 0; i < 5; i++) {
        printf("Thread is running: %d\n", i);
        sleep(1);

        // 检查是否有取消请求
        pthread_testcancel();
    }

    printf("Thread finished.\n");
```

```
    pthread_exit(NULL);
}

int main() {
    pthread_t thread_id;

    // 创建新线程
    int ret = pthread_create(&thread_id, NULL, thread_function, NULL);
    if (ret != 0) {
        printf("Failed to create thread.\n");
        return 1;
    }

    // 主线程等待一段时间后,向目标线程发送取消请求
    sleep(6);
    ret = pthread_cancel(thread_id);
    if (ret != 0) {
        printf("Failed to cancel thread.\n");
        return 1;
    }

    // 主线程等待目标线程终止
    pthread_join(thread_id, NULL);

    printf("Main thread exiting.\n");

    return 0;
}
```

上述示例创建了一个新线程，并在该线程中设置了取消状态为允许(PTHREAD_CANCEL_ENABLE)以及取消类型为立即取消(PTHREAD_CANCEL_ASYNCHRONOUS)。当向目标线程发送取消请求后，它会立即响应取消请求，终止执行。在主线程中等待一段时间后，使用pthread_cancel()函数向目标线程发送取消请求，然后使用 pthread_join()函数等待目标线程终止，确保在目标线程退出后主线程再继续执行，运行结果如下：

```
Thread started.
Thread is running: 0
Thread is running: 1
```

```
Thread is running: 2
Thread is running: 3
Thread is running: 4
Thread finished.
Main thread exiting.
```

除了 pthread_cancel()函数之外,也可以使用 pthread_kill()函数向线程发送一个指定的信号来终止线程的执行。但是使用 pthread_kill()函数并不能真正终止线程的执行,它只是向目标线程发送信号,目标线程收到信号后可以选择如何处理。pthread_kill()函数原型为:

```
#include <signal.h>
int pthread_kill(pthread_t thread, int sig);
```

- thread 是要发送信号的目标线程 ID;
- sig 是要发送的信号。

在使用 pthread_kill()函数终止线程时,通常需要配合线程中的信号处理函数来处理收到的信号。例如,在目标线程中设置信号处理函数,当收到特定信号时,执行线程的终止逻辑,并通过 pthread_exit()函数来正常退出线程。

以下是使 pthread_kill()函数退出线程的代码示例:

```
#include <stdio.h>
#include <stdio.h>
#include <stdlib.h>
#include <pthread.h>
#include <signal.h>
#include <unistd.h>

// 定义全局变量,用于表示线程是否应该退出
volatile int should_exit = 0;

// 线程函数,会周期性地检查退出标志
void * thread_function(void * arg) {
    while (!should_exit) {
        printf("Thread is running...\n");
        sleep(1);
    }

    printf("Thread is exiting.\n");
    pthread_exit(NULL);
```

```
}

// 信号处理函数，用于设置退出标志
void signal_handler(int signum) {
    should_exit = 1;
}

int main() {
    pthread_t thread_id;

    // 注册信号处理函数
    signal(SIGUSR1, signal_handler);

    // 创建新线程
    int ret = pthread_create(&thread_id, NULL, thread_function, NULL);
    if (ret != 0) {
        printf("Failed to create thread.\n");
        return 1;
    }

    // 主线程等待一段时间后，向目标线程发送 SIGUSR1 信号，终止线程的执行
    sleep(5);
    ret = pthread_kill(thread_id, SIGUSR1);
    if (ret != 0) {
        printf("Failed to send termination signal to thread.\n");
        return 1;
    }

    // 主线程等待目标线程终止
    pthread_join(thread_id, NULL);

    printf("Main thread exiting.\n");

    return 0;
}
```

上述示例中，主线程创建了一个新的线程，并在主线程中通过 pthread_kill() 向新线程

发送 SIGUSR1 信号,以触发线程退出。新线程在循环中检查 should_exit 变量,如果它被设置为 1,线程会执行退出操作。当线程退出后,主线程等待它完成,并最终结束。运行结果如下:

```
Thread is running...
Thread is running...
Thread is running...
Thread is running...
Thread is running...
Thread is exiting.
Main thread exiting.
```

7.2.3 线程等待

线程等待是用来在一个线程中等待另一个线程完成或达到某个特定状态的操作。在多线程编程中,可能存在一种情况,即某个线程需要等待其他线程的执行结果或完成状态,然后再继续执行后续操作。线程等待的作用在于控制多个线程的执行顺序,以确保线程之间的协作和同步。通过合理地使用线程等待机制,可以避免线程之间的竞态条件,确保线程安全,并使得程序的执行结果符合预期。同时,线程等待也可以用于防止资源浪费,当一个线程完成了它的任务后,其他线程可以及时感知并继续执行,从而提高系统的资源利用率和性能。在 Linux 系统中,可以使用 pthread_join()函数来实现线程等待。pthread_join()函数用于等待指定的线程终止,并获取其返回值。pthread_join()函数原型如下:

```
#include <pthread.h>
int pthread_join(pthread_t thread, void * * retval);
```

➢ retval 用于接收目标线程的退出状态的指针。

在线程函数通过 pthread_exit()返回时,可以将退出状态作为参数传递给 pthread_exit(),这个状态值就可以通过 retval 指针获取。如果目标线程的终止状态还没有被其他线程调用 pthread_join()函数获取,那么调用线程将一直阻塞直到目标线程终止。如果目标线程已经被其他线程调用 pthread_join()函数获取过终止状态,那么 pthread_join()将立即返回,并且再次调用 pthread_join()将返回错误码 EINVAL。

pthread_join()函数的使用步骤如下:

① 创建目标线程,并在主线程中调用 pthread_join()来等待目标线程的终止,获取返回值。

② 目标线程执行完成后,通过 pthread_exit()函数返回退出状态。

③ pthread_join()函数返回,主线程继续执行,并通过 retval 指针获取目标线程的退出状态。

如下是使用 pthread_join()函数等待线程的代码示例:

```
#include <stdio.h>
#include <stdio.h>
#include <stdlib.h>
#include <pthread.h>
#include <signal.h>
#include <unistd.h>

void* thread_function(void* arg) {
    printf("Thread started.\n");
    int* result = malloc(sizeof(int));
    *result = 42;
    pthread_exit(result); // 通过 pthread_exit()返回退出状态
}

int main() {
    pthread_t thread_id;
    int ret;

    //创建新线程
    ret = pthread_create(&thread_id, NULL, thread_function, NULL);
    if (ret != 0) {
        printf("Failed to create thread.\n");
        return 1;
    }

    int* result;
    // 等待目标线程终止并获取退出状态
    ret = pthread_join(thread_id, (void**)&result);
    if (ret != 0) {
        printf("Failed to join thread.\n");
        return 1;
    }

    printf("Thread returned: %d\n", *result);

    // 释放内存
    free(result);
```

```
    printf("Main thread exiting.\n");
    return 0;
}
```

上述示例中,主线程通过 pthread_join()等待目标线程终止,并通过 retval 指针获取目标线程的退出状态。目标线程通过 pthread_exit()返回了一个整数值作为退出状态,主线程通过 result 指针接收到该退出状态并进行打印,运行结果如下:

```
Thread started.
Thread returned: 42
Main thread exiting.
```

7.2.4 线程分离

分离线程是指线程终止后,其资源(内存、文件描述符等)会被系统自动回收。这样可以避免线程资源泄漏,使得线程可以自主结束,无需等待其他线程的回收操作。通常使用 pthread_detach() 函数将指定的线程标记为分离线程。值得注意的是:

1) pthread_detach()函数仅能对尚未被其他线程回收的线程进行分离操作,一旦线程被回收,它的状态就无法改变,即无法再将其标记为分离线程。

2) 如果线程已经是分离线程或已经被回收,pthread_detach()函数调用会返回一个非零值,表示分离操作失败。

3) 线程标记为分离线程后,它的资源(如线程描述符等)会在线程结束时自动被系统回收。

4) 分离线程无法通过 pthread_join()函数来等待其终止,因为它的资源会被系统回收。

pthread_detach()函数原型如下:

```
#include <pthread.h>
int pthread_detach(pthread_t thread);
```

➢ thread 是要设置为分离线程的线程标识符。该函数返回 0 表示成功,返回非零值表示失败。

如下是使用 pthread_detach()函数标记分离线程的代码示例:

```
#include <stdio.h>
#include <pthread.h>
#include <unistd.h>

void * thread_function(void * arg) {
    printf("Thread started.\n");
    sleep(3);
```

```
    printf("Thread finished.\n");
    return NULL;
}

int main() {
    pthread_t thread_id;

    // 创建新线程
    int ret = pthread_create(&thread_id, NULL, thread_function, NULL);
    if (ret != 0) {
        printf("Failed to create thread.\n");
        return 1;
    }

    // 将新线程标记为分离线程
    ret = pthread_detach(thread_id);
    if (ret != 0) {
        printf("Failed to detach thread.\n");
        return 1;
    }

    printf("Main thread exiting.\n");

    return 0;
}
```

上述示例使用 pthread_detach()函数将新线程标记为分离线程。因此，主线程无需等待新线程的终止，新线程的资源会在终止后立即被系统回收。

7.2.5　线程同步

线程同步是指在多线程编程中，为了保证共享资源的正确访问和避免竞态条件而采取的一系列机制。在多线程环境中，多个线程同时访问共享资源可能导致数据不一致或不确定的结果。为了确保线程之间的有序执行和正确的资源共享，需要使用线程同步来协调线程之间的操作。常见的线程同步机制有以下几种：

1. 互斥锁

互斥锁是最常见的线程同步机制。它允许多个线程访问共享资源，但在任意时刻只有一个线程能够持有互斥锁，其他线程必须等待锁的释放才能继续执行。互斥锁保证了临界区(对共享资源的访问)的互斥性。互斥锁的基本流程如下：

1) 创建互斥锁对象并初始化：使用 pthread_mutex_init()函数创建一个互斥锁对象，并进行初始化。初始化可以使用默认属性或自定义属性。pthread_mutex_init()函数原型如下：

```
#include <pthread.h>
int pthread_mutex_init(pthread_mutex_t *mutex, const pthread_mutexattr_t *attr);
```

- mutex 是指向 pthread_mutex_t 类型的指针，用于存储初始化后的互斥锁对象；
- attr 是指向 pthread_mutexattr_t 类型的指针，用于指定互斥锁的属性。通常情况下，可以将 attr 参数设置为 NULL，表示使用默认属性。如果函数调用失败，返回值为非零错误码；如果函数调用成功，返回值为 0。

pthread_mutex_init()函数负责创建并初始化互斥锁对象，在使用互斥锁之前，必须调用该函数来初始化互斥锁。如果不调用该函数，互斥锁对象将不会被正确初始化，可能导致未定义的行为。互斥锁对象在被初始化后，可以在多个线程之间共享。初始化时，互斥锁处于未锁定状态，即所有线程都可以成功地获取互斥锁。

2) 加锁操作：当线程希望进入临界区时，调用 pthread_mutex_lock()函数尝试获取互斥锁。如果互斥锁当前未被占用，线程成功获取锁并进入临界区执行代码。如果互斥锁已经被其他线程占用，则该线程将被阻塞，直到互斥锁可用。pthread_mutex_lock()函数原型如下：

```
#include <pthread.h>
int pthread_mutex_lock(pthread_mutex_t *mutex);
```

- mutex 是指向已经初始化的 pthread_mutex_t 类型的互斥锁对象的指针。如果函数调用成功，返回值为 0；如果函数调用失败，返回值为非零错误码，表示出现了错误。

pthread_mutex_lock()函数用于锁定一个互斥量。如果互斥锁已经被其他线程锁定，那么调用线程将会被阻塞，直到互斥锁被解锁为止。如果互斥锁处于未锁定状态，调用线程将成功获取互斥锁，并将其锁定。

3) 执行临界区代码：在线程成功获取互斥锁后，进入临界区，可以安全地访问共享资源或进行其他需要互斥的操作。

4) 解锁操作：当线程执行完临界区内的代码后，调用 pthread_mutex_unlock()函数释放互斥锁。解锁后，其他线程可以尝试获取互斥锁进入临界区。pthread_mutex_unlock()函数原型如下：

```
#include <pthread.h>
int pthread_mutex_unlock(pthread_mutex_t *mutex);
```

值得注意的是，互斥锁必须在同一个线程中解锁，即只能由锁定互斥锁的线程进行解锁操作。如果尝试在未锁定的互斥锁上调用此函数，或者尝试由其他线程解锁已锁定的互斥锁，将会导致未定义的行为。

5) 销毁互斥锁对象：在不再需要互斥锁时，使用 pthread_mutex_destroy()函数销毁互斥锁对象，并释放相关资源。pthread_mutex_destroy()函数原型如下：

```
#include <pthread.h>
int pthread_mutex_destroy(pthread_mutex_t *mutex);
```

值得注意的是，在销毁互斥锁之前，必须确保没有其他线程正在使用该互斥锁，并且所有线程都已经退出且不会再访问该互斥锁。否则，尝试销毁一个正在被使用的互斥锁将导致未定义的行为。

如下是使用互斥锁实现线程间同步的代码示例：

```
#include <stdio.h>
#include <pthread.h>
#include <unistd.h>

pthread_mutex_t mutex = PTHREAD_MUTEX_INITIALIZER; // 定义并初始化互斥锁
int shared_resource = 0; // 共享资源

void* thread_function(void* arg) {
    int thread_id = *(int*)arg;
    printf("Thread %d started.\n", thread_id);

    for (int i = 0; i < 5; i++) {
        // 加锁互斥锁
        int ret = pthread_mutex_lock(&mutex);
        if (ret != 0) {
            printf("Failed to lock mutex in Thread %d.\n", thread_id);
            return NULL;
        }

        // 临界区操作，访问共享资源
        shared_resource++;
        printf("Thread %d is updating shared resource: %d\n", thread_id, shared_resource);

        // 解锁互斥锁
        ret = pthread_mutex_unlock(&mutex);
        if (ret != 0) {
```

```
            printf("Failed to unlock mutex in Thread %d.\n", thread_id);
            return NULL;
        }

        sleep(1);
    }

    printf("Thread %d finished.\n", thread_id);
    return NULL;
}

int main() {
    pthread_t thread_id1, thread_id2;
    int thread_arg1 = 1, thread_arg2 = 2;

    // 创建两个新线程并启动
    int ret = pthread_create(&thread_id1, NULL, thread_function, (void *)&thread_
arg1);
    if (ret != 0) {
        printf("Failed to create Thread 1.\n");
        return 1;
    }

    ret = pthread_create(&thread_id2, NULL, thread_function, (void *)&thread_
arg2);
    if (ret != 0) {
        printf("Failed to create Thread 2.\n");
        return 1;
    }

    // 等待两个子线程结束
    ret = pthread_join(thread_id1, NULL);
    if (ret != 0) {
        printf("Failed to join Thread 1.\n");
        return 1;
    }
```

```
    ret = pthread_join(thread_id2, NULL);
    if (ret != 0) {
        printf("Failed to join Thread 2.\n");
        return 1;
    }

    // 销毁互斥锁
    ret = pthread_mutex_destroy(&mutex);
    if (ret != 0) {
        printf("Failed to destroy mutex.\n");
        return 1;
    }

    printf("Main thread exiting.\n");

    return 0;
}
```

上述示例创建了两个线程，每个线程都会执行一段时间，每秒更新一次共享资源的值，并在更新前后加锁和解锁互斥锁，以确保对共享资源的访问是互斥的，从而避免了竞争条件和数据不一致问题。运行结果如下：

```
Thread 2 started.
Thread 2 is updating shared resource: 1
Thread 1 started.
Thread 1 is updating shared resource: 2
Thread 2 is updating shared resource: 3
Thread 1 is updating shared resource: 4
Thread 2 is updating shared resource: 5
Thread 1 is updating shared resource: 6
Thread 2 is updating shared resource: 7
Thread 1 is updating shared resource: 8
Thread 2 is updating shared resource: 9
Thread 1 is updating shared resource: 10
Thread 2 finished.
Thread 1 finished.
```

从结果可以发现，两个线程交替地更新共享资源的值，并且在更新共享资源时正确地加锁和解锁了互斥锁，确保了对共享资源的互斥访问。

2. 读写锁

读写锁也称为共享—排他锁，是一种特殊的线程同步机制，用于实现多线程对共享资源的读写操作的优化。读写锁允许多个线程同时对共享资源进行读操作，但是在有线程进行写操作时，其他线程无法进行读取或写入操作，以保证数据的一致性和完整性。读写锁有两种状态：读状态和写状态。在读状态下，多个线程可以同时持有读取锁，从而允许并发读取共享资源；在写状态下，当一个线程获取了写锁时，其他线程无法获取读取或写入，从而实现了对共享资源的互斥访问，保证在写操作进行时，不会有其他线程同时读取写入该资源。读写锁适用于多读少写的场景，因为读锁允许多个线程同时读取共享资源，从而提高了并发性能。但是当写入操作较频繁时，可能会导致读操作的线程等待时间过长，因为写锁会阻塞其他线程的读写操作。读写锁的工作流程如下：

1）初始化读写锁：使用 pthread_rwlock_init()函数初始化读写锁，使得读写锁处于可用状态。pthread_rwlock_init()函数原型如下：

```
#include <pthread.h>
int pthread_rwlock_init(pthread_rwlock_t * restrict rwlock, const pthread_rwlockattr_t * restrict attr);
```

- rwlock 是指向要初始化的读写锁对象的指针；
- attr 是用于指定读写锁的属性，通常以 NULL 表示使用默认属性。当返回 0 时，意味着初始化成功；反之，返回错误码，可以使用 errno 宏获取错误码。

2）读操作：使用 pthread_rwlock_rdlock()函数获取读锁，允许多个线程同时读取共享资源。pthread_rwlock_rdlock()函数原型如下：

```
#include <pthread.h>
int pthread_rwlock_rdlock(pthread_rwlock_t * rwlock);
```

- rwlock 是指向读写锁对象的指针。获取读取锁成功，返回 0；否则返回错误码，可以使用 errno 宏获取错误码。

3）写操作：使用 pthread_rwlock_wrlock()函数获取写锁，此时其他线程无法获取读或写锁。写操作完成后，使用 pthread_rwlock_unlock()函数释放写锁。

pthread_rwlock_wrlock()函数原型如下：

```
#include <pthread.h>
int pthread_rwlock_wrlock(pthread_rwlock_t * rwlock);
```

pthread_rwlock_unlock()函数原型如下：

```
#include <pthread.h>
int pthread_rwlock_unlock(pthread_rwlock_t * rwlock);
```

- rwlock 是指向读写锁对象的指针，即要操作的读写锁。如果成功获取写锁或释放读写锁成功，函数返回 0；否则返回错误码。

值得注意的是，在调用 pthread_rwlock_unlock()函数之前，线程必须先获取读锁或写锁。否则，将会出现未定义行为。在释放读写锁后，其他线程将有机会获取该读写锁，以便对共享资源进行访问。

4）销毁读写锁：使用 pthread_rwlock_destroy()函数销毁读写锁，释放相关资源。pthread_rwlock_destroy()函数原型如下：

```
#include <pthread.h>
int pthread_rwlock_destroy(pthread_rwlock_t *rwlock);
```

➢ rwlock 是指向读写锁对象的指针，即要销毁的读写锁。该函数返回 0 表示成功销毁读写锁，返回非零值表示失败。

使用该函数时，确保读写锁没有被其他线程占用，并且没有其他线程正在访问它。通常，应在不再使用读写锁时进行销毁，以确保资源得到释放。

如下是使用读写锁实现线程间同步的代码示例：

```
#include <stdio.h>
#include <stdlib.h>
#include <pthread.h>
#include <unistd.h>

#define NUM_READERS 2
#define NUM_WRITERS 1
#define NUM_OPERATIONS 3

pthread_rwlock_t rwlock;  // 读写锁
int shared_data = 0;      // 共享数据

// 读线程函数
void* reader_function(void* arg) {
    for (int i = 0; i < NUM_OPERATIONS; ++i) {
        // 加读锁
        pthread_rwlock_rdlock(&rwlock);

        // 读取共享数据
        printf("Reader %ld read: %d\n", (long)arg, shared_data);

        // 释放读锁
```

```
        pthread_rwlock_unlock(&rwlock);

        usleep(500000);  // 休眠 500ms
    }
    return NULL;
}

// 写线程函数
void * writer_function(void * arg) {
    for (int i = 0; i < NUM_OPERATIONS; ++i) {
        // 加写锁
        pthread_rwlock_wrlock(&rwlock);

        // 修改共享数据
        shared_data++;
        printf("Writer %ld wrote: %d\n", (long)arg, shared_data);

        // 释放写锁
        pthread_rwlock_unlock(&rwlock);

        usleep(1000000);  // 休眠 1s
    }
    return NULL;
}

int main() {
    pthread_t reader_threads[NUM_READERS];
    pthread_t writer_threads[NUM_WRITERS];

    // 初始化读写锁
    pthread_rwlock_init(&rwlock, NULL);

    // 创建读线程
    for (long i = 0; i < NUM_READERS; ++i) {
        pthread_create(&reader_threads[i], NULL, reader_function, (void * )i);
    }
```

```
    // 创建写线程
    for (long i = 0; i < NUM_WRITERS; ++i) {
        pthread_create(&writer_threads[i], NULL, writer_function, (void *)i);
    }

    // 等待线程结束
    for (int i = 0; i < NUM_READERS; ++i) {
        pthread_join(reader_threads[i], NULL);
    }
    for (int i = 0; i < NUM_WRITERS; ++i) {
        pthread_join(writer_threads[i], NULL);
    }

    // 销毁读写锁
    pthread_rwlock_destroy(&rwlock);

    return 0;
}
```

上述示例定义了一个读写锁 rwlock,然后分别创建了读线程和写线程。读线程持续进行读操作,而写线程持续进行写操作。使用读写锁可以实现多个读线程共享数据,但只有一个写线程能够进行写操作。主线程等待了一段时间后,销毁了读写锁。运行结果如下:

```
Reader 1 read: 0
Reader 0 read: 0
Writer 0 wrote: 1
Reader 1 read: 1
Reader 0 read: 1
Writer 0 wrote: 2
Reader 0 read: 2
Reader 1 read: 2
Writer 0 wrote: 3
```

3. 条件变量

条件变量是一种线程同步机制,用于在多个线程之间进行通信和协调。它允许一个或多个线程在满足特定条件之前等待。当条件满足时,其他线程可以通知等待的线程继续执行。条件变量通常与互斥锁配合使用,用于实现线程间的条件等待和唤醒操作。当一个线程需要等待某个条件满足时,它会先获取一个互斥锁,然后调用条件变量的等待函数进行等待。等待函数会释放互斥锁并阻塞该线程,直到其他线程由条件变量的通知函数唤醒它。

条件变量的基本操作函数包括：

1) pthread_cond_init()函数用于初始化条件变量对象。pthread_cond_init()函数原型如下：

```
#include <pthread.h>
int pthread_cond_init(pthread_cond_t *cond, const pthread_condattr_t *attr);
```

- cond 是指向 pthread_cond_t 类型的指针，用于指定要初始化的条件变量对象；
- attr 是指向 pthread_condattr_t 类型的指针，用于指定条件变量的属性。通常将其设置为 NULL，表示使用默认属性。若成功初始化条件变量，函数返回 0；若发生错误，返回相应的错误代码。

使用 pthread_cond_init()函数时，需要提前定义 pthread_cond_t 类型的变量，并通过指针传递给该函数。该函数会对条件变量对象进行初始化，使其准备就绪，以供后续操作使用。

2) pthread_cond_destroy()函数用于销毁条件变量对象，并释放与之相关的资源。pthread_cond_destroy()函数原型如下：

```
#include <pthread.h>
int pthread_cond_destroy(pthread_cond_t *cond);
```

- cond 是指向 pthread_cond_t 类型的指针，表示要销毁的条件变量对象。若成功销毁条件变量，函数返回 0；若发生错误，返回相应的错误代码。

在销毁条件变量之前，确保没有任何线程在等待或使用该条件变量。调用 pthread_cond_destroy()函数后，原先初始化的条件变量对象将不再可用，再次使用时需要重新进行初始化。

3) pthread_cond_wait()函数用于使当前线程等待条件变量的信号。在等待之前，必须先获得与条件变量关联的互斥锁。因为 pthread_cond_wait()函数会在等待时自动释放互斥锁，并在收到信号后重新获得互斥锁。pthread_cond_wait()函数原型如下：

```
#include <pthread.h>
int pthread_cond_wait(pthread_cond_t *cond, pthread_mutex_t *mutex);
```

- cond 是指向 pthread_cond_t 类型的指针，表示要等待的条件变量；
- mutex 是指向 pthread_mutex_t 类型的指针，表示与条件变量相关联的互斥锁。成功等待条件变量，函数返回 0。若发生错误，返回相应的错误代码。

值得注意的是，线程在等待条件变量之前必须先获得与条件变量相关联的互斥锁。如果线程未持有互斥锁，pthread_cond_wait()函数会导致未定义的行为。当线程调用 pthread_cond_wait()函数后，它会进入阻塞状态，并自动释放互斥锁，允许其他线程继续访问临界区。当某个线程满足条件，它会发送一个信号到条件变量，并通知等待该条件变量的线程。一旦收到信号，等待线程会重新获得与条件变量相关联的互斥锁，并从 pthread_cond_wait()函数返回,继续执行后续操作。值得注意的是,pthread_cond_wait()函数可能会出现虚假唤醒,也就是没有收到明确的信号,等待线程也可能从阻塞状态中被唤醒。因此,在使用条件变量时,通常需要将条件检查包含在循环中,确保满足条件后再继续执行。

4) pthread_cond_signal()函数用于发送信号给一个等待条件变量的线程,通知它条件可能已经满足,可以继续执行了。pthread_cond_signal()函数原型如下:

```
#include <pthread.h>
int pthread_cond_signal(pthread_cond_t *cond);
```

- cond 为指向 pthread_cond_t 类型的指针,表示要发送信号的条件变量。若成功发送信号,函数返回 0;若发生错误,返回相应的错误代码。

当某个线程满足了条件,可以继续执行后续操作时,它会调用 pthread_cond_signal()函数,并传入需要发送信号的条件变量。一旦收到信号,正在等待这个条件变量的线程中的一个会被唤醒,它将重新获得与条件变量相关联的互斥锁,并从 pthread_cond_wait()函数返回,继续执行后续操作。需要注意的是,pthread_cond_signal()函数只是发送一个信号,不会自动解除线程的等待状态,因此发送信号的线程应该在发送信号之后释放互斥锁,以允许等待线程继续执行。否则,等待线程将无法获得互斥锁,无法从 pthread_cond_wait()函数中返回。

5) pthread_cond_broadcast()函数广播信号给所有等待在条件变量上的线程,通知它们条件可能已经满足,可以继续执行了。与 pthread_cond_signal()函数不同的是,pthread_cond_broadcast()函数会唤醒所有等待的线程,而不仅仅是一个。pthread_cond_broadcast()函数原型如下:

```
#include <pthread.h>
int pthread_cond_broadcast(pthread_cond_t *cond);
```

- cond 为指向 pthread_cond_t 类型的指针,表示要发送广播信号的条件变量。若成功发送广播信号,函数返回 0;若发生错误,返回相应的错误代码。

当某个线程满足了条件,可以继续执行后续操作时,它会调用 pthread_cond_broadcast()函数,并传入需要发送广播信号的条件变量。所有等待这个条件变量的线程都会被唤醒,它们将重新获得与条件变量相关联的互斥锁,并从 pthread_cond_wait()函数返回,继续执行后续操作。需要注意的是,与 pthread_cond_signal()函数一样,pthread_cond_broadcast()函数只是发送信号,不会自动解除线程的等待状态,因此发送信号的线程应该在发送信号之后释放互斥锁,以允许等待线程继续执行。否则,等待线程将无法获得互斥锁,无法从 pthread_cond_wait()函数中返回。

以下是使用条件变量实现线程间同步的代码示例:

```
#include <stdio.h>
#include <pthread.h>
#include <unistd.h>
```

```
int shared_data = 0;
pthread_mutex_t mutex = PTHREAD_MUTEX_INITIALIZER;
pthread_cond_t cond_var = PTHREAD_COND_INITIALIZER;

void * thread_a_function(void * arg) {
    printf("Thread A started.\n");

    // 获得互斥锁
    pthread_mutex_lock(&mutex);

    // 等待条件变量的信号
    while (shared_data == 0) {
        pthread_cond_wait(&cond_var, &mutex);
    }

    // 条件满足
    printf("Thread A received signal. Shared data: %d\n", shared_data);

    // 释放互斥锁
    pthread_mutex_unlock(&mutex);

    printf("Thread A finished.\n");
    return NULL;
}

void * thread_b_function(void * arg) {
    printf("Thread B started.\n");

    // 等待一段时间,模拟耗时操作
    sleep(2);

    // 设置共享资源,并发送信号给线程 A
    pthread_mutex_lock(&mutex);
    shared_data = 42;
    pthread_cond_signal(&cond_var);
    pthread_mutex_unlock(&mutex);
```

```
    printf("Thread B finished.\n");
    return NULL;
}

int main() {
    pthread_t thread_a, thread_b;

    // 创建线程 A 和线程 B
    if (pthread_create(&thread_a, NULL, thread_a_function, NULL) != 0) {
        perror("Failed to create thread A.");
        return 1;
    }

    if (pthread_create(&thread_b, NULL, thread_b_function, NULL) != 0) {
        perror("Failed to create thread B.");
        return 1;
    }

    // 等待线程 A 和线程 B 结束
    if (pthread_join(thread_a, NULL) != 0) {
        perror("Failed to join thread A.");
        return 1;
    }

    if (pthread_join(thread_b, NULL) != 0) {
        perror("Failed to join thread B.");
        return 1;
    }

    // 销毁互斥锁和条件变量
    pthread_mutex_destroy(&mutex);
    pthread_cond_destroy(&cond_var);

    printf("Main thread exiting.\n");

    return 0;
}
```

上述代码在线程 B 中设置了共享资源 shared_data 的值为 42,并通过条件变量 cond_var 发送信号给线程 A。接下来,在线程 A 中收到信号后,将输出 shared_data 的值,运行结果如下:

```
Thread A started.
Thread B started.
Thread B finished.
Thread A received signal. Shared data: 42
Thread A finished.
Main thread exiting.
```

7.3 线程属性

7.3.1 概述

线程属性是一个用于配置线程行为的机制。在创建线程时,可以通过线程属性来设置一些线程的特性,例如线程的栈大小、调度策略、继承的属性等。线程属性由 pthread_attr_t 类型表示,并通过相关的函数进行初始化、销毁和设置。线程属性联合体 pthread_attr_t 是一个用于保存线程属性信息的数据结构,在使用 POSIX 线程库时经常用到,定义如下:

```
typedef struct pthread_attr_t {
    // 分离状态:用于设置线程的分离状态
    int detachstate;

    // 调度策略:用于设置线程的调度策略
    int sched_policy;

    // 调度参数:用于设置线程的调度参数
    struct sched_param schedparam;

    // 继承性:用于设置线程的继承性
    int inheritsched;

    // 作用性:用于设置线程的作用性
int scope;

    // 缓冲区大小:用于设置线程栈的保护区域大小,用于防止栈溢出
```

```
    size_t guard_size;

    // 栈位置:用于设置线程栈的起始地址
    void * stack_addr;

    // 栈大小:用于设置线程栈的大小
    size_t stack_size;

} pthread_attr_t;
```

pthread_attr_t 联合体包含了以下字段:

1) detachstate: 用于设置线程的分离状态,取值可以是 PTHREAD_CREATE_JOINABLE 或 PTHREAD_CREATE_DETACHED。当设置为 PTHREAD_CREATE_JOINABLE 时,表示线程是可连接的,主线程可以通过 pthread_join()函数等待该线程的结束;当设置为 PTHREAD_CREATE_DETACHED 时,表示线程是分离的,线程结束后会自动释放资源,不需要主线程调用 pthread_join()。

2) sched_policy: 用于设置线程的调度策略,取值可以是 SCHED_FIFO、SCHED_RR 或 SCHED_OTHER。不同的调度策略有不同的调度算法,可以影响线程的优先级和运行顺序。

3) schedparam: 用于设置线程的调度参数,是一个结构体 sched_param,包含了优先级等信息。可以使用 pthread_attr_setschedparam()函数来设置该字段的值。

```
int pthread_attr_setschedparam(pthread_attr_t * attr, const struct sched_param *
param);
```

- attr 是指向线程属性对象的指针,可以在其中设置线程的调度参数;
- param 是一个指向 struct sched_param 的指针,它包含了有关线程调度的信息,主要包括优先级。

pthread_attr_setschedparam()函数的目的是将 param 中的调度参数应用于 attr 指向的线程属性对象。

4) inheritsched: 用于设置线程的继承性,取值可以是 PTHREAD_INHERIT_SCHE 或 PTHREAD_EXPLICIT_SCHED。当设置为 PTHREAD_INHERIT_SCHED 时,表示线程的调度属性会继承自创建它的线程;当设置为 PTHREAD_EXPLICIT_SCHED 时,表示线程的调度属性需要显式地设置。

5) scope: 用于设置线程的作用性,取值可以是 PTHREAD_SCOPE_SYSTEM 或 PTHREAD_SCOPE_PROCESS。当设置为 PTHREAD_SCOPE_SYSTEM 时,表示线程是系统范围的,可以在不同的进程间共享;当设置为 PTHREAD_SCOPE_PROCESS 时,表示线程是进程范围的,只能在创建它的进程内部共享。

6) guard_size: 用于设置线程栈的保护区域大小,防止栈溢出。

7) stack_addr 和 stack_size：用于设置线程栈的起始地址和大小。在创建线程时，可以使用这两个字段来指定线程栈的位置和大小。

以上这些字段可以通过相应的 pthread_att 系列函数来设置，然后将 pthread_attr_t 联合体作为参数传递给 pthread_create()函数来创建线程，从而灵活地控制线程的行为和特性。

7.3.2 线程属性初始化和销毁

线程属性初始化是在创建线程之前，将 pthread_attr_t 结构体的字段设置为合适的初始值或特定属性。初始化线程属性是通过 pthread_attr_init()函数来实现的，其函数原型如下：

```
#include <pthread.h>
int pthread_attr_init(pthread_attr_t *attr);
```

- attr 为指向 pthread_attr_t 结构体对象的指针，用于传递要初始化的线程属性。若成功，初始化线程属性返回 0，失败则返回对应的错误码。

初始化线程属性的步骤如下：

1) 创建 pthread_attr_t 结构体变量：

```
pthread_attr_t attr;
```

2) 初始化线程属性：

```
int result = pthread_attr_init(&attr);
if (result != 0) {
    // 线程属性初始化失败处理
    // 可以使用 strerror(result) 获取错误信息
    fprintf(stderr, "pthread_attr_init failed: %s\n", strerror(result));
    return 1;
}
```

3) 使用设置好的线程属性：在需要设置特殊属性的线程上，将初始化好的 pthread_attr_t 结构体作为参数传递给 pthread_create()函数，以创建具有特定属性的线程。

```
pthread_t thread_id;
pthread_create(&thread_id, &attr, thread_function, NULL);
```

4) 销毁线程属性：在使用完线程属性后，应该使用 pthread_attr_destroy()函数来销毁线程属性对象，以释放相关资源。

```
pthread_attr_destroy(&attr);
```

值得注意的是,如果不需要设置特殊的线程属性,可以直接使用默认的线程属性[通过pthread_attr_init()初始化]来创建线程。

7.3.3 设置线程分离状态

线程属性 detachstate 是线程的分离状态属性,用于指定线程的行为,即线程是可连接的还是分离的。该属性是一个整数字段,可以设置为以下两个取值:

1) PTHREAD_CREATE_JOINABLE(默认值)表示线程是可连接的。在这种状态下,线程在结束时并不会自动释放资源,而是需要其他线程调用 pthread_join()来等待该线程的结束,并回收其资源。这样可以确保其他线程能够正确地获取该线程的返回值。

2) PTHREAD_CREATE_DETACHED 表示线程是分离的。在这种状态下,线程在结束时会自动释放所有资源,无需其他线程调用 pthread_join()来等待。分离线程不能被其他线程连接,因此它不会阻塞其他线程的执行。

获取和设置线程的 detachstate 属性可以通过 pthread_attr_getdetachstate()函数和pthread_attr_setdetachstate()函数来实现。

```
#include <pthread.h>
int pthread_attr_getdetachstate(const pthread_attr_t *attr, int *detachstate);
int pthread_attr_setdetachstate(pthread_attr_t *attr, int detachstate);
```

- pthread_attr_getdetachstate()用于获取线程属性对象 attr 中的分离状态,并将结果保存在 detachstate 指向的整型变量中;
- pthread_attr_setdetachstate()用于设置线程属性对象 attr 中的分离状态为 detachstate。成功则返回 0,否则返回错误码。

值得注意的是,选择适当的分离状态取决于线程的使用场景和设计需求。如果希望在主线程中等待子线程的完成,并获取子线程的返回值,那么应该选择 PTHREAD_CREATE_JOINABLE,并在主线程中使用 pthread_join()等待子线程的结束。如果希望子线程在完成后自动释放所有资源,无需主线程等待,那么可以选择 PTHREAD_CREATE_DETACHED。这在创建的线程执行完毕后,无需主线程等待,不需要回收线程资源的情况下非常有用,可以有效地避免资源泄漏。一旦线程被设置为分离线程(PTHREAD_CREATE_DETACHED),就不能再将其设置回可连接状态(PTHREAD_CREATE_JOINABLE)。在默认情况下,线程的分离状态是 PTHREAD_CREATE_JOINABLE,因此如果不显式设置,线程将保持可连接状态。

7.3.4 线程栈

获取和设置线程栈相关属性可以通过线程属性对象 pthread_attr_t 来完成。线程属性对象包含了多个字段,其中涉及线程栈的属性有以下几个:

1) stack_size 用于存储线程栈的大小。它表示线程栈所占用的内存大小,以字节为单位。通过 pthread_attr_getstacksize()函数获取线程栈的大小:

```
#include <pthread.h>
int pthread_attr_getstacksize(const pthread_attr_t *attr, size_t *stacksize);
```

函数用于获取线程属性对象 attr 中保存的线程栈大小,并将其存储在指针 stacksize 指向的变量中。stacksize 是一个输出参数,它将返回线程栈的大小。代码示例如下:

```
#include <stdio.h>
#include <pthread.h>

int main() {
    pthread_attr_t attr;
    size_t stack_size;

    // 初始化线程属性
    pthread_attr_init(&attr);

    // 获取线程栈大小
    pthread_attr_getstacksize(&attr, &stack_size);

    printf("Thread stack size: %zu bytes\n", stack_size);

    // 销毁线程属性对象
    pthread_attr_destroy(&attr);

    return 0;
}
```

通过 pthread_attr_setstacksize()函数设置线程栈的大小:

```
#include <pthread.h>
int pthread_attr_setstacksize(pthread_attr_t *attr, size_t stacksize);
```

函数用于将线程属性对象 attr 中的线程栈大小设置为 stacksize 指定的大小。stacksize 应该是一个大于零的整数,以字节为单位表示线程栈的大小。代码示例如下:

```
#include <stdio.h>
#include <pthread.h>

int main() {
    pthread_attr_t attr;
```

```
    size_t stack_size = 2 * 1024 * 1024; // 2MB

    // 初始化线程属性
    pthread_attr_init(&attr);

    // 设置线程栈大小
    pthread_attr_setstacksize(&attr, stack_size);

    // 销毁线程属性对象
    pthread_attr_destroy(&attr);

    return 0;
}
```

2）stack_addr 用于存储线程栈的地址。通过 pthread_attr_getstack()函数获取线程栈地址：

```
#include <pthread.h>
int pthread_attr_getstack(const pthread_attr_t * attr, void * * stackaddr, size_t *
stacksize);
```

函数用于获取线程属性对象 attr 中保存的线程栈的起始地址，并将其存储在指针 stackaddr 指向的变量中。同时，该函数还会获取线程栈的大小，并将其存储在指针 stacksize 指向的变量中。stackaddr 和 stacksize 都是输出参数，代码示例如下：

```
#include <stdio.h>
#include <pthread.h>

int main() {
    pthread_attr_t attr;
    void * stack_addr;
    size_t stack_size;

    // 初始化线程属性
    pthread_attr_init(&attr);

    // 获取线程栈地址和大小
    pthread_attr_getstack(&attr, &stack_addr, &stack_size);
```

```
    printf("Thread stack address: %p\n", stack_addr);
    printf("Thread stack size: %zu bytes\n", stack_size);

    // 销毁线程属性对象
    pthread_attr_destroy(&attr);

    return 0;
}
```

通过 pthread_attr_setstack()函数设置线程栈地址：

```
#include <pthread.h>
int pthread_attr_setstack(pthread_attr_t *attr, void *stackaddr, size_t stacksize);
```

函数用于将线程属性对象 attr 中的线程栈地址设置为 stackaddr 指定的地址，并设置线程栈大小为 stacksize 指定的大小。stackaddr 是一个指向线程栈起始地址的指针，stacksize 是一个大于零的整数，以字节为单位表示线程栈的大小，代码示例如下：

```
#include <stdio.h>
#include <pthread.h>

int main() {
    pthread_attr_t attr;
    void *stack_addr = NULL;
    size_t stack_size = 2 * 1024 * 1024; // 2MB

    // 初始化线程属性
    pthread_attr_init(&attr);

    // 设置线程栈地址和大小
    pthread_attr_setstack(&attr, stack_addr, stack_size);

    // 销毁线程属性对象
    pthread_attr_destroy(&attr);

    return 0;
}
```

值得注意的是，在设置线程栈地址时，应确保 stackaddr 所指向的内存空间是合法且足够大的。通常情况下，可以让系统自动分配线程栈地址。

7.4 小结

本章介绍了线程编程的关键概念与操作，包括线程概述，线程操作函数以及线程属性等。涉及线程与进程的关系，线程的各种状态，线程的创建、退出、等待、分离以及同步操作，并借助诸多代码示例展示了线程操作函数的应用。通过对线程属性的讨论，用户将学会如何初始化、销毁并设置线程的各种属性，包括栈大小和分离状态等。本章为实现高效的多任务处理和并发操作提供了丰富的知识基础。

第八章

网 络 编 程

计算机网络是指地理位置不同的多台计算机及其外部设备通过通信线路互连,并在网络通信协议和操作系统的管理和协调下,实现资源共享、远程控制和信息传递的计算机系统。计算机网络的发展极大地方便了人们的生活和工作,使得信息的传递变得更加高效、方便和快捷。同时,计算机网络的应用也涵盖了各个领域,例如电子商务、在线娱乐、社交网络、在线教育等,成为现代社会的重要基础设施之一,具有重要的作用和意义。

8.1 计算机网络的发展

随着计算机技术和通信技术的不断发展,作为两者结合发展而来的计算机网络也经历了从单机到多机,从简单到复杂的发展过程。追溯计算机网络的发展历史,可以概括地分成四个阶段:面向终端的单机系统;多机互联系统;面向标准化的计算机网络;面向高速、智能、全球互连的计算机网络。

8.1.1 面向终端的单机系统

20 世纪 50～60 年代,计算机网络的发展开始于单台计算机和终端之间的连接。单机系统的结构如图 8—1 所示,该系统由一台中央主计算机连接多台位置分散的终端。这类简单的"终端—通信线路—计算机"系统,形成了计算机网络的雏形。当时的主要目标是实现基本的远程数据处理和交换,主要有 4 个特点:

1) 系统的可靠性主要由主机决定。除了一台中央计算机外,其余的终端都没有自主处理的功能。

2) 基于点对点的简单网络架构,缺乏灵活性和可扩展性。

3) 终端使用专有通信线路连接主机,通信线路利用率较低。

4) 由于通信线路和终端设备的限制,无法满足大规模数据传输和高速通信的需求。

8.1.2 多机互联系统

20 世纪 60 年代中期,以通信子网为中心并由若干台计算机互连成一个系统,即利用通信线路将多台计算机连接起来,实现计算机与计算机之间的通信。该阶段的计算机网络由

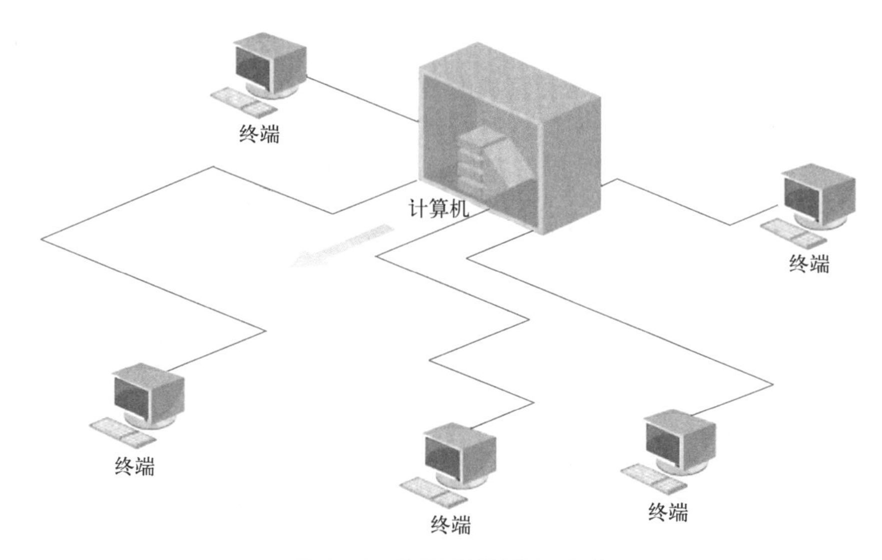

图 8—1　单机系统结构示意图

两级子网构成,即通信子网和资源子网。通信子网是指网络中传输数据的设备和传输介质,包括路由器、交换机、传输线路等,其主要作用是将数据从源节点传输到目的节点,实现数据的传输和交换。资源子网是指网络中的计算机、存储设备等资源,包括主机、服务器、存储设备等,其主要作用是提供计算和存储服务。多机互联系统的出现开创了"计算机—计算机"通信的时代,呈现出多处理中心的特点,使得计算机网络从以主机为中心演变到以通信子网为中心的互联网络。多机互联系统的结构如图 8—2 所示。

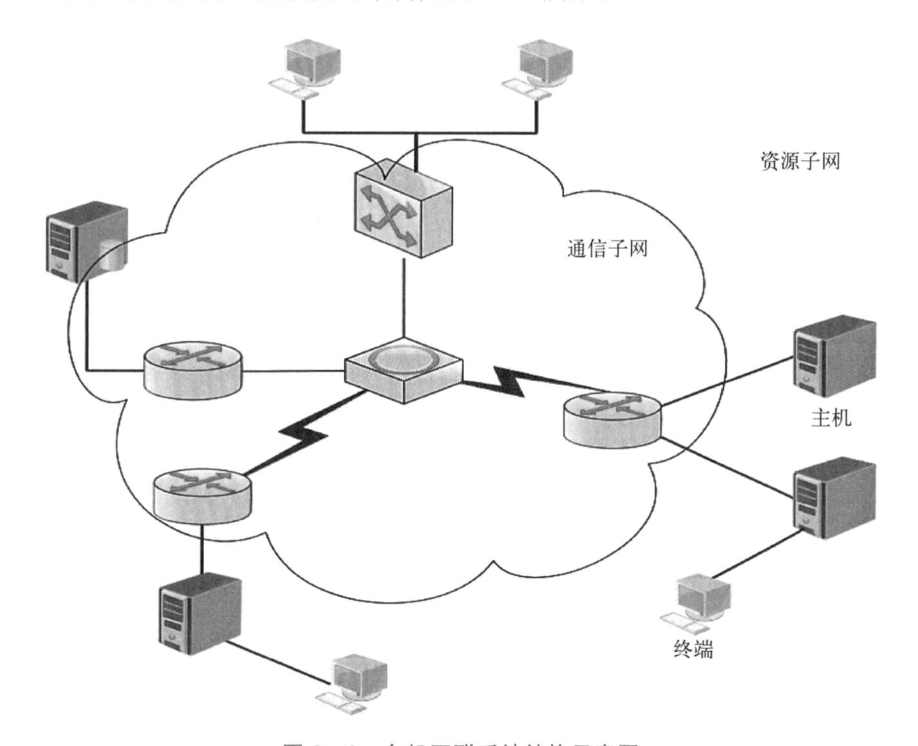

图 8—2　多机互联系统结构示意图

其中,典型的网络实例为 1969 年建成的 ARPANET,它是由四所高校的计算机联结而成,这也是全球第一个多机互联结构计算机网络。该网络的目的是为了提高各大学之间的信息共享和资源共享能力,同时也可以在遇到紧急情况时进行紧急通信。ARPANET 的出现是计算机网络发展的里程碑,这个网络最后演变成了现在的因特网(Internet)。

8.1.3 面向标准化的计算机网络

20 世纪 70 年代末,微型计算机得到了广泛的应用。不同的计算机厂商研制设计了各自的网络体系结构和网络产品,例如 IBM 公司的系统网络体系结构 SNA,DEC 公司的 DECNET。按照某一厂商的网络体系结构产生的计算机网络软硬件产品只能在本厂商生产的网络产品之间进行互联,无法与其他厂商的网络产品互联。这些厂商的网络产品组成的计算机网络系统形成了“封闭系统”。因此,如何将不同厂商的微型计算机、工作站、小型计算机等连接起来,以达到资源共享和信息传递的目的成了迫在眉睫的问题。为了促使不同厂商的网络设备之间的互连,国际标准化组织(ISO)于 1984 年发布了“开放性系统互连基本参考模型”(Open System Interconnection Basic Reference Model, OSI),该模型将计算机网络系统划分为七个层次,依次是物理层、数据链路层、网络层、传输层、会话层、表示层、应用层。每个层次都定义了相应的协议和接口,为计算机网络的设计和实现提供了标准化的框架。遵循 OSI 设计的计算机网络系统为“开放系统”。在这一阶段,TCP/IP 协议有了长足的发展,称为 ARPANET 的正式协议,采用 IP 协议实现了异构计算机和异构计算机网络的互联。

面向标准化的计算机网络是计算机网络发展的一个重要阶段,标志着计算机网络逐渐从单一的计算机—计算机网络向多种类型的网络转变,大大加速了计算机网络的发展,开创了一个具有统一的网络体系结构、遵循国际标准化协议的计算机网络的新时代。

8.1.4 面向高速、智能、全球互连的计算机网络

面向高速、智能、全球互连的计算机网络阶段是计算机网络发展的第四个阶段,这个阶段的特点是计算机网络的高速化、智能化、全球互联。这一时期在计算机网络技术以高速率、高服务质量、高可靠性等为指标,出现了高速以太网、VPN、无线网络、P2P 网络、NGN 等技术,计算机网络的发展与应用渗入人们生活的各个方面,进入一个多层次的发展阶段。主要包括以下方面的发展:

1) 高速网络技术的发展:高速网络技术,如光纤通信、ATM(异步传输模式)、SDH(同步数码体系)、SONET(同步光纤网络)等,使得计算机网络的速度得到了显著提高。

2) 无线网络技术的普及:无线网络技术的发展,如蓝牙、Wi-Fi、3G、4G、5G 等,使得计算机网络不再局限于有线网络,用户可以通过无线网络随时随地进行通信和信息交流。

3) 云计算和大数据技术的应用:云计算和大数据技术的应用,如云存储、云计算、人工智能、物联网等,使得计算机网络可以支持更多的应用场景,如大规模的数据处理、分布式计算、智能化的决策等。

4) 安全和隐私保护技术的发展:随着计算机网络的普及和应用,网络安全和隐私保护问题越来越重要,各种网络安全技术和隐私保护技术不断发展和完善,如加密技术、身份认证、访问控制等。

5) IPv6 的推广：IPv6 是下一代互联网协议，它的地址空间更大，支持更多的设备和应用场景，已经成为全球互联网的发展趋势，越来越多的设备和应用正在逐渐使用 IPv6 协议。

8.2 网络体系结构

8.2.1 OSI 参考模型

随着网络技术的飞速发展，各种网络设备应运而生。然而，不同的厂商依据各自标准生产的网络设备大多不能兼容。面对不同体系结构的网络间信息难以交换的问题，国际标准化组织(Intemational Organization for Standardization, ISO)于 1984 年提出了开放系统互连参考模型(Open System Interconnection Reference Model, OSI/RM)。OSI 参考模型采用了分层体系结构，网络系统由若干层构成，各层实现不同的功能。其中，各层的功能都以协议形式规范描述，协议定义了该层同一个对等层通信所使用的一套规则和约定。各层向相邻上层提供一套确定的服务，并且使用与之相邻的下层所提供的服务。作为 OSI 参考模型的一个重要特征，分层体系结构能够将复杂的网络通信过程分解到各个功能层。各层的设计和测试并不依赖于操作系统或其他因素，各层间也无需了解其他层的功能实现。通过层次划分，可以把开放系统的信息交换问题分解到一系列容易控制的软/硬件模块层中，而各层可以根据需要独立进行修改或扩充功能。同时，便于不同制造厂家的设备互连。

OSI 模型分七层，从低到高分别是物理层、数据链路层、网络层、传输层、会话层、表示层、应用层，如图 8—3 所示。

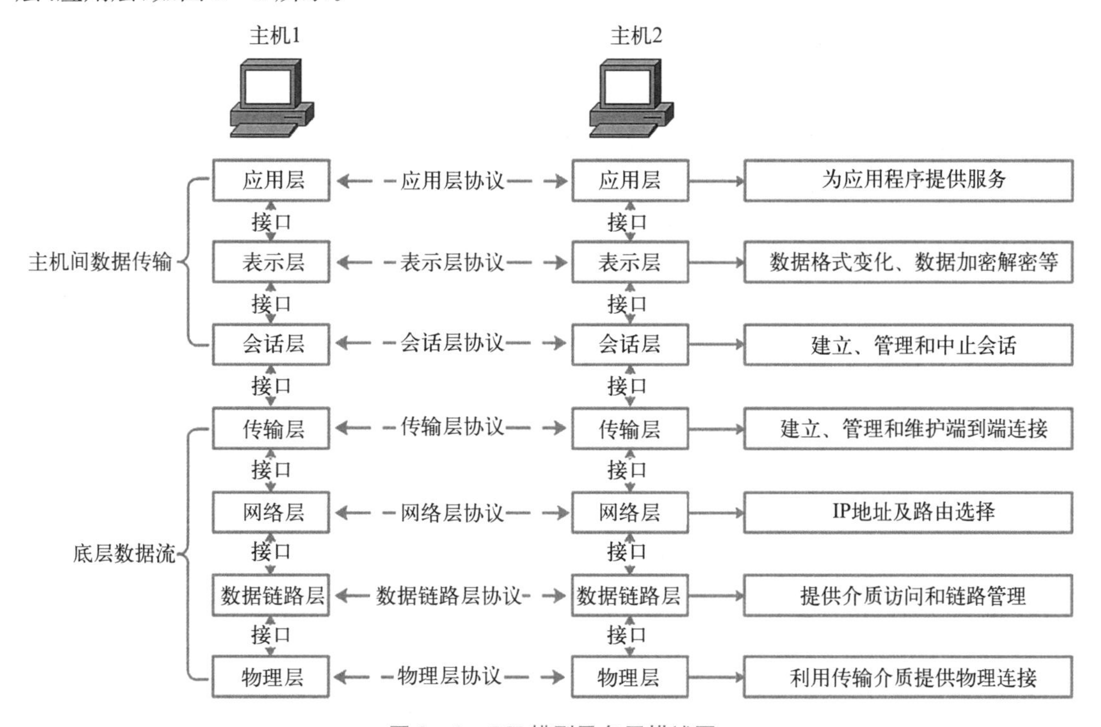

图 8—3 OSI 模型及各层描述图

1. 物理层

物理层(Physical Layer)位于 OSI 模型的最底层,其主要功能是利用传输介质为数据链路层提供物理连接,负责数据流的物理传输工作,并提供透明的比特流传输。具体体现在物理层中报文和上层数据信息都是由二进制数组成的,物理层将这些二进制数字组成的比特流转换成电信号在网络中传输。物理层的连接可以是全双工或半双工方式;传输方式可以是异步或同步方式;基本单位是比特流,即 0 和 1,也就是最基本的电信号或光信号,是最基本的物理传输特征。物理层构建在物理传输介质和硬件设备相连接之上,向上服务于紧邻的数据链路层。

物理层协议主要规定了数据终端设备(DTE)与数据通信设备(DCE)之间的接口标准:

1) 数据终端设备(Data Terminal Equipment, DTE)是指能够收发和处理数据的设备,包括 PC、路由器等。

2) 数据通信设备(Data Communications Equipment, DCE)提供信号变换和编码功能,并负责建立、保持和释放链路的连接,包括广域网交换机、CSU/DSU 等。

物理层还通过各类协议定义了网络的机械特性、电气特性、功能特性和规程特性:

1) 机械特性:规定接口的外形、大小、引脚数和排列、固定位置;

2) 电气特性:规定接口电缆上各条线路出现的电压范围;

3) 功能特性:指明某条线上出现某一电平表示何种意义;

4) 规程特性:指明各种可能事件出现的顺序。

2. 数据链路层

数据链路层(Data Link Layer)是 OSI 模型的第二层,建立在物理层之上,为网络层提供可靠的数据传输服务。数据链路层通过建立数据链路连接来传输数据帧,数据帧由数据加上源和目的方的物理地址(MAC 地址)组成。这些地址用于标识网卡的物理位置,从而建立数据链路。当发现数据错误时,数据帧可以进行重传。其中,数据链路层的功能包括:

1) 链路连接的建立、拆除和分离:在传输数据的过程中,通信实体之间的连接是有生存期的,数据链路层应该能够建立、拆除和分离这些连接,以便实现可靠的数据传输。

2) 帧定界和帧同步:数据链路层的数据传输单位是帧,考虑到不同协议下帧的长度和界面不同,必须对帧进行定界和同步,以便正确地识别帧的起始和结束位置,保证数据的准确传输。

3) 顺序控制:数据链路层应该对帧的收发顺序进行控制,以确保数据按照正确的顺序传输。

4) 差错检测、恢复:数据链路层通过使用差错检测技术(如方阵码效验和循环码效验)来检测信道上数据的误码,以及使用序号检测来处理帧丢失等错误,同时采用反馈重发技术来完成各种错误的恢复。

5) 链路标识、流量/拥塞控制:数据链路层应该能够标识链路以及控制流量和拥塞,以确保数据的高效传输。

3. 网络层

网络层(Network Layer)是 OSI 模型的第三层,位于传输层和数据链路层之间。网络层通过路由选择算法,在通信子网中为报文或分组选择适当的路径,将数据从源端经过多个中间节点传送到目的端，为传输层提供基本的端到端数据传输服务。该层控制信息的转发，建立、维持和终止网络的连接。具体来说，该层将数据链路层传输的数据转换为数据包，并通过路径选择、分段组合、顺序、进/出路由等控制，将信息从一个网络设备传送到另一个网络设备。不同于数据链路层只解决同一个网络内节点之间的通信，网络层是解决不同子网之间的通信。网络层的功能包括定义逻辑源地址和逻辑目的地址，提供寻址方法，并链接不同的数据链路层。而实现网络层功能时，需要解决的主要问题包括：

1）寻址：数据链路层中使用的物理地址（如 MAC 地址）仅解决网络内部的寻址问题。不同子网之间的通信需要使用逻辑地址（如 IP 地址）来识别和找到网络中的设备。

2）交换：确定信息交换方式。常见的交换技术有线路交换技术和存储转发技术，后者又包括报文交换技术和分组交换技术。

3）路由算法：网络层可以根据路由算法从源节点到目的节点间的多条路径中选择最佳路径，并将信息由发送端沿着最合适的路径传送到接收端。

4. 传输层

传输层（Transport Layer）是 OSI 模型的第四层，它实现了网络中不同主机上的用户进程之间的数据通信，并为用户提供可靠的端到端数据传输服务。具体表现为传输层提供会话层和网络层之间的数据传输服务，该服务从会话层获取数据并在必要时对其进行分割。然后，传输层将数据传递到网络层，并确保数据能够正确传输到目标。传输层负责提供两个节点之间的可靠数据传输，一旦两个节点建立联系，传输层便会监督这个链接。传输层作为通信子网和资源子网之间的接口和桥梁，对数据的通信和处理发挥着至关重要的作用。在传输层中常用的协议包括 TCP/IP 中的 TCP 协议、Novell 网络中的 SPX 协议和微软的 NetBIOS/NetBEUI 协议。其中，传输层的主要功能如下：

1）传输连接管理：提供建立、维护和拆除传输连接的功能。传输层为高层提供了“面向连接”和“面向无连接”的两种服务。

2）处理传输差错：提供可靠的“面向连接”和不太可靠的“面向无连接”的数据传输服务，以及差错控制和流量控制。如果传输的数据没有在指定时间内得到确认，传输层将重新发送数据。

3）监控服务质量：传输层还会监控连接的质量，以确保传输的数据能够按照要求传输。

5. 会话层

会话层（Session Layer）是 OSI 模型的第五层，它通过执行多种机制在应用程序间建立、维持和终止会话。用户可以使用半双工、单工和全双工的方式建立会话。建立会话时，用户需要提供他们想要连接的远程地址，这些地址与 MAC 地址或网络层的逻辑地址不同，更便于用户记忆。例如，域名（DN）就是一种网络上使用的远程地址。会话层机制包括计费、话路控制、会话参数协商等。常见的会话层协议有：结构化查询语言（Structed Query Language，SQL）、网络文件系统（Network File System，NFS）系统等。会话层的具体功能如下：

1）会话管理：允许用户在两个实体设备之间建立、维持和终止会话，并支持它们之间的数据交换。例如，提供单向或双向同时会话，并管理会话中的发送顺序，以及会话所占用的时间长度。

2）会话流量控制：提供会话流量控制和交叉会话功能。

3）寻址：使用远程地址建立会话连接。

4）错误控制：会话层负责检查来自传输层的数据，并纠正错误，例如磁盘空间、打印机缺纸等类型的高级错误。该层还具备会话控制和远程过程调用等功能。

6. 表示层

表示层(Presentation Layer)是 OSI 模型的第六层，它负责解释应用层发送的命令和数据，对各种语法赋予相应的含义，按照一定的格式传送给会话层。也就是说，表示层能够将接收到的数据翻译成二进制数组成的计算机语言，主要包括数据格式转换、数据加密与解密、数据压缩与解压等，具体如下：

1）数据格式处理：协商和建立数据交换的格式，解决各应用程序之间在数据格式表示上的差异。

2）数据的编码：负责处理字符集和数字的转换，以实现不同字符集或格式之间的转换。

3）压缩和解压缩：为了减少数据的传输量，该层还负责数据的压缩与恢复。

4）数据的加密和解密：为了提高网络的安全性，表示层还负责数据的加密和解密。

7. 应用层

应用层(Application Layer)是 OSI 模型的最高层。作为人机交互的窗口，用户可以通过应用层把人的语言输入到计算机当中去，为网络用户之间的通信提供专用的程序服务。这些服务按其向应用程序提供的特性分成组，并称为服务元素。应用层服务元素又分为公共应用服务元素(Common Application Service Element, CASE)和特定应用服务元素(Specific Application Service Element, SASE)。此外，应用层还负责建立应用程序与网络操作系统之间的联系，协调不同应用程序之间的工作以及完成网络用户提出的各种网络服务和应用所需的协议、管理和服务等。其中，应用层为用户提供的服务和协议包括：文件传输服务(FTP)、远程登录服务(Telnet)、数据库服务等。

应用层的主要功能如下：

1）用户接口：应用层是用户与网络、应用程序与网络之间的直接接口，使得用户能够与网络进行交互式联系。

2）实现各种服务：应用层的各种应用程序能够完成和实现用户请求的各种服务。

从网络功能的角度来看，OSI 模型的前 4 层(物理层、数据链路层、网络层和传输层)主要提供节点到节点的通信、数据传输和交换功能。第 4 层作为上下两个部分的桥梁，是整个网络体系结构中最关键的部分。后面的 3 层(会话层、表示层和应用层)主要提供用户与应用程序之间的信息和数据处理功能。简单地说，前 4 层主要完成通信子网的功能，后面 3 层主要完成资源子网的功能。OSI 模型的通信协议如表 8—1：

表 8—1　OSI 模型通信协议

层　次	协　　议
应用层	HTTP、SMTP、SNMP、FTP、Telnet 等
表示层	NCP、XDR 等

续　表

层　次	协　议
会话层	ASAP、SSH、ASP 等
传输层	TCP、UDP 等
网络层	IP、ICMP、ARP、RARP 等
数据链路层	以太网、令牌环、帧中继、IEEE 802.11 等
物理层	网线、光缆、无线电等

8.2.2　数据封装与解封装

不同主机之间的数据传输需要进行数据封装和解封装，如图 8—4 所示。

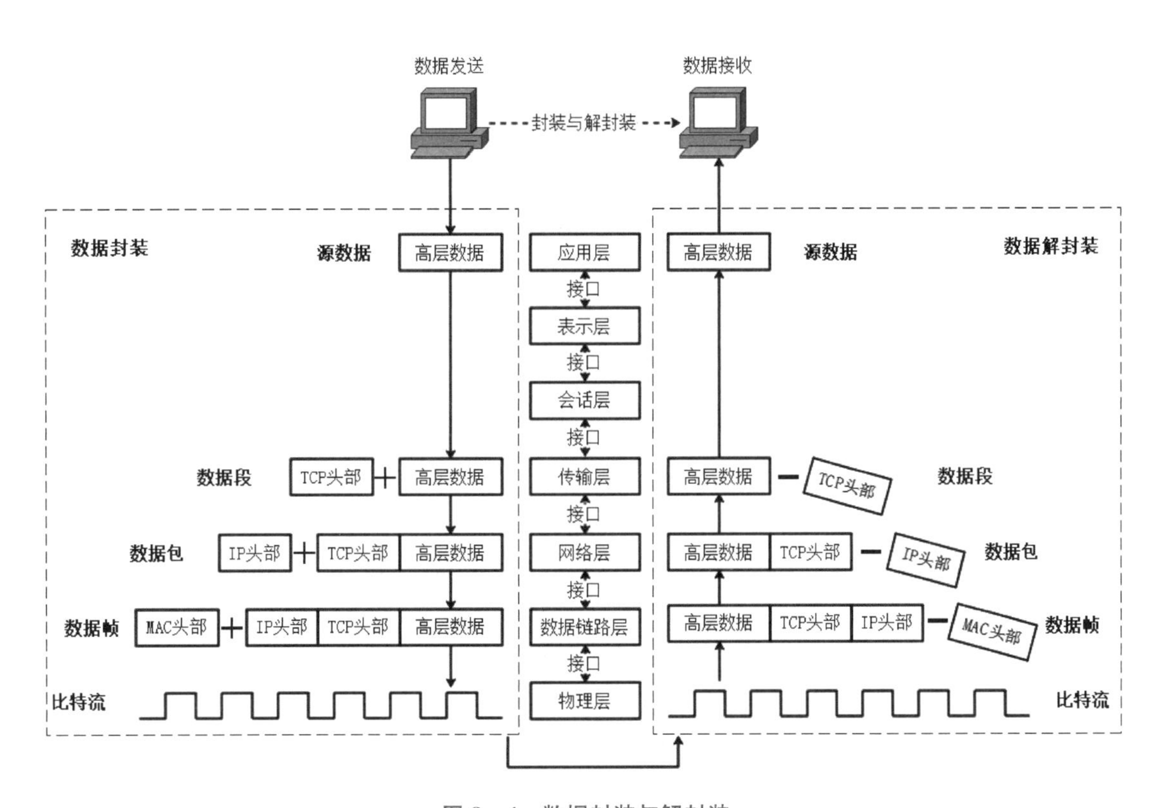

图 8—4　数据封装与解封装

1. 封装

封装指的是数据由高层传输到低层后需要添加低层中的控制信息，一般是添加报头和报尾，从而形成本层数据的过程。各层封装后的协议数据单元(Protocol Data Units，PDU)

都有特定的名称,在应用层、表示层、会话层的 PDU 统称为 data(数据),在传输层 PDU 称为 segment(数据段),在网络层 PDU 称为 packet(数据包),数据链路层 PDU 称为 frame(数据帧),在物理层 PDU 称为 bits(比特流)。

数据由高层到底层的封装过程如下:

1) 数据到达应用层时,应用层会添加本层的控制报头形成应用层数据单元,随后传输到传输层;

2) 传输层接收到数据后,会加上本层的 TCP 头部组成数据段,然后将数据段传输到网络层;

3) 网络层会将收到的数据段添加 IP 头部形成数据包,然后将数据包传输到数据链路层;

4) 数据链路层接收到数据包后,会添加 MAC 头部信息形成数据帧,并将其传输至物理层;

5) 物理层将以比特流的形式将数据输出到传输介质上进行传输。

2. 解封装

解封装指的是数据被目标端接收后需要逐层向上传输,数据到达隔层后依次摘除本层的报头和报尾的过程。

数据由低层到高层的解封装过程如下:

1) 数据以比特流的形式发送到目标端的物理层,并向上传输至数据链路层;

2) 数据链路层检查 MAC 地址,并将 MAC 头部(也就是控制报头)拆下,随后将数据上传到网络层;

3) 网络层查看 IP 地址,并将 IP 头部拆掉,随后将数据上传到传输层;

4) 传输层检查 TCP 头部,并将 TCP 头部拆掉,随后将数据上传到应用层;

5) 应用层将接收到的二进制数据转化为源数据。

8.2.3 TCP/IP 协议

尽管 OSI 模型是一个理想的模型,但实际上很少有系统能够涵盖全部 7 层,并且完全符合其规范。通常,网络系统只涉及其中几层。例如 TCP/IP 协议将 7 层 OSI 模型简化为 4 层以便于使用,其对应关系如图 8—5 所示。

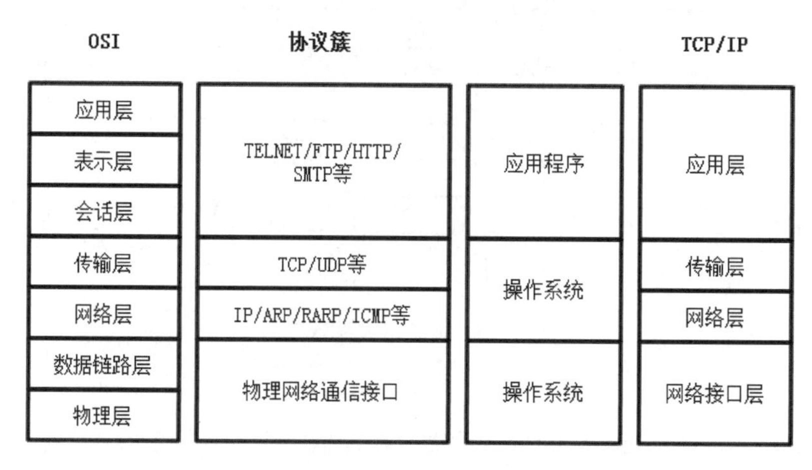

图 8—5 对应关系

TCP/IP(Transmission Control Protocol/Internet Protocol)指的是传输控制协议和网络协议。TCP/IP 协议不是仅有 TCP 协议和 IP 协议，而是一个协议簇，包含了一系列构成互联网基础的网络协议。其中，IP 协议是 TCP/IP 协议的核心，负责将数据包从源地址传输到目标地址。TCP 协议则是建立在 IP 协议之上的协议，它提供了一种可靠的、面向连接的数据传输机制。除了 TCP 和 IP 协议外，TCP/IP 协议还包括许多其他协议，如用户数据报协议(UDP)、互联网控制消息协议(ICMP)和地址解析协议(ARP)等。这些协议共同工作，使得 TCP/IP 协议成为互联网通信的基石，为全球各种设备和网络提供了一个通用的标准。

1. 网络层

TCP/IP 协议网络层的作用是在复杂的网络环境中为要发送的数据报找到一个合适的路径进行传输。其中，网络层协议包括 IP(网际协议)，ARP(地址解析协议)，RARP(反向地址解析协议)，ICMP 协议(Internet 互联网控制报文协议)等。

1) IP 协议概述

IP 协议是 TCP/IP 协议的核心，它的主要作用是将数据分组，并从源地址传送到目的地址，为网络中的计算机之间的通信提供服务。然而 IP 协议不是一种可靠的协议，它没有提供一种处理未传输数据的机制，这正是上层协议 TCP 或 UDP 所要负责的工作。其中，IP 协议的特点如下：

① 无连接性：IP 协议不需要在发送数据前先建立连接，也不需要在数据传输后断开连接。

② 不可靠性：IP 协议不能保证数据传输的可靠性，数据包可能会被丢失、损坏、重复或者乱序。

③ 无状态性：IP 协议不维护连接状态，每个数据包都是独立的，没有关联关系。

2) IP 协议地址

在计算机通信中，地址用于标识和定位网络上的设备、主机或路由器。在数据链路层，MAC 地址被用于标识同一链路中不同的计算机。而在网络层，IP 地址被用于标识通信的目标地址。因此在 TCP/IP 通信中，每台主机或路由器都必须设定自己的 IP 地址。无论主机连接的是哪种数据链路，它的 IP 地址的形式都不会改变。IP 地址(IPv4 地址)由 32 位正整数来表示，并且在计算机内部以二进制方式处理。我们通常将 32 位的 IP 地址分成 4 个 8 位二进制数的组合，每组用"."隔开，然后将每个二进制数转换成十进制数。其表示形式以及地址范围为：00000000.00000000.00000000.00000000～11111111.11111111.11111111.11111111，即 0.0.0.0～255.255.255.255。

IP 地址(IPv4)分为网络标识和主机标识两部分。网络标识是用来标识一个网络的，主机标识是用来区分一个网络内的不同主机。在同一网络中，不允许存在主机标识完全相同的两台计算机，否则将导致 IP 地址冲突的问题。根据 IP 地址中网络标识和主机标识所占的位数，IP 地址被分为 A、B、C、D、E 五类。每个类别的网络可以根据 IP 地址的第一个数字进行区分，如下图 8—6 所示。其中，A 类地址的网络地址为第一个八位数组。第一个字节以"0"开始，网络地址的有效位数为"0"后 7 位。主机地址位数为后面的 24 位。A 类地址范围为 0.0.0.0～127.255.255.255。然而，由于网络地址与主机地址不能全 0 或全 1。因此，A 类地址有效范围为 1.0.0.1～127.255.255.254。B 类地址的网络地址为前两个八位数组。

前两位是“10”,网络地址的有效位数为“10”后 14 位。主机地址位数为后面的 12 位。B 类地址范围为 128.0.0.0～191.255.255.255,B 类地址有效范围为 128.0.0.1～191.255.255.254。C 类地址的网络地址为前三个八位数组。前三位是“110”,网络地址的有效位数为“110”后 21 位。主机地址位数为后面的 8 位。C 类地址范围为 192.0.0.0～223.255.255.255,C 类地址有效范围为 192.0.0.1～223.255.255.254。D 类地址通常作为组播地址。前四位为“1110”,其余为多目地址。D 类地址范围为 224.0.0.0～239.255.255.255。E 类地址的前五位为“11110”,其余位数保留用于后续使用。E 类地址范围为 240.0.0.0～255.255.255.255。

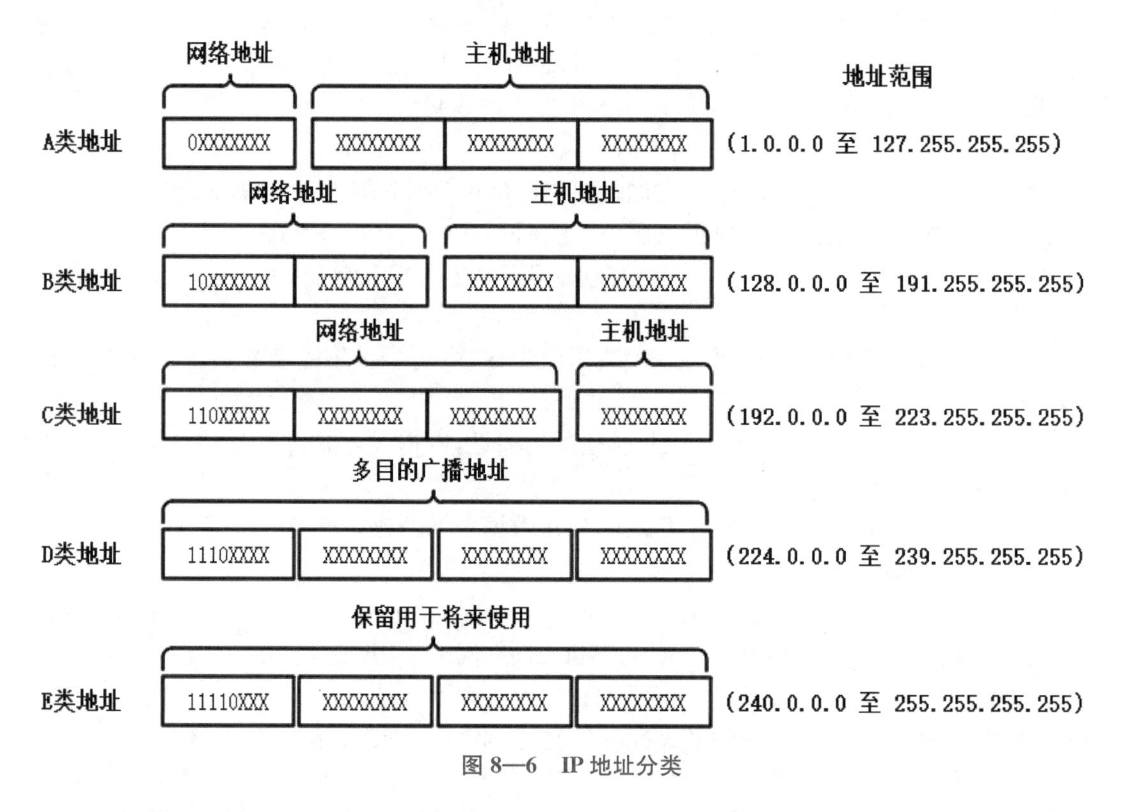

图 8—6　IP 地址分类

一般情况下,A、B、C 类地址分别用于政府机构、中等规模公司、小单位。然而,一些特殊的 IP 地址有特殊的用途,不能用于标识网络设备。如对于主机部分全为“0”的 IP 地址,称为网络地址,网络地址用来标识一个网段。对于主机部分全为“1”的 IP 地址,称为网段广播地址,网段广播地址用于标识一个网络的所有主机。对于网络部分为 127 的 IP 地址往往用于环路测试。除了公有 IP 地址之外,还会预留一些私有 IP 地址供使用:A 类地址 10.0.0.0～10.255.255.255;B 类地址 172.16.0.0～ 172.31.255.255;C 类地址 192.168.0.0～192.168.255.255 等。

① 子网掩码

通常,为了节省 IP 资源需要进行子网划分。子网划分通过将主机号中的一部分作为子网号,从而使得一个网络划分为若干子网,子网号位数越长划分出的子网个数就越多,如图 8—7 所示:

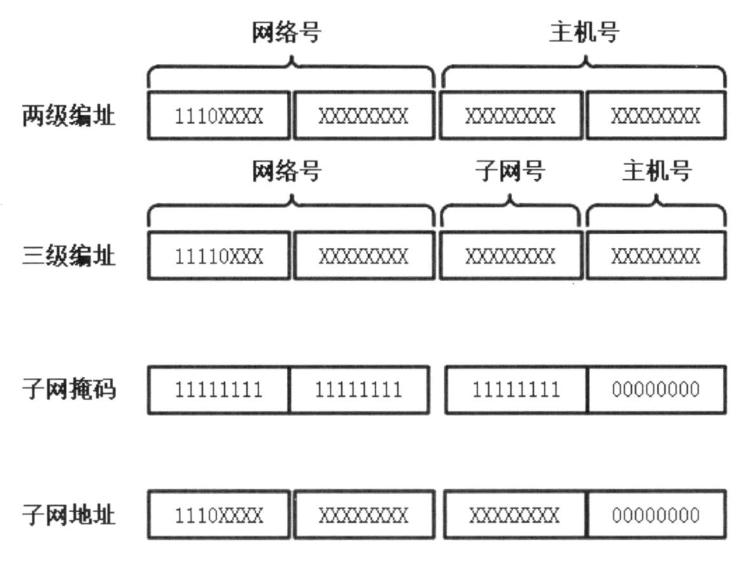

图 8—7　子网划分前后 IP 地址结构

子网划分是通过子网掩码来实现的。在进行子网划分时，每个 IP 地址对应一个子网掩码，子网掩码的位数也是 32 位。在子网掩码中，网络号和子网号部分的位数用 1 表示，而主机号部分的位数用 0 表示，以确定网络和子网的范围。使用子网掩码的好处是：不管网络有没有划分子网，只要把子网掩码和 IP 地址进行逐位的“与”运算（AND），就立即得出网络地址来。另外，不划分子网时，使用子网掩码可以更便于查找路由表。如果一个网络不划分子网，则使用默认子网掩码，如表 8—2 所示：

表 8—2　子 网 掩 码

类　　别	子　网　掩　码
A 类	255.0.0.0 或 0xFF000000
B 类	255.255.0.0 或 0xFFFF000
C 类	255.255.255.0 或 0xFFFFFF00

假设两台主机在同一网络中，可以使用子网掩码来划分网络和主机部分。下面是一个示例：

IP 地址 1：192.168.1.10

IP 地址 2：192.168.1.20

假设我们希望将这两个主机划分在同一个子网中，可以选择子网掩码为 255.255.255.0。在这个子网掩码中，前 24 位为 1，表示网络和子网的部分，最后 8 位为 0，表示主机的部分。根据子网掩码，可以将 IP 地址和子网掩码进行按位与操作，以确定网络部分和主机部分：

IP 地址 1：11000000.10101000.00000001.00001010

子网掩码：11111111.11111111.11111111.00000000

IP 地址 2：11000000.10101000.00000001.00010100

子网掩码：11111111.11111111.11111111.00000000

按位与操作后得到网络部分：

网络部分：11000000.10101000.00000001.00000000

因此，这两台主机的网络地址为 192.168.1.0，而主机号部分为 10 和 20，分别对应两台主机的唯一标识。通过选择适当的子网掩码，可以将多个主机划分在同一个网络中，并确保每台主机有唯一的 IP 地址和对应的主机号。

② IP 协议头

IP 数据包的包头格式是 IPv4 协议中定义的，用于在网络中传输 IP 数据。IPv4 数据包的包头格式如下图 8—8：

Bytes	Bit 0–3	Bit 4–7	Bit 8–15	Bit 16–18	Bit 19–31
0	IP version 版本号	IHL 首部长度	Type of Service 服务类型	Total Length 总长度	
4	Identification 标识信息			Flags 标志位	Fragment Offset 分段偏移量
8	TTL 生存时间		Protocol 协议	Header Checksum 首部校验和	
12	Source IP Address 源IP地址				
16	Destination IP Address 目标IP地址				
20	Option 选项				
24	Data 数据				

图 8—8 IP 数据包的包头格式

- Version (4 bits)：指定 IP 协议的版本号，IPv4 为 0100，IPv6 为 0110，通常为 IPv4(值为 4)；
- IHL (Internet Header Length) (4 bits)：指定包头长度，以 32 位字(4 字节)为单位。包头长度最小为 5，表示 20 字节，最大为 15，表示 60 字节。实际长度由包头中的选项字段的存在与否而决定；
- Type of Service (8 bits)：指定包头中的服务类型，如优先级、延迟、吞吐量等。具体定义和使用取决于网络设备和协议的支持；
- Total Length (16 bits)：指定整个 IP 数据包的总长度，包括包头和数据部分，以字节为单位；
- Identification (16 bits)：用于对应 IP 数据包的分片和重新组装，每个分片的标识号相同；
- Flags (3 bits)：标志位用于指示分片信息。其中，第一个比特位是“Reserved”位，保留为 0。第二个比特位是“DF”(Don't Fragment)标志位，指示该包是否允许分片。

第三个比特位是“MF”(More Fragments)标志位，指示是否还有更多的分片；

➢ Fragment Offset (13 bits)：指示当前分片在原始 IP 数据包中的偏移量，以 8 字节为单位；
➢ TTL (Time to Live) (8 bits)：指定数据包在网络中的最大生存时间(跳数)，每经过一个路由器减 1。当值为 0 时，数据包被丢弃；
➢ Protocol (8 bits)：指定上层协议类型，如 TCP、UDP、ICMP 等。它决定了数据包应该传递给哪个协议栈进行处理；
➢ Header Checksum (16 bits)：用于校验 IP 包头的完整性，以确保数据在传输过程中没有损坏；
➢ Source IP Address (32 bits)：指定发送端的 IP 地址；
➢ Destination IP Address (32 bits)：指定接收端的 IP 地址；
➢ Options (可选)：用于指定一些特定的控制选项，如记录路由、时间戳等。它可以扩展 IP 包头的功能，但通常很少被使用；
➢ Data：真实数据。

在 Linux 环境下，IP 包头的 C 语言定义可以使用“netinet/ip.h”头文件中的“struct ip”结构体，定义如下：

```
#include <netinet/ip.h>

struct ip {
    #if __BYTE_ORDER == __LITTLE_ENDIAN
        unsigned int ihl:4;            // IP 包头长度(以 32 位字长为单位)
        unsigned int version:4;        // IP 协议版本
    #elif __BYTE_ORDER == __BIG_ENDIAN
        unsigned int version:4;        // IP 协议版本
        unsigned int ihl:4;            // IP 包头长度(以 32 位字长为单位)
    #endif
    uint8_t tos;                       // 服务类型(Type of Service)
    uint16_t tot_len;                  // IP 包总长度
    uint16_t id;                       // 标识符
    uint16_t frag_off;                 // 分片偏移和标志位
    uint8_t ttl;                       // 存活时间(Time to Live)
    uint8_t protocol;                  // 上层协议类型
    uint16_t check;                    // 校验和
    uint32_t saddr;                    // 源 IP 地址
    uint32_t daddr;                    // 目标 IP 地址
};
```

“struct ip”结构体定义了 IP 包头中的各个字段。结构体中的字段使用了位域(bitfield)的方式来定义字段的位数和顺序。其中,"ihl"字段表示 IP 包头长度,"version"字段表示 IP 协议版本,"tos"字段表示服务类型,"tot_len"字段表示 IP 包总长度,"id"字段表示标识符,"frag_off"字段表示分片偏移和标志位,"ttl"字段表示存活时间,"protocol"字段表示上层协议类型,"check"字段表示校验和,"saddr"字段表示源 IP 地址,"daddr"字段表示目标 IP 地址。值得注意的是,在使用该结构体时,需要包含"netinet/ip.h"头文件,并根据实际情况进行字段赋值和使用。此外,确保在使用之前,包含适当的头文件并进行相关的初始化和错误处理。

IP 协议版本定义如下:

```
#define IPVERSION    4  // IPv4 协议版本
```

IP 包头长度和大小定义如下:

```
#define IP_MINIMUM_HEADER_LENGTH     20   // 最小包头长度(字节)
#define IP_MAX_HEADER_LENGTH         60   // 最大包头长度(字节)
```

IP 协议号定义如下:

```
#define IPPROTO_IP          0   // IP 协议
#define IPPROTO_ICMP        1   // ICMP 协议
#define IPPROTO_IGMP        2   // IGMP 协议
#define IPPROTO_TCP         6   // TCP 协议
#define IPPROTO_UDP         17  // UDP 协议
```

③ IP 协议数据包分片

IP 数据包分片是一种将大型 IP 数据包划分为较小片段的过程,以便在网络中传输。这种分片机制允许数据包在传输过程中经过不同的网络链路和设备,适应不同的最大传输单元(MTU)限制。

当源主机要发送的 IP 数据包的大小超过网络链路或设备的最大传输能力时,就需要进行分片。以下是 IP 数据包分片的概述过程:

➢ 源主机划分数据包:当源主机的 IP 数据包超过目标网络链路的 MTU 时,源主机将数据包划分为更小的片段,每个片段称为分片。分片过程包括确定片段大小和标识。

➢ 设置分片标志:源主机设置 IP 数据包头中的分片标志字段。这个字段包括片段偏移和更多分片标志。片段偏移指示每个分片在原始数据包中的位置,以字节为单位,更多分片标志指示是否有更多分片未到达。

➢ 分片传输:源主机将分片发送到目标主机。这些分片可以通过不同的网络链路和设备传输,每个分片都是独立的 IP 数据包。

➢ 目标主机重组分片:当目标主机接收到分片后,它将根据 IP 头中的分片偏移和标识信息,将分片重新组装成原始 IP 数据包。目标主机使用分片偏移和标识来确定每个分片在原始数据包中的位置。

➢ 数据包重组完成：当所有分片都到达目标主机并按照正确的顺序重新组装后，目标主机就可以得到完整的原始 IP 数据包。这个数据包可以被传递给上层协议进行进一步处理。

IP 数据包分片的目的是允许大型数据包在不同的网络链路上传输，并适应不同设备的传输能力。然而，分片带来了额外的开销和处理负担，因此在实际网络中，尽量避免使用分片，而是调整数据包的大小以适应较小的 MTU 值。

3）ARP 协议

ARP(Address Resolution Protocol)是一种用于解析网络层地址（如 IPv4 地址）和物理层地址（如 MAC 地址）之间映射关系的协议。它在局域网中用于获取目标主机的 MAC 地址，以便进行数据包的传输。ARP 协议的工作原理如下：

① 当源主机需要发送数据包到目标主机时，首先检查本地 ARP 缓存中是否存在目标主机的 MAC 地址。如果存在，直接使用该 MAC 地址进行数据包的传输。

② 如果本地 ARP 缓存中不存在目标主机的 MAC 地址，则源主机会发送一个 ARP 请求广播，包含目标主机的 IP 地址。

③ 局域网内的所有主机都会接收到该 ARP 请求广播，但只有目标主机会根据自己的 IP 地址与 ARP 请求中的目标 IP 地址进行比较。

④ 目标主机发现自己的 IP 地址与 ARP 请求中的目标 IP 地址匹配时，它会发送一个 ARP 响应单播给源主机，包含自己的 MAC 地址。

⑤ 源主机收到目标主机的 ARP 响应后，会将目标主机的 IP 地址和 MAC 地址映射关系存储在本地 ARP 缓存中，并使用该 MAC 地址进行数据包的传输。

ARP 协议在局域网内进行操作依赖于广播和单播消息。当目标主机的 IP 地址在不同子网中时，需要使用另外的协议（如 ARP 的扩展协议 Proxy ARP 或 ARP 的替代协议 ARPv2)来解析跨子网的地址映射关系。

在 Linux 系统中，可以使用以下命令查询本机的 ARP 缓存列表：

```
arp -n
```

该命令会显示本机的 ARP 缓存表，其中包含了 IP 地址和对应的 MAC 地址之间的映射关系。每一行显示一个条目，包括 IP 地址、MAC 地址、接口（Interface）和硬件类型(HWtype)等信息，如示例：

```
Address          HWtype   HWaddress              Flags Mask      Iface
192.168.1.1      ether    00:11:22:33:44:55      C               eth0
192.168.1.10     ether    11:22:33:44:55:66      C               eth0
192.168.1.100    ether    22:33:44:55:66:77      C               eth0
```

请注意，执行“arp -n”命令可能需要使用管理员权限（例如通过使用 sudo 前缀），以便查看完整的 ARP 缓存列表。具体情况取决于系统配置和用户权限。

ARP 报文是位于网络层的协议，不包含以太网首部。然而，在实际通信中，ARP 报文是封装在以太网帧中进行传输的。图 8—9 是包含以太网首部的 ARP 报文的格式。该格式包含以太网首部和 ARP 报文,以太网首部包括目的 MAC 地址、源 MAC 地址和以太网类型字段,ARP 请求/应答包括:

- 硬件类型(Hardware Type):2 个字节,表示物理网络类型,例如以太网的类型为 1(0x0001)。
- 协议类型(Protocol Type):2 个字节,表示网络层协议类型,如 IPv4 的类型为 0x0800。
- 硬件地址长度(Hardware Address Length):1 个字节,表示硬件地址(MAC 地址)的长度,以字节为单位。
- 协议地址长度(Protocol Address Length):1 个字节,表示协议地址(IP 地址)的长度,以字节为单位。
- 操作码(Opcode):2 个字节,指示 ARP 报文的操作类型,如请求(Request)为 1(0x0001),应答(Reply)为 2(0x0002)。
- 发送方硬件地址(Sender Hardware Address):以太网中为 6 个字节,表示发送方的硬件地址(源 MAC 地址)。
- 发送方协议地址(Sender Protocol Address):IPv4 网络中为 4 个字节,表示发送方的协议地址(源 IP 地址)。
- 目标硬件地址(Target Hardware Address):以太网中为 6 个字节,表示目标的硬件地址(目标 MAC 地址)。在 ARP 请求中通常为空(全 0),在 ARP 应答中表示接收方的硬件地址。
- 目标协议地址(Target Protocol Address):IPv4 网络中为 4 个字节,表示目标的协议地址(目标 IP 地址)。

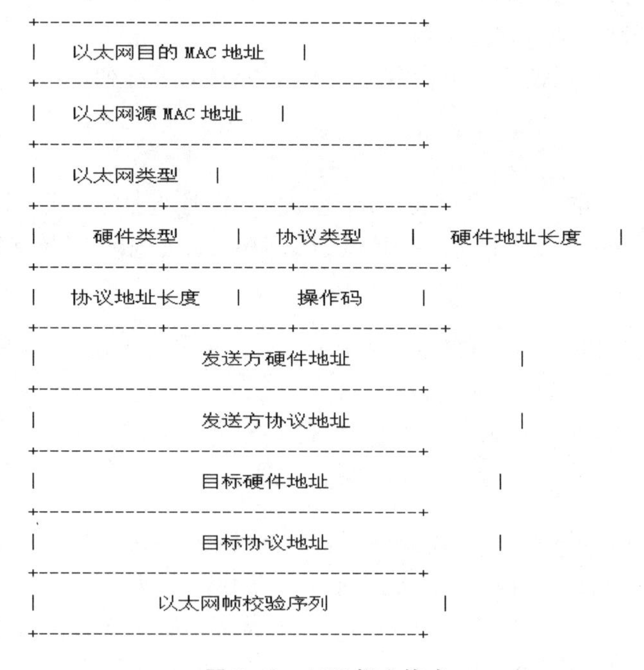

图 8—9 ARP 报文格式

ARP 报文用于解析网络层地址和链路层地址之间的映射关系。发送方通过发送 ARP 请求广播来查询目标的硬件地址(MAC 地址),接收方收到 ARP 请求后,如果自身是目标主机,则发送 ARP 应答报文回复发送方,并将自身的硬件地址提供给发送方。ARP 报文格式定义如下:

```
#include <netinet/ether.h>
#include <netinet/if_ether.h>
#include <netinet/in.h>
#include <arpa/inet.h>

// 以太网首部
struct ethernet_header {
    u_char ether_dhost[ETH_ALEN];    // 目的 MAC 地址
    u_char ether_shost[ETH_ALEN];    // 源 MAC 地址
    u_short ether_type;              // 以太网类型
};

// ARP 报文
struct arp_packet {
    u_short hardware_type;           // 硬件类型
    u_short protocol_type;           // 协议类型
    u_char hardware_addr_len;        // 硬件地址长度
    u_char protocol_addr_len;        // 协议地址长度
    u_short operation;               // 操作码
    u_char sender_hardware_addr[ETH_ALEN];    // 发送方硬件地址
    struct in_addr sender_protocol_addr;      // 发送方协议地址
    u_char target_hardware_addr[ETH_ALEN];    // 目标硬件地址
    struct in_addr target_protocol_addr;      // 目标协议地址
};
```

4) RARP 协议

RARP(Reverse Address Resolution Protocol,反向地址解析协议)是一种用于将物理地址(MAC 地址)转换为 IP 地址的协议。RARP 的主要目的是允许主机在启动过程中通过网络获取其 IP 地址,而不需要手动配置。以下是 RARP 的工作原理:

① 启动过程:当一台主机启动时,它会发送一个 RARP 广播请求,其中包含自己的物理地址(MAC 地址)。

② RARP 服务器:网络中的 RARP 服务器会接收到该请求,然后查询其存储的物理地址与 IP 地址的对应关系表。

③ 响应过程：RARP 服务器会根据收到的物理地址查找对应的 IP 地址，并将该 IP 地址作为 RARP 响应发送回请求主机。

④ 主机配置：请求主机接收到 RARP 响应后，将获取到的 IP 地址配置给自己，完成 IP 地址的获取。

RARP 的工作过程与 ARP 相反。当一台主机启动时，如果它不知道自己的 IP 地址，它会通过广播 RARP 请求报文，请求网络上的 RARP 服务器回答自己的 IP 地址。RARP 服务器会根据主机的物理地址（MAC 地址）查询其对应的 IP 地址，并回复 RARP 响应报文，将 IP 地址分配给该主机。

5）ICMP 协议

ICMP(Internet Control Message Protocol)是一种网络协议，用于在 IP 网络中传输控制消息和错误报告。它是 TCP/IP 协议簇的一部分，旨在为网络提供可靠性和故障诊断功能。ICMP 报文通常由网络设备（如路由器、主机）生成和接收，用于在网络中传递各种类型的控制信息。ICMP 报文的详细格式如图 8—10 所示，参数描述如下：

- Type(类型)：8 位字段，表示报文的类型。指定了 ICMP 报文的目的和功能。
- Code(代码)：8 位字段，表示报文的具体细分代码，对于某些类型的报文提供了更详细的信息。
- Checksum(校验和)：16 位字段，用于校验 ICMP 报文的完整性。
- ICMP Data(ICMP 数据)：可变长度的字段，包含与 ICMP 报文类型和代码相关的附加数据。

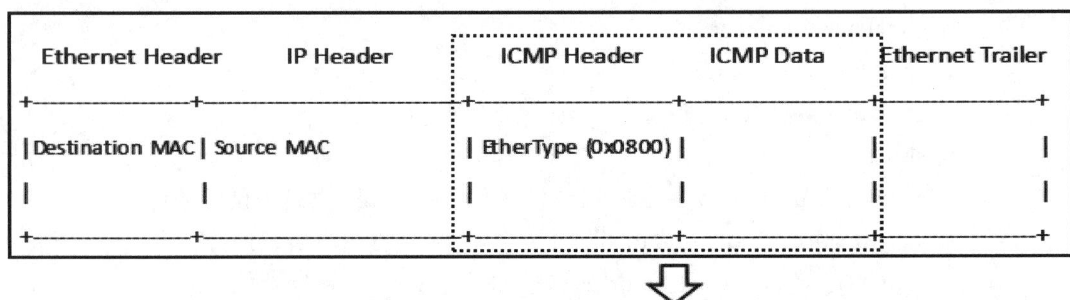

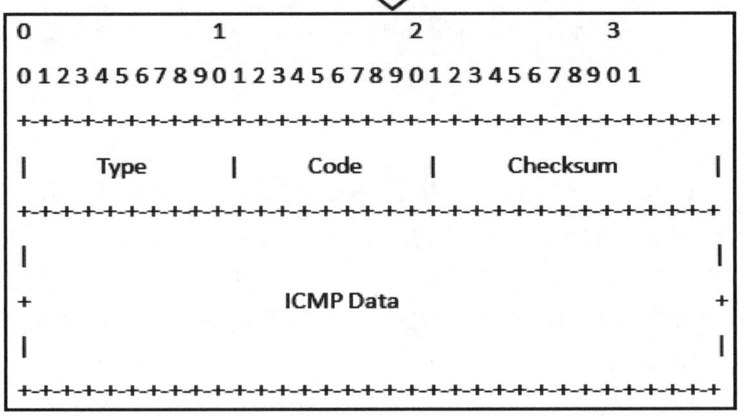

图 8—10　ICMP 报文格式

整个报文的组成方式是从底部往上的，以太网首部位于最底部，随后是 IP 首部，然后是 ICMP 首部，最后是 ICMP 数据部分。这样的层次结构允许在不同网络层之间进行逐层封装和解封装。ICMP 报文的具体格式和长度取决于报文的类型和代码。不同类型的报文具有不同的数据格式和信息。根据 ICMP 报文的类型和代码，数据字段可以包含各种信息，例如源主机、目标主机、网络状况等。ICMP 协议定义了多种类型的控制消息，每种类型的消息又可以有不同的代码，用于指示特定的操作或错误情况。以下是常见的 ICMP 消息类型和对应的代码以及它们的报文含义：

➢ ICMP Echo Request(类型：8，代码：0)
  报文含义：请求目标主机发送回应消息，常用于 Ping 测试。
➢ ICMP Echo Reply(类型：0，代码：0)
  报文含义：回应 Echo Request 消息，通常用于 Ping 测试的回应。
➢ ICMP Destination Unreachable(类型：3)
  代码 0：网络不可达
  代码 1：主机不可达
  代码 2：协议不可达
  代码 3：端口不可达
  代码 4：需要进行分片但设置了“不分片”标志
  代码 5：源路由失败
  报文含义：通知源主机或者网络不可达，或者某些连接无法建立。
➢ ICMP Redirect(类型：5)
  代码 0：网络重定向
  代码 1：主机重定向
  代码 2：服务类型和网络重定向
  代码 3：服务类型和主机重定向
  报文含义：通知源主机使用另一条路径或下一跳路由器以改进数据包的路由。
➢ ICMP Time Exceeded(类型：11)
  代码 0：TTL 超时
  代码 1：分片重组超时
  报文含义：通知源主机数据包在传输过程中发生了超时。
➢ ICMP Parameter Problem(类型：12)
  代码 0：IP 首部错误
  代码 1：缺少必需的选项
  代码 2：不可识别的选项
  报文含义：通知源主机发现了 IP 首部或选项中的错误。
➢ ICMP Redirect(类型：17)
  代码 0：地址掩码请求
  代码 1：地址掩码回复
  报文含义：用于获取或回应子网掩码的请求。

上述列举了一些常见的 ICMP 消息类型和代码,每个类型和代码都有特定的报文含义。ICMP 协议通过这些消息类型和代码来实现网络中的控制和错误报告功能,以便进行网络故障排除和诊断。

2. 传输层

传输层是 TCP/IP 协议簇中的一层,负责提供端到端的数据传输服务。它主要关注在网络中不同主机之间的通信连接和数据传输的可靠性、流量控制和错误恢复。在 TCP/IP 协议中,传输层主要有两个主要的协议:TCP 协议(传输控制协议)和 UDP 协议(用户数据报协议)。

1) TCP 协议

TCP(Transmission Control Protocol, TCP)是一种面向连接的可靠的传输层协议,它位于 TCP/IP 协议簇中的传输层。TCP 协议通过提供可靠的数据传输服务,确保数据在网络中的可靠交付和顺序传输,其主要功能如下:

① 面向连接:在进行数据传输之前,发送方和接收方需要先建立一个 TCP 连接。连接的建立是通过三次握手的过程实现的。首先,发送方向接收方发送一个 SYN(同步)段;接收方收到后回复一个 SYN+ACK(同步和确认)段;最后,发送方再回复一个 ACK(确认)段。通过这个过程,连接的双方能够确认对方的可达性和同步状态,从而建立起可靠的连接。

② 可靠性:TCP 协议通过一系列的机制确保数据的可靠传输。首先,TCP 将待发送的数据分割成称为 TCP 段的较小单元进行传输。每个 TCP 段都有一个序列号,用于标识数据在发送方和接收方之间的顺序。接收方会对收到的 TCP 段进行确认应答,并对未按序到达的数据进行重传请求,以确保数据的正确性和完整性。发送方根据接收方的确认和重传请求进行相应的处理,保证数据的可靠传输。

③ 流量控制:TCP 使用滑动窗口机制实现流量控制。接收方在 TCP 段中指定一个窗口大小,用于告知发送方自己的接收能力。发送方根据接收方窗口大小进行数据发送的控制,避免发送速率过快导致接收方无法处理。通过动态调整发送窗口的大小,TCP 能够根据网络的情况进行流量控制,避免拥塞的发生。

④ 拥塞控制:TCP 具有拥塞控制机制,用于避免网络拥塞。拥塞控制通过拥塞窗口和拥塞避免算法实现。拥塞窗口用于限制发送方发送的数据量,而拥塞避免算法根据网络的拥塞程度动态调整拥塞窗口的大小。当网络出现拥塞时,TCP 会减少发送速率以缓解网络压力,当拥塞程度减轻时,TCP 会逐渐增加发送速率以提高网络利用率。

⑤ 面向字节流:TCP 提供面向字节流的服务,它将上层应用程序传输给 TCP 的数据视为一个连续的字节流。TCP 将数据分割成适当的数据段进行传输,同时保证数据在传输过程中的完整性和顺序。接收方会按照字节流的顺序重新组装数据,使上层应用程序能够正确地接收和处理数据。

TCP 报文是 TCP 协议在传输数据时所使用的数据单元,它包含了 TCP 协议头部和数据两个部分,TCP 报文格式如下:

- Sequence Number 和 Acknowledgment Number 分别是源端口号和目的端口号,16 位字段,用于标识通信双方的应用程序。

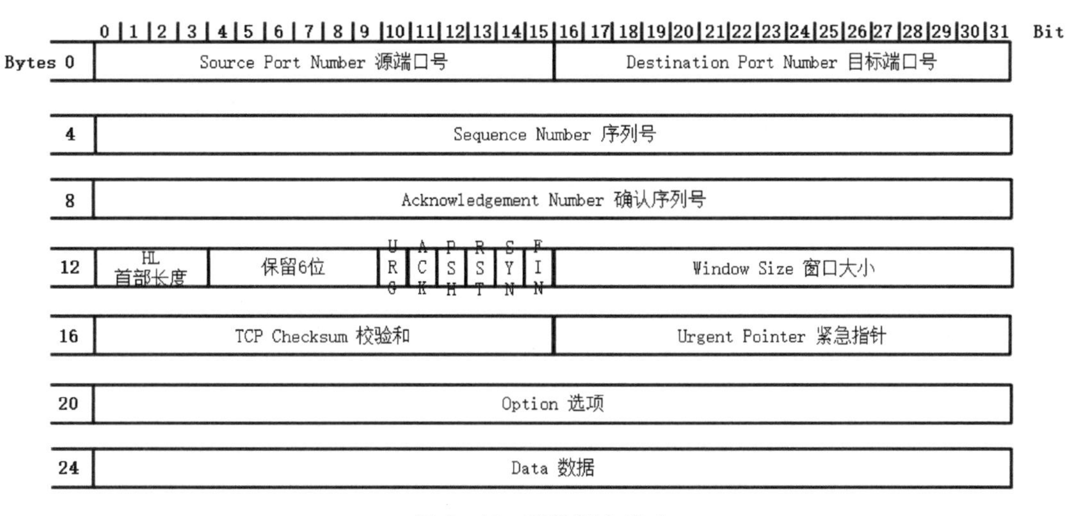

图 8—11　TCP 报文格式

- ➢ Acknowledgement Number 为确认序列号,32 位字段,用于保证数据的顺序传输和可靠性。序列号表示发送方报文的起始字节序号,而确认序列号表示接收方期望接收的下一个字节的序号。
- ➢ Reserved 预留:保留位,供今后使用。
- ➢ 标志控制码:该字段有 6 个 bits 组成,每个 bits 标识一种含义,用以说明这个连接的状态,让接收端连接这个数据包的主要动作。
- ➢ U(URGENT):当值为 1 时,标识此数据段有紧急数据(比如紧急关闭),应优先传送,要与紧急指针字段配合使用。A(ACK):仅当字段值为 1 时才有效,建立 TCP 连接后,所有数据段都必须把 ACK 字段值置为 1。P(PUSH):若 TCP 连接的一端希望另一端立即响应,PSH 字段便可以“催促”对方,不再等到缓存区填满才发送返回。R(RESET):若 TCP 连接出现严重差错,该字段的值置为 1,表示先断开 TCP 连接,再重连。S(SYN,Synchronize Sequence Numbers):用于建立和释放连接,当字段值为 1 时,表示建立连接。F(FIN):用于释放连接,当字段值为 1 时,表明发送方已经发送完毕,要求释放 TCP 连接。
- ➢ Window Size 为窗口大小,16 位字段,用于进行流量控制。窗口大小表示接收方当前可接收的字节数量,发送方根据窗口大小来控制数据发送的速率。
- ➢ Checksum 校验和,16 位字段,用于检测报文的完整性。发送方根据报文内容计算校验和,并将其放置在校验和字段中,接收方通过校验和的计算来验证报文是否损坏或篡改。
- ➢ Urgent Pointer 紧急指针:16 位字段,用于指示报文中的紧急数据的位置。当字段值为 1 时生效,标识本数据段具有紧急数据。
- ➢ Option 选项:可选字段,用于扩展报文的功能。选项字段可包含一些额外的信息,如最大报文段长度、时间戳等。

一个 TCP 报文的具体内容示例如下:

```
Source Port: 12345
Destination Port: 80
Sequence Number: 987654321
Acknowledgment Number: 123456789
Data Offset: 5 (20 bytes)
Flags: SYN, ACK
Window Size: 8192
Checksum: 0x1234
Urgent Pointer: 0
Options: None
Data: [Payload]
```

这是一个具有 SYN 和 ACK 标志位的 TCP 报文,它的源端口号是 12345,目的端口号是 80。序列号为 987654321,确认序列号为 123456789。窗口大小为 8192,校验和为 0x1234。报文没有选项字段,数据部分包含了具体的应用数据。使用 C 语言定义 TCP 报文如下:

```c
#include <netinet/tcp.h>

struct tcp_packet {
    u_int16_t source_port;          // 源端口号
    u_int16_t destination_port;     // 目的端口号
    u_int32_t sequence_number;      // 序列号
    u_int32_t ack_number;           // 确认序列号
    u_int16_t flags;                // 标志位
    u_int16_t window_size;          // 窗口大小
    u_int16_t checksum;             // 校验和
    u_int16_t urgent_pointer;       // 紧急指针
    // 可选字段和数据部分可以根据需要进行定义
};
```

2) UDP 协议

UDP(User Datagram Protocol, UDP)是一种无连接的传输层协议,它提供了一种简单的数据传输机制,适用于快速传输和广播的场景。与 TCP 不同,UDP 不提供可靠性、流量控制、拥塞控制和顺序传输等特性,但它具有较低的开销和较少的延迟。UDP 报文的格式如下:

- 源端口(Source Port):16 位字段,用于标识发送方的应用程序端口号。
- 目的端口(Destination Port):16 位字段,用于标识接收方的应用程序端口号。
- 长度(Length):16 位字段,指示 UDP 报文的总长度(包括首部和数据)。
- 校验和(Checksum):16 位字段,用于检测 UDP 报文在传输过程中的传输错误。
- 数据(Data,可选):可选的数据部分,根据应用需求进行填充。

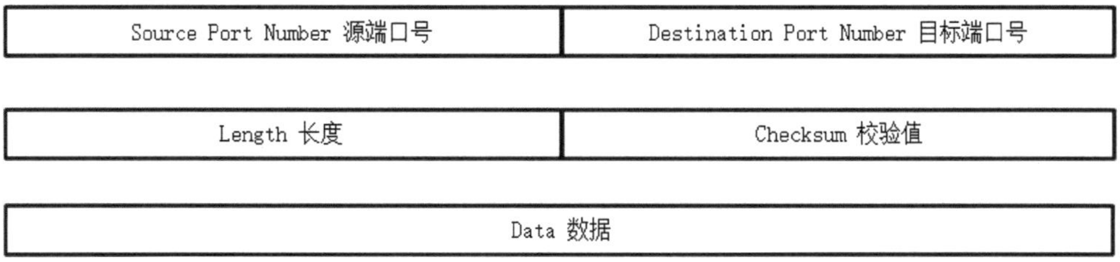

Source Port Number 源端口号	Destination Port Number 目标端口号
Length 长度	Checksum 校验值
Data 数据	

图 8—12 UDP 报文格式

使用 C 语言定义 UDP 报文如下：

```
#include <netinet/udp.h>

struct udp_packet {
    u_int16_t source_port;        // 源端口号
    u_int16_t destination_port;   // 目的端口号
    u_int16_t length;             // 报文长度
    u_int16_t checksum;           // 校验和
    // 数据部分可以根据需要进行定义
};
```

3. 应用层

TCP/IP 模型的应用层是网络通信中最高层的协议层，负责处理用户应用程序与网络之间的交互。它提供了一系列协议和服务，使应用程序能够通过网络进行通信和数据交换。应用层协议涵盖了各种网络应用，包括电子邮件、文件传输、远程登录、网页浏览、域名解析等。表 8—3 是一些常见的应用层协议和服务。

表 8—3 应用层协议和服务

名 称	描 述
域名系统(DNS)	将域名解析为对应的 IP 地址，实现主机名到 IP 地址的映射
文件传输协议(FTP)	用于在网络上进行文件传输和共享
电子邮件协议(SMTP、POP3、IMAP)	用于发送和接收电子邮件
网页浏览协议(HTTP、HTTPS)	用于在 Web 浏览器和 Web 服务器之间传输网页内容
远程登录协议(SSH)	提供安全的远程登录和文件传输功能
简单邮件传输协议(SMTP)	用于在电子邮件客户端和邮件服务器之间传输电子邮件
网络时间协议(NTP)	用于同步网络上的计算机时钟

续 表

名 称	描 述
动态主机配置协议(DHCP)	用于自动分配 IP 地址和其他网络配置信息给客户端设备
网络文件系统(NFS)	允许远程主机通过网络共享文件和目录
远程过程调用(RPC)	用于在网络上不同的计算机之间进行远程过程调用

这些协议和服务使应用程序能够通过 TCP/IP 网络进行通信和数据交换。它们定义了数据的格式、传输方式、错误处理等规范,以确保应用程序之间的正常交互和数据传输的可靠性。

8.3 网络编程基础

8.3.1 Socket 套接字基础

Socket 套接字是网络编程中的一种抽象概念,它表示网络通信中的一个端点,用于实现进程之间的通信或主机之间的通信。常见的 Socket 通信模型是客户端—服务器模型。在这个模型中,服务器创建一个 Socket 并等待客户端的连接请求,而客户端则创建一个 Socket 并向服务器发起连接请求。一旦连接建立,客户端和服务器之间可以进行双向的数据传输。在 Socket 编程中,Socket 类型指定了 Socket 的特性和使用方式。常见的 Socket 套接字类型包括以下几种:

1) 流式套接字(SOCK_STREAM):基于 TCP 协议,提供面向连接的、可靠的、字节流式的通信。通过流式套接字传输的数据是有序的、无差错的,并且可以实现全双工通信。

2) 数据报套接字(SOCK_DGRAM):基于 UDP 协议,提供无连接的、不可靠的、数据报式的通信。通过数据报套接字传输的数据是不保证有序性和可靠性的,但具有低延迟和简单的特点。

3) 原始套接字(SOCK_RAW):原始套接字允许应用程序直接访问底层网络协议,自行实现协议的处理逻辑,不对数据进行解析和处理。它提供更大的灵活性和控制权,适用于网络安全工具、网络协议分析器等特定应用。

4) 顺序数据包套接字(SOCK_SEQPACKET):提供面向连接的可靠通信。数据按顺序发送和接收,保证数据的有序性。适用于需要有序数据传输的应用,如视频流传输、音频流传输等。

除了以上常见的 Socket 类型,还有一些其他特定的 Socket 类型,如原始 IPv6 套接字(SOCK_RAW6)、信号套接字(SOCK_SIGNAL)等。选择适当的 Socket 类型取决于应用程序的需求和所使用的网络协议。

1. Socket 地址结构

Socket 地址结构是用于表示网络通信中的地址信息,包括 IP 地址和端口号。Socket 地址结构在不同的协议簇中有所不同。在 Linux 系统中，常用的 Socket 地址结构是 struct sockaddr 和其衍生的具体类型。通用 Socket 地址结构是一个抽象的地址结构，并不直接使用，而是用于衍生出具体的地址结构。它的定义如下：

```
struct sockaddr {
    sa_family_t sa_family; // 地址族,用于标识地址类型
    char sa_data[14]; // 地址数据
};
```

➢ sa_family 字段用于指定地址族，表示地址的类型，例如 AF_INET 表示 IPv4 地址，AF_INET6 表示 IPv6 地址；

➢ sa_data 字段是具体的地址数据，长度为 14 字节。

通用 Socket 地址结构提供了一种通用的方式来表示不同类型的地址，无论是 IPv4 地址、IPv6 地址还是其他特定的地址类型，都可以使用通用地址结构来表示。这样可以在编程中更加灵活地处理不同类型的地址，而不需要为每一种地址类型定义一个专门的结构体。而专有的地址结构，比如 IPv4 Socket 地址结构(struct sockaddr_in)，是从通用地址结构衍生而来的，专门用于表示特定类型的地址。这样做的好处是，专有的地址结构可以提供更多的字段和功能，以适应特定类型地址的需求。例如，IPv4 Socket 地址结构除了存储 IPv4 地址外，还包含了端口号等信息，这样可以方便地进行网络通信的操作。IPv4 地址结构(struct sockaddr_in)可以定义为：

```
struct sockaddr_in {
    sa_family_t sin_family; // 地址族,一般为 AF_INET
    in_port_t sin_port; // 端口号,使用网络字节序
    struct in_addr sin_addr; // IPv4 地址
    unsigned char sin_zero[8]; // 保留字段,用于填充
};

struct in_addr {
    in_addr_t s_addr; // IPv4 地址,使用网络字节序
};
```

➢ sin_family 指定了地址族，一般为 AF_INET；

➢ sin_port 存储了端口号，使用网络字节序(大端序)表；

➢ sin_addr 存储了 IPv4 地址；

➢ sin_zero 是一个长度为 8 字节的保留字段，用于填充结构体。

IPv6 Socket 地址结构(struct sockaddr_in6)也是基于通用 Socket 地址结构衍生而来，定义如下：

```
struct sockaddr_in6 {
    sa_family_t sin6_family; // 地址族,一般为 AF_INET6
    in_port_t sin6_port; // 端口号,使用网络字节序
    uint32_t sin6_flowinfo; // 流标识
    struct in6_addr sin6_addr; // IPv6 地址
    uint32_t sin6_scope_id; // 作用域标识
};

struct in6_addr {
    unsigned char s6_addr[16]; // IPv6 地址
};
```

- sin6_family 字段指定地址族,一般为 AF_INET6;
- sin6_port 字段存储端口号,使用网络字节序表示;
- sin6_flowinfo 字段存储流标识;
- sin6_addr 字段表示 IPv6 地址,使用 struct in6_addr 类型;
- sin6_scope_id 字段是作用域标识,用于区分具有相同地址的不同接口。

通用 Socket 地址结构和专有的地址结构的存在,使得网络编程更加灵活和可扩展。通过通用地址结构,可以处理多种类型的地址,并在需要时进行类型转换。而通过专有的地址结构,可以提供更精确的地址表示和更多的功能,使得编程更加方便和直观。

2. Socket 地址转换

在网络编程中,Socket 地址转换是指将不同的地址表示形式之间进行转换的过程。常用的 Socket 地址转换函数有 inet_pton(),inet_ntop()和 inet_addr()。其中,inet_pton()主要是将点分十进制的 IP 地址转换为二进制形式的 IP 地址的函数。inet_pton()函数原型如下:

```
#include <arpa/inet.h>
int inet_pton(int af, const char *src, void *dst);
```

- af 是地址族(Address Family)的类型,可以是 AF_INET 表示 IPv4 地址族,也可以是 AF_INET6 表示 IPv6 地址族;
- src 是一个指向点分十进制形式的 IP 地址字符串的指针,即要进行转换的源 IP 地址;
- dst 是一个指向存储转换后的二进制 IP 地址的内存空间的指针。函数返回值为整型,如果转换成功,则返回 1,如果转换失败,则返回 0,如果提供的地址族不支持,则返回−1。

以下示例采用 inet_pton()函数将点分十进制 IP 地址字符串“192.168.0.1”转换为二进制形式,并将转换后的二进制 IP 地址打印出来。

```
#include <stdio.h>
#include <arpa/inet.h>

int main() {
    const char *ip = "192.168.0.1";
    struct in_addr addr;

    int result = inet_pton(AF_INET, ip, &(addr.s_addr));
    if (result == 1) {
        printf("Binary IP address: 0x%08x\n", addr.s_addr);
    } else if (result == 0) {
        printf("Invalid IP address.\n");
    } else {
        perror("Conversion error.");
    }

    return 0;
}
```

输出结果为：

```
Binary IP address: 0x0100a8c0
```

inet_ntop()函数用于将网络字节序的二进制形式的 IP 地址转换为点分十进制字符串形式。inet_ntop()函数原型为：

```
#include <arpa/inet.h>
const char *inet_ntop(int af, const void *src, char *dst, socklen_t size);
```

- af 表示地址族，常用的是 AF_INET 表示 IPv4 地址；
- src 是指向存储二进制形式 IP 地址的内存块的指针；
- dst 是指向存储转换后点分十进制字符串形式 IP 地址的缓冲区的指针；
- size 表示目标缓冲区的大小。函数返回值是一个指向 dst 的指针，该指针指向一个以 null 结束的字符串。如果发生错误，那么返回 NULL。

下面是一个代码示例，介绍如何使用 inet_ntop()函数将二进制形式的 IPv4 地址转换为点分十进制字符串形式：

```
#include <stdio.h>
#include <arpa/inet.h>
```

```
int main() {
    struct in_addr addr;
    addr.s_addr = 0x0100a8c0; // 二进制形式的 IPv4 地址

    char ip[INET_ADDRSTRLEN];
    // 将网络字节序的二进制形式的 IP 地址转换为点分十进制字符串形式
    const char * result = inet_ntop(AF_INET, &(addr.s_addr), ip, INET_
ADDRSTRLEN);
    if (result != NULL) {
        printf("IP address: %s\n", ip);
    } else {
        perror("Conversion error.");
    }

    return 0;
}
```

在 Linux 环境下编译并运行该代码,将得到如下输出:

```
IP address: 192.168.0.1
```

inet_addr()函数用于将点分十进制字符串形式的 IP 地址转换为网络字节序的二进制形式。inet_addr()函数原型为:

```
#include <arpa/inet.h>
in_addr_t inet_addr(const char * cp);
```

- cp 是指向点分十进制字符串形式 IP 地址的指针。函数返回值是一个 in_addr_t 类型的整数,表示转换后的网络字节序的二进制形式 IP 地址。如果转换失败,则返回 INADDR_NONE。

如下是一个代码示例,介绍如何使用 inet_addr()函数将点分十进制字符串形式的 IPv4 地址转换为二进制形式:

```
#include <stdio.h>
#include <arpa/inet.h>

int main() {
    const char * ip = "192.168.0.1"; // 点分十进制字符串形式的 IPv4 地址

    // 将点分十进制字符串形式的 IP 地址转换为网络字节序的二进制形式
```

```
    in_addr_t addr = inet_addr(ip);
    if (addr != INADDR_NONE) {
        printf("Binary IP address: 0x%08x\n", addr);
    } else {
        perror("Conversion error.");
    }

    return 0;
}
```

输出结果为：

```
Binary IP address: 0x0100a8c0
```

在 Linux 环境下，可以使用 inet_pton()和 inet_ntop()函数实现任意网络地址的转换。如下是一个代码示例，介绍如何使用这两个函数进行网络地址转换：

```
#include <stdio.h>
#include <stdlib.h>
#include <arpa/inet.h>

int main() {
    const char *ip = "192.168.0.1"; // 待转换的 IP 地址
    const char *network = "172.16.0.0"; // 目标网络地址
    const char *netmask = "255.255.0.0"; // 目标子网掩码

    struct in_addr addr;
    struct in_addr network_addr;
    struct in_addr netmask_addr;

    // 将点分十进制字符串形式的 IP 地址转换为网络字节序的二进制形式
    if (inet_pton(AF_INET, ip, &(addr.s_addr)) == 1) {
        printf("Binary IP address: 0x%08x\n", addr.s_addr);
    } else {
        perror("Invalid IP address.");
        return 1;
    }
```

```
    // 将点分十进制字符串形式的网络地址和子网掩码转换为网络字节序的二进
制形式
    if (inet_pton(AF_INET, network, &(network_addr.s_addr)) == 1 &&
        inet_pton(AF_INET, netmask, &(netmask_addr.s_addr)) == 1) {
        printf("Binary network address: 0x%08x\n", network_addr.s_addr);
        printf("Binary netmask: 0x%08x\n", netmask_addr.s_addr);
    } else {
        perror("Invalid network address or netmask.");
        return 1;
    }

    // 将网络字节序的二进制形式 IP 地址转换为点分十进制字符串形式
    char ip_str[INET_ADDRSTRLEN];
    if (inet_ntop(AF_INET, &(addr.s_addr), ip_str, INET_ADDRSTRLEN) !=
NULL) {
        printf("IP address: %s\n", ip_str);
    } else {
        perror("Conversion error.");
        return 1;
    }

    // 将网络字节序的二进制形式网络地址和子网掩码转换为点分十进制字符串形式
    char network_str[INET_ADDRSTRLEN];
    char netmask_str[INET_ADDRSTRLEN];
    if (inet_ntop(AF_INET, &(network_addr.s_addr), network_str, INET_
ADDRSTRLEN) != NULL &&
        inet_ntop(AF_INET, &(netmask_addr.s_addr), netmask_str, INET_
ADDRSTRLEN) != NULL) {
        printf("Network address: %s\n", network_str);
        printf("Netmask: %s\n", netmask_str);
    } else {
        perror("Conversion error.");
        return 1;
    }

    return 0;
}
```

输出结果如下：

```
Binary IP address: 0x0100a8c0
Binary network address: 0x000010ac
Binary netmask: 0x0000ffff
IP address: 192.168.0.1
Network address: 172.16.0.0
Netmask: 255.255.0.0
```

该代码示例中，首先使用 inet_pton()函数将点分十进制字符串形式的 IP 地址、网络地址和子网掩码转换为网络字节序的二进制形式。然后，使用 inet_ntop()函数将网络字节序的二进制形式转换为点分十进制字符串形式。

8.3.2 Socket 套接字编程

1. Socket 系统调用

在 Linux 系统中，Socket 套接字是网络编程的基础。Linux 操作系统提供了一组系统调用函数，用于创建、配置和操作 Socket 套接字。

1) 创建套接字：使用 socket()函数创建一个新的 Socket 套接字。该函数接受三个参数：地址族（例如 AF_INET 表示 IPv4）、套接字类型和协议（通常为 0，表示自动选择与套接字类型相对应的默认协议）。socket()函数原型如下：

```c
#include <sys/types.h>
#include <sys/socket.h>
int socket(int domain, int type, int protocol);
```

- domain 指定套接字的协议域或地址族，例如 AF_INET 表示使用 IPv4 协议，AF_INET6 表示使用 IPv6 协议；
- type 指定套接字的类型，例如 SOCK_STREAM 表示面向连接的流套接字（TCP），SOCK_DGRAM 表示无连接的数据报套接字（UDP）；
- protocol 指定协议类型，一般使用 0 表示默认协议。返回值：如果成功创建套接字，返回一个非负整数，表示套接字的文件描述符。如果失败，返回 −1，并设置全局变量 errno 表示具体的错误类型。

```c
#include <stdio.h>
#include <sys/socket.h>
#include <netinet/in.h>

int main() {
    int sockfd = socket(AF_INET, SOCK_STREAM, 0);
    if (sockfd == -1) {
```

```
        perror("Failed to create socket");
        return -1;
    }

    printf("Socket created successfully. File descriptor: %d\n", sockfd);

    return 0;
}
```

上述是使用 socket()函数创建套接字的示例,在该示例中,如果成功创建套接字,将打印套接字的文件描述符;否则,将打印相应的错误信息。

2) 绑定地址:对于服务器端的 Socket 套接字,可以使用 bind()函数将套接字与特定的 IP 地址和端口号进行绑定。这样,套接字就可以监听并接受来自特定地址和端口的连接请求。bind()函数原型如下:

```
#include <sys/types.h>
#include <sys/socket.h>
int bind(int sockfd, const struct sockaddr * addr, socklen_t addrlen);
```

- sockfd 表示要绑定的套接字的文件描述符;
- addr 表示要绑定的地址信息,是一个指向 struct sockaddr 类型的指针,需要根据套接字的协议族来进行类型转换;
- addrlen 表示地址结构的长度,通常使用 sizeof(struct sockaddr)来指定。返回值:如果绑定成功,返回 0。如果出错,返回-1,并设置全局变量 errno 表示具体的错误类型。

bind()函数用于将一个套接字绑定到服务器的特定地址和端口上,以便客户端能够连接到服务器。绑定的地址可以是 IP 地址和端口号的组合,也可以是通配符地址或特定的网络接口地址。如下是一个使用 bind()函数的代码示例,介绍了如何将套接字绑定到指定的 IP 地址"127.0.0.1"和端口号 6060:

```
#include <stdio.h>
#include <stdlib.h>
#include <string.h>
#include <sys/types.h>
#include <sys/socket.h>
#include <netinet/in.h>
#include <arpa/inet.h>

int main() {
    int sockfd;
```

```
    struct sockaddr_in server_addr;

    // 创建套接字
    sockfd = socket(AF_INET, SOCK_STREAM, 0);
    if (sockfd == -1) {
        perror("socket");
        exit(EXIT_FAILURE);
    }

    // 设置服务器地址
    memset(&server_addr, 0, sizeof(server_addr));
    server_addr.sin_family = AF_INET;
    server_addr.sin_port = htons(6060);  // 设置端口号
    server_addr.sin_addr.s_addr = inet_addr("127.0.0.1");  // 设置 IP 地址

    // 绑定套接字到指定地址
     if ( bind ( sockfd, ( struct sockaddr * ) &server _ addr, sizeof ( server _
addr)) == -1) {
        perror("bind");
        exit(EXIT_FAILURE);
    }

    printf("Socket bind successful!\n");

    // 关闭套接字
    close(sockfd);

    return 0;
}
```

如果绑定成功，将会打印出“Socket bind successful!”的消息。为了避免绑定失败，需要确保 IP 地址和端口号没有被其他程序占用。在调用 bind()函数之前，需要先创建一个套接字对象并确保该套接字处于可用状态。通常，需要先使用 socket()函数创建套接字，然后再调用 bind()函数将套接字绑定到指定的地址。

3) 监听连接请求：对于服务端的 Socket 套接字，首先需要创建一个套接字并绑定到一个特定的 IP 地址和端口，然后可以使用 listen()函数开始监听来自客户端的连接请求。listen()函数原型如下：

```
#include <sys/types.h>
#include <sys/socket.h>
int listen(int sockfd, int backlog);
```

- sockfd 是要监听的套接字文件描述符;
- backlog 定义为请求队列中允许的最大请求数。如果队列已满,新的连接请求将被拒绝。通常,该值被设置为一个合适的大小,如 SOMAXCONN,以便系统根据实际情况进行调整。返回值:成功时返回 0,表示监听操作成功。失败时返回 -1,并设置 errno 来指示错误类型。

listen()函数仅适用于使用 SOCK_STREAM 类型的套接字(例如 TCP 套接字)。如下是一个使用 listen()函数的代码示例:

```
#include <stdio.h>
#include <stdlib.h>
#include <sys/types.h>
#include <sys/socket.h>
#include <netinet/in.h>
#include <arpa/inet.h>

int main() {
    int sockfd;
    struct sockaddr_in server_addr;

    // 创建套接字
    sockfd = socket(AF_INET, SOCK_STREAM, 0);
    if (sockfd == -1) {
        perror("socket");
        exit(EXIT_FAILURE);
    }

    // 设置服务器地址
    server_addr.sin_family = AF_INET;
    server_addr.sin_port = htons(6060); // 设置端口号
    server_addr.sin_addr.s_addr = INADDR_ANY; // 绑定到所有可用的网络接口

    // 绑定套接字到指定地址
    if (bind(sockfd, (struct sockaddr *) &server_addr, sizeof(server_addr)) == -1) {
```

```
        perror("bind");
        exit(EXIT_FAILURE);
    }

    // 监听套接字，设置连接队列的最大长度为 5
    if (listen(sockfd, 5) == -1) {
        perror("listen");
        exit(EXIT_FAILURE);
    }
    printf("Socket listening...\n");
    // 关闭套接字
    close(sockfd);

    return 0;
}
```

上述示例创建了一个 TCP 套接字并将其绑定到端口号 6060，然后使用 listen()函数将套接字设置为监听状态，并设置了连接请求队列的最大长度为 5。如果监听成功，将会打印出"Socket listening..."的消息。

4）接受连接：对于服务器端的 Socket 套接字，使用 accept()函数接受来自客户端的连接请求，并创建一个新的 Socket 套接字与客户端进行通信。accept()函数会阻塞程序的执行，直到有客户端连接请求到达。accept()函数原型如下：

```
#include <sys/types.h>
#include <sys/socket.h>
int accept(int sockfd, struct sockaddr *addr, socklen_t *addrlen);
```

➢ sockfd 是用于监听的套接字描述符；
➢ addr 是用于存储客户端的地址信息。

在调用 accept()函数之前，需要创建一个 struct sockaddr 结构体，并将其传递给 addr 参数。addrlen 是指向存储 addr 结构体长度的变量的指针。在调用 accept()函数之前，需要将 addrlen 初始化为 addr 结构体的大小。accept()函数的返回值为新创建的套接字描述符，用于与客户端进行通信。如果连接请求队列为空，即没有客户端请求连接，accept()函数将阻塞等待，直到有新的连接请求到达。如果连接请求队列非空，则会立即接受连接请求，并返回新创建的套接字描述符。如下是一个使用 accept()函数接受客户端连接并进行通信的代码示例：

```
#include <stdio.h>
#include <stdlib.h>
#include <unistd.h>
```

```
#include <sys/types.h>
#include <sys/socket.h>
#include <netinet/in.h>

int main() {
    int sockfd, newsockfd, result;
    struct sockaddr_in addr;
    socklen_t addrlen;

    // 创建套接字
    sockfd = socket(AF_INET, SOCK_STREAM, 0);
    if (sockfd == -1) {
        perror("socket");
        exit(EXIT_FAILURE);
    }

    // 绑定地址
    addr.sin_family = AF_INET;
    addr.sin_addr.s_addr = INADDR_ANY;
    addr.sin_port = htons(6060);  // 使用特定的端口号
    result = bind(sockfd, (struct sockaddr *)&addr, sizeof(addr));
    if (result == -1) {
        perror("bind");
        exit(EXIT_FAILURE);
    }

    // 开始监听
    result = listen(sockfd, 5);
    if (result == -1) {
        perror("listen");
        exit(EXIT_FAILURE);
    }

    printf("Server listening on port 6060...\n");

    // 接受客户端连接
    addrlen = sizeof(addr);
```

```
    newsockfd = accept(sockfd, (struct sockaddr *)&addr, &addrlen);
    if (newsockfd == -1) {
        perror("accept");
        exit(EXIT_FAILURE);
    }

    printf("Client connected.\n");

    close(newsockfd);
    close(sockfd);

    return 0;
}
```

上述代码在调用 accept()函数之后，通过返回的 newsockfd 套接字描述符可以与客户端进行通信。需要注意的是，在完成与客户端的通信后，需要关闭 newsockfd 和 sockfd 套接字描述符。代码运行结果如下：

```
Server listening on port 6060...
```

5）连接到远程套接字：对于客户端的 Socket 套接字，使用 connect()函数连接到服务器端的套接字。通过指定服务器的 IP 地址和端口号，客户端可以与服务器建立连接并进行通信。connect()函数原型如下：

```
#include <sys/types.h>
#include <sys/socket.h>
int connect(int sockfd, const struct sockaddr *addr, socklen_t addrlen);
```

- sockfd 是套接字描述符，通过 socket()函数创建的套接字；
- addr 是指向 struct sockaddr 结构体的指针，其中包含远程主机的地址信息；
- addrlen 是 addr 结构体的大小，以字节为单位。返回值：成功连接返回 0。失败返回−1，并设置相应的错误码。

下面是一个使用 connect()函数连接到远程服务器的代码示例：

```
#include <stdio.h>
#include <stdlib.h>
#include <unistd.h>
#include <sys/types.h>
#include <sys/socket.h>
#include <netinet/in.h>
```

```
#include <arpa/inet.h>

int main() {
    int sockfd, result;
    struct sockaddr_in serverAddr;

    // 创建套接字
    sockfd = socket(AF_INET, SOCK_STREAM, 0);
    if (sockfd == -1) {
        perror("socket");
        exit(EXIT_FAILURE);
    }

    // 设置服务器地址
    serverAddr.sin_family = AF_INET;
    serverAddr.sin_port = htons(6060);
    serverAddr.sin_addr.s_addr = inet_addr("192.168.0.1");

    // 连接到服务器
    result = connect(sockfd, (struct sockaddr *)&serverAddr, sizeof(serverAddr));
    if (result == -1) {
        perror("connect");
        exit(EXIT_FAILURE);
    }

    printf("Connected to server.\n");

    // 在此可以进行与服务器的通信

    close(sockfd);

    return 0;
}
```

代码运行结果如下：

```
Connected to server.
```

6）发送和接收数据：使用 send()函数发送数据和 recv()函数接收数据。通过 Socket

套接字,可以在连接的两端进行双向的数据传输。send()函数用于向已连接的套接字发送数据,其函数原型如下:

```
#include <sys/types.h>
#include <sys/socket.h>
ssize_t send(int sockfd, const void * buf, size_t len, int flags);
```

- sockfd 是已连接的套接字描述符;
- buf 是指向要发送数据的缓冲区的指针;
- len 是要发送的数据的长度,以字节为单位;
- flags 是标志参数,用于指定发送的行为。返回值:成功发送数据,返回实际发送的字节数。失败返回-1,并设置相应的错误码。

如下是介绍使用 send()函数的代码示例:

```
#include <stdio.h>
#include <stdlib.h>
#include <unistd.h>
#include <sys/types.h>
#include <sys/socket.h>
#include <netinet/in.h>
#include <arpa/inet.h>
#include <string.h>

int main() {
    int sockfd, result;
    struct sockaddr_in serverAddr;

    // 创建套接字
    sockfd = socket(AF_INET, SOCK_STREAM, 0);
    if (sockfd == -1) {
        perror("socket");
        exit(EXIT_FAILURE);
    }

    // 设置服务器地址
    serverAddr.sin_family = AF_INET;
    serverAddr.sin_port = htons(6060);
    serverAddr.sin_addr.s_addr = inet_addr("192.168.0.1");
```

```
    // 连接到服务器
    result = connect(sockfd, (struct sockaddr *)&serverAddr, sizeof
(serverAddr));
    if (result == -1) {
        perror("connect");
        exit(EXIT_FAILURE);
    }

    printf("Connected to server.\n");

    // 发送数据
    const char *message = "Hi, server!";
    result = send(sockfd, message, strlen(message), 0);
    if (result == -1) {
        perror("send");
        exit(EXIT_FAILURE);
    }

    printf("Data sent.\n");

    close(sockfd);

    return 0;
}
```

上述示例首先创建一个套接字,将其连接到远程服务器的 IP 地址为“192.168.0.1”,端口为 6060 的服务器。然后使用 send()函数发送字符串“Hi, server!”给服务器。运行结果如下:

```
Connected to server.
Data sent.
```

recv()函数用于从已连接的套接字接收数据,其函数原型如下:

```
#include <sys/types.h>
#include <sys/socket.h>
ssize_t recv(int sockfd, void *buf, size_t len, int flags);
```

- sockfd 是已连接的套接字描述符;
- buf 是指向存储接收数据的缓冲区的指针;

➢ len 是缓冲区的大小,即要接收的最大数据长度;
➢ flags 是标志参数,用于指定接收的行为。返回值:成功接收数据,返回实际接收的字节数。如果连接关闭,返回 0。失败返回-1,并设置相应的错误码。

如下是介绍使用 recv()函数的代码示例:

```
#include <stdio.h>
#include <stdlib.h>
#include <unistd.h>
#include <sys/types.h>
#include <sys/socket.h>
#include <netinet/in.h>
#include <arpa/inet.h>
#include <string.h>

int main() {
    int sockfd, result;
    struct sockaddr_in serverAddr;

    // 创建套接字
    sockfd = socket(AF_INET, SOCK_STREAM, 0);
    if (sockfd == -1) {
        perror("socket");
        exit(EXIT_FAILURE);
    }

    // 设置服务器地址
    serverAddr.sin_family = AF_INET;
    serverAddr.sin_port = htons(8080);
    serverAddr.sin_addr.s_addr = inet_addr("192.168.0.1");

    // 连接到服务器
    result = connect(sockfd, (struct sockaddr *)&serverAddr, sizeof(serverAddr));
    if (result == -1) {
        perror("connect");
        exit(EXIT_FAILURE);
    }
```

```
    printf("Connected to server.\n");

    // 接收数据
    char buffer[1024];
    result = recv(sockfd, buffer, sizeof(buffer), 0);
    if (result == -1) {
        perror("recv");
        exit(EXIT_FAILURE);
    }

    printf("Received data: %s\n", buffer);

    close(sockfd);

    return 0;
}
```

7) 关闭套接字：使用 close()函数关闭 Socket 套接字，释放相关的资源。close()函数原型如下：

```
#include <unistd.h>
int close(int fd);
```

➢ fd 是要关闭的文件描述符。返回值：成功关闭文件描述符，返回 0。失败，返回-1，并设置相应的错误码。

利用 close()函数关闭一个套接字的代码示例如下：

```
#include <stdio.h>
#include <stdlib.h>
#include <unistd.h>
#include <sys/types.h>
#include <sys/socket.h>

int main() {
    int sockfd;

    // 创建套接字
    sockfd = socket(AF_INET, SOCK_STREAM, 0);
    if (sockfd == -1) {
```

```
        perror("socket");
        exit(EXIT_FAILURE);
    }

    // 关闭套接字
    if (close(sockfd) == -1) {
        perror("close");
        exit(EXIT_FAILURE);
    }

    return 0;
}
```

2. 流式 Socket 编程

流式(Stream)Socket 编程模型是一种基于连接的 Socket 编程模型，也称为面向流的 Socket 编程模型。在这种模型中，通信的数据被视为连续的字节流，发送方将数据按顺序发送到接收方，接收方按照相同的顺序接收和处理数据，其流程如下：

1) 创建 Socket：在发送方和接收方分别创建 Socket，并指定 Socket 的类型为流式 Socket。

2) 设置 Socket 选项：根据需要，可以设置一些 Socket 选项，如重用地址、延迟发送等。

3) 建立连接：接收方先使用 bind()函数绑定地址和端口，并使用 listen()函数监听连接请求。发送方在使用 connect()函数连接到接收方，建立持久的连接。

4) 发送数据：在发送方将待发送的数据作为连续的字节流写入 Socket，数据被自动分割成适当大小的数据包进行传输。

5) 接收数据：在接收方通过 accept()函数接受连接请求，并创建一个新的 Socket 用于与发送方通信。接收方从该 Socket 读取数据，按照接收顺序接收并处理数据。

6) 处理数据：接收方收到数据后，按照应用层的协议和规则进行数据处理，可以对数据进行解析、转换、存储等操作。

7) 回复数据(可选)：根据需要，接收方可以通过新创建的 Socket 向发送方发送回复数据。

8) 关闭连接：通信完成后，发送方和接收方分别关闭 Socket，断开连接。

流式 Socket 编程模型的特点是可靠性和有序性。数据被视为连续的流，保证了数据的顺序传输和接收，确保了数据的可靠性。在建立连接的过程中，可以进行一些握手和验证操作，提供了一定的安全性。在 Linux 操作系统中，可以使用 TCP 协议来实现流式 Socket 编程模型。通过创建 TCP Socket，并使用 connect()函数建立连接，使用 send()函数发送数据，使用 recv()函数接收数据，通过 bind()函数绑定地址和端口，使用 listen()和 accept()函数来监听连接请求和接受连接。在发送和接收的过程中，数据被视为连续的字节流，发送方按顺序发送，接收方按顺序接收和处理，具体代码示例如下：

服务端(server.c)：

```
#include <stdio.h>
#include <stdlib.h>
#include <string.h>
#include <sys/socket.h>
#include <netinet/in.h>
#include <arpa/inet.h>
#include <unistd.h>

#define PORT 8080
#define BUFFER_SIZE 1024

int main() {
    int sockfd, newsockfd;
    struct sockaddr_in server_addr, client_addr;
    socklen_t client_len;
    char buffer[BUFFER_SIZE];

    // 创建 TCP Socket
    sockfd = socket(AF_INET, SOCK_STREAM, 0);
    if (sockfd < 0) {
        perror("socket");
        exit(1);
    }

    // 设置服务器地址和端口
    server_addr.sin_family = AF_INET;
    server_addr.sin_port = htons(PORT);
    server_addr.sin_addr.s_addr = INADDR_ANY;

    // 绑定地址和端口
    if (bind(sockfd, (struct sockaddr *)&server_addr, sizeof(server_addr)) < 0) {
        perror("bind");
        exit(1);
    }

    // 监听连接请求
```

```
    if (listen(sockfd, 5) < 0) {
        perror("listen");
        exit(1);
    }

    printf("Server listening on port %d...\n", PORT);

    // 接受连接
    client_len = sizeof(client_addr);
    newsockfd = accept(sockfd, (struct sockaddr *)&client_addr, &client_len);
    if (newsockfd < 0) {
        perror("accept");
        exit(1);
    }

    printf("Client connected: %s:%d\n", inet_ntoa(client_addr.sin_addr), ntohs
(client_addr.sin_port));

    // 发送数据
    char *message = "Hello, client!";
    if (send(newsockfd, message, strlen(message), 0) < 0) {
        perror("send");
        exit(1);
    }
    printf("Message sent to client: %s\n", message);

    // 接收数据
    memset(buffer, 0, BUFFER_SIZE);
    if (recv(newsockfd, buffer, BUFFER_SIZE, 0) < 0) {
        perror("recv");
        exit(1);
    }
    printf("Message received from client: %s\n", buffer);

    // 关闭连接
    close(newsockfd);
```

```
    close(sockfd);

    return 0;
}
```

客户端(client.c):

```
#include <stdio.h>
#include <stdlib.h>
#include <string.h>
#include <sys/socket.h>
#include <netinet/in.h>
#include <arpa/inet.h>
#include <unistd.h>

#define SERVER_IP "127.0.0.1"
#define PORT 8080
#define BUFFER_SIZE 1024

int main() {
    int sockfd;
    struct sockaddr_in server_addr;
    char buffer[BUFFER_SIZE];

    // 创建 TCP Socket
    sockfd = socket(AF_INET, SOCK_STREAM, 0);
    if (sockfd < 0) {
        perror("socket");
        exit(1);
    }

    // 设置服务器地址和端口
    server_addr.sin_family = AF_INET;
    server_addr.sin_port = htons(PORT);
    if (inet_pton(AF_INET, SERVER_IP, &server_addr.sin_addr) <= 0) {
        perror("inet_pton");
        exit(1);
```

```
    }

    // 连接服务器
    if (connect(sockfd, (struct sockaddr *)&server_addr, sizeof(server_addr)) < 0) {
        perror("connect");
        exit(1);
    }

    printf("Connected to server: %s:%d\n", SERVER_IP, PORT);

    // 接收数据
    memset(buffer, 0, BUFFER_SIZE);
    if (recv(sockfd, buffer, BUFFER_SIZE, 0) < 0) {
        perror("recv");
        exit(1);
    }
    printf("Message received from server: %s\n", buffer);

    // 发送数据
    char *message = "Hello, server!";
    if (send(sockfd, message, strlen(message), 0) < 0) {
        perror("send");
        exit(1);
    }
    printf("Message sent to server: %s\n", message);

    // 关闭连接
    close(sockfd);

    return 0;
}
```

上述示例中,服务端运行结果如下:

```
Server listening on port 8080...
Client connected: 127.0.0.1:60582
Message sent to client: Hello, client!
Message received from client: Hello, server!
```

客户端运行结果如下：

```
Connected to server：127.0.0.1:8080
Message received from server：Hello，client!
Message sent to server：Hello，server!
```

3. 报文 Socket 编程

报文(Packet)Socket 编程模型是一种基于数据报的 Socket 编程模型，也称为面向报文的 Socket 编程模型。在这种模型中，通信的数据被分割成一个个离散的数据包(报文)，每个报文都带有自己的目标地址和源地址。报文 Socket 提供了一种无连接的通信方式，即发送方和接收方之间不需要建立持久的连接。其流程如下：

1) 创建 Socket：在发送方和接收方分别创建 Socket，并指定 Socket 的类型为数据报 Socket(报文 Socket)。

2) 设置 Socket 选项：根据需要，可以设置一些 Socket 选项，如重用地址、广播等。

3) 发送数据：在发送方将待发送的数据分割成报文，每个报文都包含目标地址和源地址信息，然后通过 Socket 发送到网络上。

4) 接收数据：在接收方监听 Socket，等待接收来自网络的报文。

5) 处理数据：接收方收到报文后，根据报文中的目标地址和源地址进行处理，可以提取出有效的数据进行进一步处理。

6) 回复数据(可选)：根据需要，接收方可以发送回复报文到发送方。

7) 关闭 Socket：通信完成后，发送方和接收方分别关闭 Socket。

8) 报文 Socket 编程模型的优点是灵活性高，适用于一对一、一对多和多对多的通信模式。每个报文都是独立的，不需要维护连接状态，因此可以实现高度并发和实时性要求较高的通信。然而，由于每个报文都带有自己的目标地址和源地址，因此需要在应用层进行报文的解析和处理，增加了一定的开销和复杂性。

在 Linux 操作系统中，可以使用 UDP 协议来实现报文 Socket 编程模型。通过创建 UDP Socket，并使用 sendto()函数发送报文，使用 recvfrom()函数接收报文。在发送和接收的过程中，需要指定目标地址和源地址信息，以确保报文的正确传输和处理，具体的代码示例如下：

```
#include <stdio.h>
#include <stdlib.h>
#include <string.h>
#include <unistd.h>
#include <arpa/inet.h>

#define MAX_BUFFER_SIZE 1024
#define SERVER_PORT 8888

void server_process() {
```

```
    int sockfd;
    struct sockaddr_in server_addr, client_addr;
    socklen_t addr_len;
    char buffer[MAX_BUFFER_SIZE];

    // 创建 UDP Socket
    sockfd = socket(AF_INET, SOCK_DGRAM, 0);
    if (sockfd < 0) {
        perror("socket");
        exit(1);
    }

    // 设置服务器地址信息
    memset(&server_addr, 0, sizeof(server_addr));
    server_addr.sin_family = AF_INET;
    server_addr.sin_port = htons(SERVER_PORT);
    server_addr.sin_addr.s_addr = htonl(INADDR_ANY);

    // 绑定 Socket
    if (bind(sockfd, (struct sockaddr *)&server_addr, sizeof(server_addr)) < 0) {
        perror("bind");
        exit(1);
    }

    // 接收报文
    addr_len = sizeof(client_addr);
    ssize_t recv_len = recvfrom(sockfd, buffer, MAX_BUFFER_SIZE, 0, (struct
sockaddr *)&client_addr, &addr_len);
    if (recv_len < 0) {
        perror("recvfrom");
        exit(1);
    }
    buffer[recv_len] = '\0';
    printf("Message received from client: %s\n", buffer);

    // 发送报文
    const char *message = "Hello, Client!";
```

```
    if (sendto(sockfd, message, strlen(message), 0, (struct sockaddr *)&client_
addr, sizeof(client_addr)) < 0) {
        perror("sendto");
        exit(1);
    }
    printf("Message sent to client: %s\n", message);

    // 关闭 Socket
    close(sockfd);
}

void client_process() {
    int sockfd;
    struct sockaddr_in server_addr;
    char buffer[MAX_BUFFER_SIZE];

    // 创建 UDP Socket
    sockfd = socket(AF_INET, SOCK_DGRAM, 0);
    if (sockfd < 0) {
        perror("socket");
        exit(1);
    }

    // 设置服务器地址信息
    memset(&server_addr, 0, sizeof(server_addr));
    server_addr.sin_family = AF_INET;
    server_addr.sin_port = htons(SERVER_PORT);
    server_addr.sin_addr.s_addr = inet_addr("127.0.0.1");

    // 发送报文
    const char *message = "Hello, Server!";
    if (sendto(sockfd, message, strlen(message), 0, (struct sockaddr *)&server_
6addr, sizeof(server_addr)) < 0) {
        perror("sendto");
        exit(1);
    }
    printf("Message sent to server: %s\n", message);
```

```
        // 接收报文
        ssize_t recv_len = recvfrom(sockfd, buffer, MAX_BUFFER_SIZE, 0, NULL, NULL);
        if (recv_len < 0) {
            perror("recvfrom");
            exit(1);
        }
        buffer[recv_len] = '\0';
        printf("Message received from server: %s\n", buffer);

        // 关闭 Socket
        close(sockfd);
    }

    int main() {
        pid_t pid;

        // 创建子进程
        pid = fork();
        if (pid < 0) {
            perror("fork");
            exit(1);
        } else if (pid == 0) {
            // 子进程作为服务器
            server_process();
        } else {
            // 父进程作为客户端
            client_process();
        }

        return 0;
    }
```

上述代码中创建了两个进程，一个作为客户端发送报文，另一个作为服务器接收报文。在客户端进程中，先创建 UDP Socket，然后使用 sendto()函数发送报文，再使用 recvfrom()函数接收来自服务器的响应报文。在服务器进程中，先创建 UDP Socket，然后使用 recvfrom()函数接收来自客户端的报文，再使用 sendto()函数发送响应报文给客户端。

8.4 网络高级编程

在网络编程实际应用中,高级 I/O 扮演着重要的角色,并提供了一种更灵活、高效的方式来处理网络通信。如通过非阻塞模式和多路复用机制实现高并发服务器来同时处理多个连接,并根据就绪的 I/O 事件进行相应的读写操作,从而提高系统的并发性能;异步 I/O 机制允许应用程序在数据就绪时立即进行处理,适用于需要高效处理大量并发连接的应用场景等。根据具体的应用需求,开发者可以灵活地应用高级 I/O 技术,实现各种网络通信场景下的优化和改进。

8.4.1 文件 I/O 模式

在网络高级编程中,文件 I/O 模式包括阻塞式、非阻塞式、I/O 多路复用和异步 I/O。它们之间的区别在于处理 I/O 操作时的阻塞行为、并发处理能力和编程模型。

1) 阻塞式(Blocking):阻塞式 I/O 是最常见的模式,在此模式下,当应用程序执行读或写操作时,如果文件描述符没有可用数据或无法写入数据,操作会被阻塞,直到有数据可读取或可写入为止。阻塞式 I/O 模式适用于简单的、同步的应用程序,处理方式直观,编写起来相对简单,适合于处理低并发的情况。不足之处在于每个 I/O 操作会阻塞整个进程或线程,导致并发处理能力较低。当一个 I/O 操作阻塞时,其他任务无法继续执行。

2) 非阻塞式(Non-blocking):非阻塞式 I/O 模式中,当应用程序执行读或写操作时,如果文件描述符没有可用数据或无法写入数据,操作不会被阻塞,而是立即返回。非阻塞式 I/O 模式通过不断轮询文件描述符来检查是否有可用数据或是否可以写入数据,可以实现非阻塞的 I/O 操作。非阻塞式 I/O 模式适用于需要在同一线程或进程内处理多个任务的场景,但轮询的方式会占用较高的 CPU 资源。

3) I/O 多路复用(I/O Multiplexing):I/O 多路复用模式使用了操作系统提供的多路复用机制,如 select、poll 或 epoll。应用程序可以将多个文件描述符注册到多路复用机制中,并通过调用相应的函数等待其中任意一个或多个文件描述符就绪。当有文件描述符就绪时,应用程序可以进行相应的读写操作,而不需要阻塞等待。这种模式可以实现同时监控多个文件描述符的 I/O 事件,提高并发性能。多路复用适用于处理大量并发连接的场景,能够有效地处理多个客户端请求。

4) 异步 I/O(Asynchronous I/O):异步 I/O 模式中,应用程序发起 I/O 操作后立即返回,并通过回调函数或事件通知机制来反馈 I/O 操作的结果。在这种模式下,应用程序不需要主动等待 I/O 操作的完成,而是可以继续执行其他任务。当 I/O 操作完成时,系统会通知应用程序,应用程序可以通过回调函数处理结果。异步 I/O 模式适用于高并发、需要处理大量 I/O 操作的场景,能够充分利用系统资源,提高并发能力和响应性。

选择适当的文件 I/O 模式取决于应用程序的需求和设计,如阻塞式 I/O 适用于简单的、同步的场景,适合处理低并发请求;非阻塞式 I/O 适用于需要在同一线程或进程内处理多个任务的场景,但会消耗较高的 CPU 资源;I/O 多路复用适用于处理大量并发连接的场景,提高了并发性能;异步 I/O 适用于高并发、需要处理大量 I/O 操作的场景,提高了并发能力和响应性。

8.4.2　非阻塞式 I/O

非阻塞式 I/O 模型是一种相对于阻塞式 I/O 的改进模型,它可以在进行 I/O 操作时不阻塞应用程序的执行。在非阻塞式 I/O 模型中,当应用程序调用一个 I/O 函数时,如果没有立即可用的数据或资源,该函数会立即返回,而不会阻塞等待。

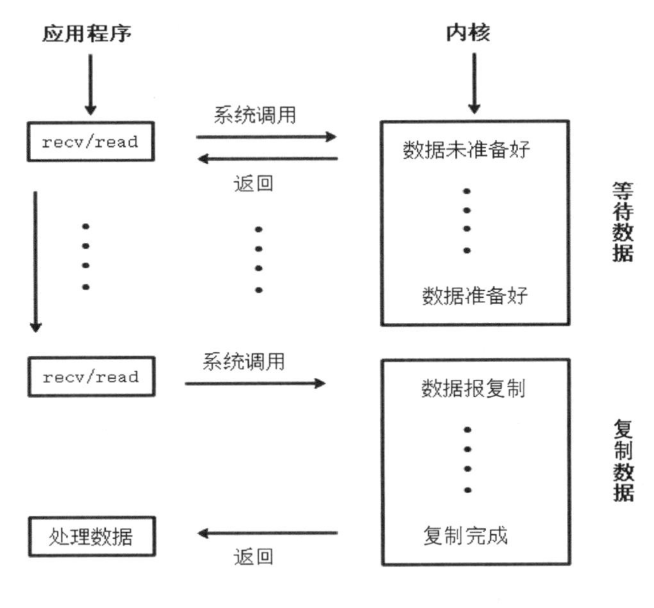

图 8—13　非阻塞式 I/O

如图 8—13 展示了非阻塞式 I/O 模型的一般工作流程。首先应用程序调用非阻塞式 I/O 函数,例如读取文件或接收网络数据。如果所需的数据可用,函数立即返回,并将数据传输给应用程序。如果所需的数据尚未准备好,函数仍会立即返回且不会阻塞,应用程序可以继续执行其他任务。应用程序可以使用轮询或回调机制来检查数据是否已准备好;当数据准备就绪时(例如文件读取完毕或网络数据到达),应用程序可以再次调用 I/O 函数来获取数据。

非阻塞式 I/O 模型的特点包括:

① 非阻塞等待:在非阻塞式 I/O 模型中,当一个 I/O 操作无法立即完成时,函数会立即返回,而不会阻塞等待。应用程序可以继续执行其他任务。

② 轮询或回调机制:应用程序需要使用轮询或回调机制来主动检查或接收通知,以确定所需的数据是否已准备好。这可以通过循环调用非阻塞 I/O 函数或使用事件驱动的方式实现。

③ 非阻塞 I/O 操作:非阻塞式 I/O 模型允许应用程序进行非阻塞的 I/O 操作,从而提高并发性和响应性。

非阻塞式 I/O 模型的优点是充分利用了系统资源,提高了并发能力和响应性。它适用于需要同时处理多个连接或请求的高性能网络应用。然而,非阻塞式 I/O 模型也存在一些挑战和复杂性,如轮询开销、状态管理和代码复杂性等。

在 socket 编程中,可以使用 fcntl()函数设置文件描述符为非阻塞模式:

```
#include <fcntl.h>
int flags = fcntl(fd, F_GETFL, 0);
fcntl(fd, F_SETFL, flags | O_NONBLOCK);
```

➢ fd 是文件描述符,通过将 O_NONBLOCK 标志与当前文件描述符的标志进行逻辑或操作,可以将文件描述符设置为非阻塞模式。

如下是判断当前套接字是否为非阻塞式的代码示例:

```
#include <stdio.h>
#include <fcntl.h>
#include <unistd.h>
#include <sys/socket.h>

int main() {
    int sockfd = socket(AF_INET, SOCK_STREAM, 0);
    if (sockfd < 0) {
        perror("Socket creation failed");
        return 1;
    }

    int flags = fcntl(sockfd, F_GETFL, 0);
    if (flags < 0) {
        perror("Failed to get socket flags");
        return 1;
    }

    if (flags & O_NONBLOCK) {
        printf("Socket is in non-blocking mode\n");
    } else {
        printf("Socket is in blocking mode\n");
    }

    close(sockfd);

    return 0;
}
```

该示例创建了一个套接字 sockfd，然后使用 fcntl()函数获取套接字的标志。通过检查 O_NONBLOCK 标志位是否被设置，可以判断当前套接字是否为非阻塞套接字。然而，套接字 sockfd 是通过调用 socket()函数创建的，默认为阻塞式。因此，输出结果为：

```
Socket is in blocking mode
```

如下是使用 fcntl()函数将套接字设置为非阻塞式 I/O 的代码示例：

接收端(非阻塞式读取数据)：

```
#include <stdio.h>
#include <fcntl.h>
#include <unistd.h>
#include <sys/socket.h>
#include <netinet/in.h>
#include <arpa/inet.h>
#include <string.h>
#include <errno.h>

#define BUFFER_SIZE 1024

int main() {
    int sockfd = socket(AF_INET, SOCK_STREAM, 0);
    if (sockfd < 0) {
        perror("socket creation failed");
        return -1;
    }

    // 将套接字设置为非阻塞模式
    int flags = fcntl(sockfd, F_GETFL, 0);
    if (flags < 0) {
        perror("fcntl F_GETFL failed");
        close(sockfd);
        return -1;
    }

    if (fcntl(sockfd, F_SETFL, flags | O_NONBLOCK) < 0) {
        perror("fcntl F_SETFL failed");
        close(sockfd);
        return -1;
```

```
    }

    struct sockaddr_in server_addr;
    server_addr.sin_family = AF_INET;
    server_addr.sin_port = htons(8080);
    server_addr.sin_addr.s_addr = INADDR_ANY;

    if (bind(sockfd, (struct sockaddr *)&server_addr, sizeof(server_addr)) < 0) {
        perror("bind failed");
        close(sockfd);
        return -1;
    }

    if (listen(sockfd, 5) < 0) {
        perror("listen failed");
        close(sockfd);
        return -1;
    }

    int clientfd;
    struct sockaddr_in client_addr;
    socklen_t client_len = sizeof(client_addr);

    while (1) {
        clientfd = accept(sockfd, (struct sockaddr *)&client_addr, &client_len);
        if (clientfd < 0) {
            if (errno == EAGAIN || errno == EWOULDBLOCK) {
                // 没有连接请求,继续等待
                continue;
            } else {
                perror("accept failed");
                continue;
            }
        }

        char buffer[BUFFER_SIZE];
        memset(buffer, 0, sizeof(buffer));
```

```
        sleep(3);

        ssize_t recv_result = recv(clientfd, buffer, sizeof(buffer) - 1, 0);
        if (recv_result < 0) {
            perror("recv failed");
            close(clientfd);
            continue;
        } else if (recv_result == 0) {
            printf("Connection closed by the client.\n");
        } else {
            printf("Received data: %s\n", buffer);
        }

        close(clientfd);
    }

    close(sockfd);

    return 0;
}
```

发送端(非阻塞式写入数据):

```
#include <stdio.h>
#include <fcntl.h>
#include <unistd.h>
#include <sys/socket.h>
#include <netinet/in.h>
#include <arpa/inet.h>
#include <string.h>
#include <errno.h>
#include <sys/select.h>

int main() {
    int sockfd = socket(AF_INET, SOCK_STREAM, 0);
    if (sockfd < 0) {
        perror("socket creation failed");
        return -1;
```

```
    }

    // 将套接字设置为非阻塞模式
    int flags = fcntl(sockfd, F_GETFL, 0);
    if (flags < 0) {
        perror("fcntl F_GETFL failed");
        close(sockfd);
        return -1;
    }

    if (fcntl(sockfd, F_SETFL, flags | O_NONBLOCK) < 0) {
        perror("fcntl F_SETFL failed");
        close(sockfd);
        return -1;
    }

    struct sockaddr_in server_addr;
    server_addr.sin_family = AF_INET;
    server_addr.sin_port = htons(8080);
    server_addr.sin_addr.s_addr = inet_addr("127.0.0.1");

    // 连接到服务器
    int connect_result = connect(sockfd, (struct sockaddr *)&server_addr,
sizeof(server_addr));
    if (connect_result < 0) {
        perror("connect failed");
        close(sockfd);
        return -1;
    }

    if (connect_result < 0 && errno == EINPROGRESS) {
        fd_set write_fds;
        FD_ZERO(&write_fds);
        FD_SET(sockfd, &write_fds);
        struct timeval timeout;
        timeout.tv_sec = 5;  // 超时 5 秒
        timeout.tv_usec = 0;
```

```
        int select_result = select(sockfd + 1, NULL, &write_fds, NULL, &timeout);
        if (select_result <= 0) {
            if (select_result == 0) {
                fprintf(stderr, "connect timeout\n");
            } else {
                perror("select failed");
            }
            close(sockfd);
            return -1;
        }

        int so_error;
        socklen_t len = sizeof(so_error);
        if (getsockopt(sockfd, SOL_SOCKET, SO_ERROR, &so_error, &len) < 0) {
            perror("getsockopt failed");
            close(sockfd);
            return -1;
        }

        if (so_error != 0) {
            fprintf(stderr, "connect failed: %s\n", strerror(so_error));
            close(sockfd);
            return -1;
        }
    }

    const char *message = "Hello, Server!";
    ssize_t send_result = send(sockfd, message, strlen(message), 0);
    if (send_result < 0) {
        perror("send failed");
        close(sockfd);
        return -1;
    }

    close(sockfd);

    return 0;
}
```

上述示例中,接收端的输出结果如下:

```
Received data: Hello, Server!
```

8.4.3 异步 I/O

在传统的阻塞式 I/O 模型中,当应用程序发起一个 I/O 操作后,程序会被阻塞,直到操作完成。这种模型在处理多个并发的 I/O 操作时效率较低,因为每个操作都会导致程序阻塞,无法同时处理其他任务。异步 I/O 是一种编程模型,它通过使用回调函数或事件通知的机制,实现了非阻塞的 I/O 操作。应用程序发起一个 I/O 请求后,可以立即返回,并继续执行其他任务。当 I/O 操作完成时,操作系统通知应用程序,可以通过回调函数或事件通知来处理完成的 I/O 操作。这样,应用程序可以并发地处理多个 I/O 操作,提高系统的吞吐量和响应性。

在 Linux 操作系统中,异步 I/O 可以通过使用 AIO(Asynchronous I/O)来实现。AIO 是一组函数和数据结构,用于在进行 I/O 操作时实现异步行为,主要包括以下几个函数:

- aio_read()和 aio_write():用于启动异步读取和写入操作;
- aio_error():用于检查异步操作的错误状态;
- aio_return():用于获取异步操作的返回值;
- aio_suspend():用于挂起进程,等待一组异步操作完成;
- aio_cancel():用于取消正在进行的异步操作。

在 Linux 操作系统下使用 AIO 进行异步 I/O 的代码示例如下:

```c
#include <stdio.h>
#include <stdlib.h>
#include <string.h>
#include <fcntl.h>
#include <errno.h>
#include <aio.h>

#define BUF_SIZE 1024

int main(int argc, char *argv[]) {
    struct aiocb cb;
    char buf[BUF_SIZE] = "Hello, world!";
    int fd;
    ssize_t ret;

    // 打开文件
```

```
    fd = open("test.txt", O_CREAT | O_WRONLY, 0644);
    if (fd == -1) {
        perror("open");
        exit(EXIT_FAILURE);
    }

    // 清零 aiocb 结构体并设置参数
    memset(&cb, 0, sizeof(struct aiocb));
    cb.aio_fildes = fd;
    cb.aio_buf = buf;
    cb.aio_nbytes = strlen(buf);
    cb.aio_offset = 0;

    // 开始异步写操作
    if (aio_write(&cb) == -1) {
        perror("aio_write");
        exit(EXIT_FAILURE);
    }

    // 等待异步操作完成
    while (aio_error(&cb) == EINPROGRESS) {
        printf("Writing in progress...\n");
    }

    // 检查异步写操作的返回值
    ret = aio_return(&cb);
    if (ret == -1) {
        perror("aio_return");
        exit(EXIT_FAILURE);
    } else {
        printf("Asynchronous write completed successfully.\n");
    }

    // 关闭文件
    close(fd);
    return 0;
}
```

上述代码会异步地写入一些数据到文件中,并通过等待和检查操作状态来完成整个过程,运行结果如下:

```
Writing in progress...
Writing in progress...
Writing in progress...
Writing in progress...
Writing in progress...
Writing in progress...
Writing in progress...
Writing in progress...
Asynchronous write completed successfully.
```

8.4.4 I/O 多路复用

I/O 多路复用是一种网络编程中的技术,它允许单个线程或进程同时监视多个套接字的状态,以便及时处理可读、可写或异常事件。多路复用技术可以提高程序的并发性能,使得程序能够同时处理多个连接或请求。在 Linux 操作系统中,实现多路复用的函数主要有以下几个:

1) select()是一种在 Linux 系统中实现多路复用的函数。它可以同时监视多个文件描述符,等待其中任意一个或多个文件描述符准备好进行 I/O 操作。select()函数原型如下:

```
#include <sys/select.h>
int select(int nfds, fd_set *readfds, fd_set *writefds, fd_set *exceptfds, struct timeval *timeout);
```

fd_set 是一个文件描述符集合的数据结构,通过宏定义和一些操作函数来操作;struct timeval 是一个时间结构,包含秒数和微秒数,用于设置超时时间。该函数中参数的含义如下:

- int nfds 为监视的最大文件描述符值加 1。这个参数是指监视的文件描述符集合中最大的文件描述符值加 1,即需要监视的文件描述符的范围;
- fd_set *readfds 是可读事件的文件描述符集合。这是一个文件描述符集合,用于指定需要监视可读事件的文件描述符。在调用 select()函数之前,需要将要监视的可读事件的文件描述符添加到这个集合中;
- fd_set *writefds 是可写事件的文件描述符集合。类似于 readfds,这是一个文件描述符集合,用于指定需要监视可写事件的文件描述符;
- fd_set *exceptfds 是异常事件的文件描述符集合。同样,这也是一个文件描述符集合,用于指定需要监视异常事件的文件描述符;
- struct timeval *timeout 是等待超时时间。这是一个 struct timeval 类型的指针,用于指定 select()函数的等待时间。可以设置为 NULL,表示无限等待,直到有事件发生;或者设置为一个具体的超时时间,以控制 select()函数的等待时间。

在调用 select()函数之前,需要通过一些宏定义和操作函数来进行集合的设置与操作。常用的宏定义有 FD_ZERO、FD_SET、FD_CLR 和 FD_ISSET,分别用于初始化集合、将文件描述符添加到集合、从集合中删除文件描述符以及检查文件描述符是否在集合中:

```
#define FD_ZERO(set) // 清空集合
#define FD_SET(fd, set) // 将文件描述符添加到集合
#define FD_CLR(fd, set) // 从集合中移除文件描述符
#define FD_ISSET(fd, set) // 检查文件描述符是否在集合中
```

select()函数的工作流程如下:

① 在调用 select()函数之前,需要将需要监视的文件描述符添加到对应的文件描述符集合中(如 readfds、writefds 和 exceptfds)。

② 调用 select()函数后,它会阻塞等待,直到其中一个或多个文件描述符准备好进行 I/O 操作,或者超过指定的超时时间。

③ 当某个文件描述符准备就绪时,select()函数返回,此时可以通过遍历文件描述符集合来确定哪些文件描述符已经就绪。

④ 最后处理就绪的文件描述符,进行相应的 I/O 操作。

select()函数的返回值表示就绪文件描述符的数量。若返回值为 0,则表示超时;若返回值为-1,则表示发生错误,可以通过查看 errno 来获取具体的错误信息。

在使用 select()函数时,需要注意几个方面:首先,在每次调用 select()之前,需要重新设置文件描述符集合,因为 select()会修改文件描述符集合。其次,select()函数的效率相对较低,当需要监视的文件描述符较多时,会有性能瓶颈。另外,select()对于监视的文件描述符数量有限制。最后,select()函数无法直接获得就绪文件描述符的具体信息,需要通过遍历文件描述符集合来确定哪些文件描述符已经准备就绪,这可能导致性能问题。

如下是介绍 select()函数进行多路复用的代码示例:

```
#include <stdio.h>
#include <stdlib.h>
#include <sys/time.h>
#include <sys/types.h>
#include <unistd.h>

int main() {
    fd_set readfds;                  // 读文件描述符集合
    struct timeval timeout;          // 超时时间
    int result;                      // select() 函数的返回值
    int fd_max;                      // 最大文件描述符值
    int i;                           // 循环变量
```

```
    // 初始化读文件描述符集合
    FD_ZERO(&readfds);

    // 添加标准输入文件描述符到集合中
    FD_SET(STDIN_FILENO, &readfds);
    fd_max = STDIN_FILENO;

    // 设置超时时间为 5 秒
    timeout.tv_sec = 5;
    timeout.tv_usec = 0;

    // 使用 select() 函数进行多路复用
    result = select(fd_max + 1, &readfds, NULL, NULL, &timeout);

    if (result == -1) {
        perror("select() failed");
        exit(1);
    } else if (result == 0) {
        printf("Timeout occurred\n");
    } else {
        // 检查标准输入文件描述符是否准备好
        if (FD_ISSET(STDIN_FILENO, &readfds)) {
            char buffer[256];
            ssize_t num_bytes = read(STDIN_FILENO, buffer, sizeof(buffer));
            if (num_bytes == -1) {
                perror("read() failed");
                exit(1);
            } else if (num_bytes == 0) {
                printf("End of input\n");
            } else {
                printf("Read %zd bytes: %.*s\n", num_bytes, (int)num_
bytes, buffer);
            }
        }
    }

    return 0;
}
```

上述示例使用 select()函数进行多路复用，设置了一个超时时间为 5 秒。程序会等待标准输入文件描述符（标准输入）准备好或超时发生，然后根据返回的结果进行相应的处理。

2) pselect()函数是一个类似于 select()函数的系统调用，用于在一组文件描述符上进行等待，直到其中一个或多个文件描述符准备就绪或超时。它与 select() 函数的主要区别在于，pselect()函数提供了一个额外的参数来指定信号屏蔽字，这样做可以防止在等待期间被信号中断，以便更精确地控制等待的行为。pselect() 函数原型如下：

```
#include <sys/select.h>
int pselect(int nfds, fd_set *readfds, fd_set *writefds, fd_set *exceptfds, const
struct timespec *timeout, const sigset_t *sigmask);
```

如果时间超时或者有一个或多个文件描述符就绪，返回就绪的文件描述符的数量。如果被信号中断，返回－1，并设置 errno 为 EINTR。如果发生错误，返回－1，并设置 errno。pselect()函数与 select()函数类似，特别适用于处理同时等待文件描述符和信号的情况，如下是介绍 pselect()函数的代码示例：

```
#include <stdio.h>
#include <stdlib.h>
#include <string.h>
#include <unistd.h>
#include <sys/select.h>

int main() {
    // 创建文件描述符集合
    fd_set read_fds;
    FD_ZERO(&read_fds);

    // 添加标准输入文件描述符到集合中
    FD_SET(STDIN_FILENO, &read_fds);

    // 设置超时时间为 5 秒
    struct timeval timeout;
    timeout.tv_sec = 5;
    timeout.tv_usec = 0;

    printf("Waiting for input:\n");

    // 调用 pselect() 函数进行多路复用
```

```
    int result = pselect(STDIN_FILENO + 1, &read_fds, NULL, NULL, &timeout, NULL);

    if (result == -1) {
        perror("pselect error");
        return 1;
    } else if (result == 0) {
        printf("Timeout reached.\n");
    } else {
        if (FD_ISSET(STDIN_FILENO, &read_fds)) {
            // 读取用户输入的文本
            char buffer[256];
            fgets(buffer, sizeof(buffer), stdin);
            printf("Input: %s\n", buffer);
        }
    }

    return 0;
}
```

上述代码会等待用户在标准输入中输入一段文本。如果用户在 5 秒内输入了文本，则程序会打印出用户输入的内容。如果超过 5 秒没有输入，则会打印"Timeout reached."的消息。

3) poll()函数是用于检查一组文件描述符的状态，以确定是否有就绪的文件描述符可进行 I/O 操作。它与 select()和 pselect()函数类似，但在某些方面具有更强的灵活性和效率。poll()函数原型如下：

```
#include <poll.h>
int poll(struct pollfd *fds, nfds_t nfds, int timeout);
```

- nfds 表示 fds 数组中的元素个数；
- timeout 为超时时间，以毫秒为单位，可传入以下三个值：-1 表示永久阻塞，直到有事件发生。0 表示立即返回，无论是否有事件发生。大于 0 表示等待指定的毫秒数后返回。
- fds 是指向一个 pollfd 结构体数组的指针，每个结构体描述一个文件描述符及其关注的事件。其中，pollfd 结构体定义如下：

```
struct pollfd {
    int fd;          // 文件描述符
    short events;    // 关注的事件
    short revents;   // 实际发生的事件
};
```

- fd 是文件描述符；
- events 为关注的事件，可取以下几个宏的组合：POLLIN：可读事件；POLLOUT：可写事件；POLLPRI：有紧急数据可读事件；POLLERR：错误事件；POLLHUP：挂起事件；POLLNVAL：无效请求事件；revents：实际发生的事件，由内核填充。
- poll()函数的返回值为就绪文件描述符的个数，如果出错则返回－1，并设置相应的错误码。

在使用 poll()函数进行多路复用时，首先需要创建一个 pollfd 结构体数组，并设置要监听的文件描述符和关注的事件；然后调用 poll()函数，传入上述数组以及其他参数。最后根据 poll()函数的返回值和 revents 字段判断哪些文件描述符就绪，并进行相应的操作。如下是介绍 poll()函数的代码示例：

```
#include <stdio.h>
#include <stdlib.h>
#include <unistd.h>
#include <poll.h>

int main() {
    // 创建一个 pollfd 结构体数组
    struct pollfd fds[2];

    // 设置第一个文件描述符为标准输入
    fds[0].fd = STDIN_FILENO;
    fds[0].events = POLLIN;

    // 设置第二个文件描述符为标准输出
    fds[1].fd = STDOUT_FILENO;
    fds[1].events = POLLOUT;

    // 调用 poll() 函数进行多路复用
    int result = poll(fds, 2, -1);
    if (result == -1) {
        perror("poll error");
        return 1;
    }

    // 检查就绪的文件描述符
    if (fds[0].revents & POLLIN) {
        // 标准输入可读
```

```
        char buffer[256];
        fgets(buffer, sizeof(buffer), stdin);
        printf("输入的文本:%s", buffer);
    }

    if (fds[1].revents & POLLOUT) {
        // 标准输出可写
        printf("Hello, World!\n");
    }

    return 0;
}
```

上述代码首先创建了一个 pollfd 结构体数组,其中一个描述标准输入,另一个描述标准输出。然后,调用 poll()函数进行多路复用,设置超时时间为永久阻塞。在检查就绪的文件描述符时,根据 revents 字段判断文件描述符是否可读或可写,并进行相应的操作。

4) ppoll()函数用于监视一组文件描述符的状态并等待事件的发生。它与 poll()函数的主要区别在于它可以通过 sigmask 参数设置信号屏蔽字,在等待事件期间阻塞指定的信号,这使得 ppoll()函数更加灵活,可以在等待事件的同时处理其他信号。ppoll()函数原型如下:

```
#include <poll.h>
int ppoll(struct pollfd * fds, nfds_t nfds, const struct timespec * timeout, const sigset_t * sigmask);
```

- fds 是指向 pollfd 结构体数组的指针,描述待监视的文件描述符及其关注的事件;
- nfds 表示 fds 数组中的元素个数;
- timeout 是指向 timespec 结构体的指针,用于设置超时时间。NULL:表示没有超时限制,一直等待直到有事件发生。timeout->tv_sec 设置为 0,timeout->tv_nsec 设置为非零值:表示立即返回,不阻塞。timeout->tv_sec 设置为正数,timeout->tv_nsec 设置为正数或零:表示等待指定时间后超时返回;
- sigmask 是指向 sigset_t 结构体的指针,用于设置信号屏蔽字。可以传入 NULL,表示不屏蔽任何信号。

在调用 ppoll()函数之前,需要初始化 pollfd 结构体数组,并设置待监视的文件描述符和关注的事件。在调用完 ppoll()函数后,根据返回值和 revents 字段来确定就绪的文件描述符和发生的事件,并进行相应的操作。如下是介绍 ppoll()函数的代码示例:

```
#include <stdio.h>
#include <stdlib.h>
#include <unistd.h>
```

```
#include <poll.h>
#include <signal.h>

int main() {
    // 创建一个 pollfd 结构体数组
    struct pollfd fds[1];

    // 设置文件描述符为标准输入
    fds[0].fd = STDIN_FILENO;
    fds[0].events = POLLIN;

    // 设置信号屏蔽字为空
    sigset_t sigmask;
    sigemptyset(&sigmask);

    // 设置超时时间为 5 秒
    struct timespec timeout;
    timeout.tv_sec = 5;
    timeout.tv_nsec = 0;

    // 调用 ppoll() 函数进行多路复用
    int result = ppoll(fds, 1, &timeout, &sigmask);
    if (result == -1) {
        perror("ppoll error");
        return 1;
    } else if (result == 0) {
        printf("Timeout\n");
    } else {
        if (fds[0].revents & POLLIN) {
            // 标准输入可读
            char buffer[256];
            fgets(buffer, sizeof(buffer), stdin);
            printf("输入的文本:%s", buffer);
        }
    }

    return 0;
}
```

上述代码创建了一个 pollfd 结构体数组,其中一个描述标准输入。然后,调用 ppoll()函数进行多路复用,设置超时时间为 5 秒。在检查就绪的文件描述符时,根据 revents 字段判断文件描述符是否可读,并进行相应的操作。

5) epoll()函数是 Linux 操作系统中高效的 I/O 多路复用机制,用于监视一组文件描述符的状态并等待事件的发生。相比于传统的 select()和 poll()函数,epoll()提供了更好的性能和可扩展性,特别适用于处理大量并发连接的场景。epoll()函数原型如下:

```
#include <sys/epoll.h>
int epoll_create(int size);
int epoll_create1(int flags);
int epoll_ctl(int epfd, int op, int fd, struct epoll_event *event);
int epoll_wait(int epfd, struct epoll_event *events, int maxevents, int timeout);
```

- epoll_create():创建一个 epoll 实例,返回一个 epoll 文件描述符。size 参数是一个提示,指定了要处理的文件描述符数量的上限,可以忽略或设置为一个合适的值。
- epoll_create1():与 epoll_create()类似,但可以通过 flags 参数指定一些额外的选项,如 EPOLL_CLOEXEC。
- epoll_ctl():用于添加、修改或删除文件描述符与 epoll 实例之间的关联。epfd 是 epoll 文件描述符,op 是操作类型,可取值为 EPOLL_CTL_ADD、EPOLL_CTL_MOD 或 EPOLL_CTL_DEL。fd 是要操作的文件描述符,event 是一个指向 epoll_event 结构体的指针,用于设置感兴趣的事件。
- epoll_wait():等待文件描述符上的事件发生。epfd 是 epoll 文件描述符,events 是一个指向 epoll_event 结构体数组的指针,用于存储发生事件的文件描述符及其对应的事件。maxevents 是 events 数组的大小,指定了最大可以返回的事件数量。timeout 是等待超时时间,可以设置为负数(无限等待)或零(非阻塞),也可以指定一个正数的毫秒数。

在使用 epoll()函数时,需要先创建一个 epoll 实例,然后通过 epoll_ctl()函数将文件描述符与 epoll 实例关联起来,并设置感兴趣的事件。接下来,使用 epoll_wait()函数等待事件的发生,并根据返回的事件进行处理。如下示例代码展示了使用 epoll()函数监视标准输入的可读事件:

```
#include <stdio.h>
#include <stdlib.h>
#include <unistd.h>
#include <sys/epoll.h>

int main() {
    // 创建 epoll 实例
    int epfd = epoll_create1(0);
```

```
if (epfd == -1) {
    perror("epoll_create1 error");
    return 1;
}

// 添加标准输入文件描述符到 epoll 实例
struct epoll_event event;
event.events = EPOLLIN;
event.data.fd = STDIN_FILENO;
if (epoll_ctl(epfd, EPOLL_CTL_ADD, STDIN_FILENO, &event) == -1) {
    perror("epoll_ctl error");
    return 1;
}

// 等待事件的发生
struct epoll_event events[10];
int maxevents = sizeof(events) / sizeof(events[0]);

while (1) {
    int nfds = epoll_wait(epfd, events, maxevents, -1);
    if (nfds == -1) {
        perror("epoll_wait error");
        return 1;
    }

    // 处理发生的事件
    for (int i = 0; i < nfds; i++) {
        if (events[i].data.fd == STDIN_FILENO) {
            // 标准输入可读
            char buffer[256];
            fgets(buffer, sizeof(buffer), stdin);
            printf("输入的文本:%s", buffer);
        }
    }
}

// 关闭 epoll 实例
```

```
    close(epfd);

    return 0;
}
```

8.5 小结

本章介绍了网络编程的核心概念与技术。通过对计算机网络基础和发展的梳理,用户应对网络体系结构的关键原理,如 OSI 参考模型、数据封装与解封装、TCP/IP 协议等有深入的理解。在网络编程基础部分,通过深入研究 Socket 套接字基础和编程,用户应掌握网络通信的基本工具和实际应用技巧。随后,通过网络高级编程的介绍,包括文件 I/O 模式、非阻塞 I/O、异步 I/O 和多路复用等方面介绍,用户应了解高效处理大规模并发请求的方法。本章内容为用户提供了全方位的网络编程知识,使其能够灵活应对各类网络应用场景,从而构建更稳健和高效的网络应用程序。

附录

本书中使用的头文件

此处列举了一些常见的C语言头文件，并展示了每个头文件中包含的一些核心函数。对于每个函数，提供了函数原型以及功能描述，以便于读者在阅读代码和编程时能够快速了解相关头文件的作用和功能。

1）stdlib.h是C语言标准库中的一个头文件，提供了一系列与程序执行、内存分配、随机数生成等相关的函数、宏和指针，它的全称是“Standard Library”。头文件里面的函数和相应的内容如下：

函数名	函数和形参类型	功　　能	返　回　值
atof	double atof(const char * str)	将字符串转换为浮点数	转换后的浮点数
atoi	int atoi(const char * str)	将字符串转换为整数	转换后的整数
atol	long int atol(const char * str)	将字符串转换为长整数	转换后的长整数
strtod	double strtod(const char * str, char * * endptr)	将字符串转换为浮点数	转换后的浮点数
strtol	long int strtol(const char * str, char * * endptr, int base)	将字符串转换为长整数	转换后的长整数
strtoul	unsigned long int strtoul(const char * str, char * * endptr, int base)	将字符串转换为无符号长整数	转换后的无符号长整数
calloc	void * calloc(size_t num, size_t size)	分配所需的内存空间并初始化为零	指向分配内存的指针
free	void free(void * ptr)	释放之前分配的内存空间	无
malloc	void * malloc(size_t size)	分配所需的内存空间	指向分配内存的指针
realloc	void * realloc(void * ptr, size_t size)	尝试重新调整之前分配的内存块的大小	指向重新分配内存的指针

续 表

函数名	函数和形参类型	功　　能	返　回　值
abort	void abort(void)	立即终止程序执行	无
atexit	int atexit(void (* func)(void))	注册在程序正常终止时调用的函数	0 表示成功,非零表示失败
exit	void exit(int status)	终止程序并返回状态码	无
getenv	char * getenv(const char * name)	获取环境变量的值	环境变量的值
system	int system (const char * command)	执行系统命令	返回命令的退出状态码
bsearch	void * bsearch(const void * key, const void * base, size_t num, size_t size, int (* compar)(const void *, const void *))	在已排序的数组中进行二分查找	指向匹配元素的指针,如果未找到则为 NULL
qsort	void qsort (void * base, size_t num, size_t size, int (* compar)(const void * , const void *))	数组排序	无
abs	int abs(int n)	返回 n 的绝对值	整数的绝对值
labs	long int labs(long int n)	返回 n 的绝对值	长整数的绝对值
rand	int rand(void)	生成一个伪随机整数	0 到 RAND_MAX 之间的整数
srand	void srand(unsigned int seed)	设置随机数生成器的种子	无
mblen	int mblen(const char * str, size_t max)	检查多字节字符的长度	如果是有效的多字节字符,返回字符长度;如果是空字符,返回 0;如果是无效多字节字符,返回-1
mbstowcs	size_t mbstowcs (wchar_t * dest, const char * src, size_t max)	将多字节字符串转换为宽字符字符串	返回转换后的宽字符数,不包括终止的空字符
mbtowc	int mbtowc (wchar_t * pwc, const char * str, size_t max)	将多字节字符转换为宽字符	如果是有效的多字节字符,返回字符长度;如果是空字符,返回 0;如果是无效多字节字符,返回-1
wcstombs	size_t wcstombs (char * dest, const wchar_t * src, size_t max)	将宽字符字符串转换为多字节字符串	返回转换后的字节数,不包括终止的空字符

续　表

函数名	函数和形参类型	功　　能	返　回　值
wctomb	int wctomb(char * str, wchar_t wchar)	将宽字符转换为多字节字符	如果是有效的多字节字符,返回字符长度;如果是无效多字节字符,返回－1

2）sched.h 是 C 语言标准库中的一个头文件，主要用于支持进程调度相关的功能。它提供了与调度和优先级相关的函数。这个头文件在 Linux 环境中较为常见，用于实现对任务调度的控制。头文件里面的函数和相应的内容如下：

函数名	函数和形参类型	功　　能	返　回　值
sched_get_priority_max	int sched_get_priority_max(int policy)	获取指定调度策略 policy 中的最大优先级	成功时返回最大优先级,失败时返回－1
sched_get_priority_min	int sched_get_priority_min(int policy)	获取指定调度策略 policy 中的最小优先级	成功时返回最小优先级,失败时返回－1
sched_getparam	int sched_getparam(pid_t pid, struct sched_param * param)	获取指定进程的调度参数	成功时返回 0,失败时返回－1
sched_getscheduler	int sched_getscheduler(pid_t pid)	获取指定进程的调度策略	成功时返回调度策略,失败时返回－1
sched_rr_get_interval	int sched_rr_get_interval(pid_t pid, struct timespec * tp)	获取指定进程的时间片长度	成功时返回 0,失败时返回－1
sched_setparam	int sched_setparam(pid_t pid, const struct sched_param * param)	设置指定进程的调度参数 param	成功时返回 0,失败时返回－1
sched_yield	int sched_yield(void)	放弃当前进程的 CPU 时间片,让调度器重新调度	成功时返回 0,失败时返回－1
sched_setscheduler	int sched_setscheduler(pid_t pid, int policy, const struct sched_param * param)	设置指定进程的调度策略 policy 及其参数	成功时返回 0,失败时返回－1

3）stdio.h 是 C 语言标准库中的头文件之一，其名称是“standard input/output”，即标准输入/输出。这个头文件包含了一系列用于进行标准输入和输出的函数、宏和文件指针等。

函数名	函数和形参类型	功　　能	返　回　值
fopen	FILE * fopen(const char * filename, const char * mode)	使用给定的模式 mode 打开 filename 所指向的文件	返回与指定文件相关联的流。如果打开操作失败则返回 NULL
fclose	int fclose(FILE * stream)	关闭流 stream。刷新所有的缓冲区	出错返回 EOF,否则返回 0
clearerr	void clearerr(FILE * stream)	清除给定流 stream 的文件结束和错误标识符	无
feof	int feof(FILE * stream)	测试给定流 stream 的文件结束标识符	如果设置了与 stream 流相关的文件结束指示符,函数将返回一个非 0 值
ferror	int ferror(FILE * stream)	测试给定流 stream 的错误标识符	如果设置了与 stream 流相关的错误指示符,函数将返回一个非 0 值
fflush	int fflush(FILE * stream)	刷新流 stream 的输出缓冲区	如果发生错误返回 EOF,否则返回 0
fseek	int fseek(FILE * stream, long int offset, int whence)	设置流 stream 的文件位置为给定的偏移 offset,参数 offset 意味着从给定的 whence 位置查找的字节数	若出错返回非 0 值
freopen	FILE * freopen(const char * filename, const char * mode, FILE * stream)	把一个新的文件名 filename 与给定的打开的流 stream 关联,同时关闭流中的旧文件	返回 stream,若出错则返 NULL
fgetpos	int fgetpos(FILE * stream, fpos_t * pos)	获取流 stream 的当前文件位置,并把它写入到 pos	若出错返回非 0 值
fsetpos	int fsetpos(FILE * stream, const fpos_t * pos)	设置给定流 stream 的文件位置为给定的位置。参数 pos 是由函数 fgetpos 给定的位置	若出错返回非 0 值
ftell	long int ftell(FILE * stream)	返回给定流 stream 的当前文件位置	返回给定流 stream 的当前文件位置
fread	size_t fread(void * ptr, size_t size, size_t nmemb, FILE * stream)	从给定流 stream 读取数据到 ptr 所指向的数组中	返回读取的对象数目
fwrite	size_t fwrite(const void * ptr, size_t size, size_t nmemb, FILE * stream)	把 ptr 所指向的数组中的数据写入到给定流 stream 中	返回输出的对象数目

续表

函数名	函数和形参类型	功　　能	返回值
remove	int remove(const char * filename)	删除给定的文件名 filename，以便它不再被访问	如果操作失败返回非0值
rename	int rename(const char * old_filename, const char * new_filename)	把 old_filename 所指向的文件名改为 new_filename	如果操作失败返回非0值
rewind	void rewind(FILE * stream)	设置文件位置为给定流 stream 的文件的开头	无
setbuf	void setbuf(FILE * stream, char * buffer)	定义流 stream 应如何缓冲	无
setvbuf	int setvbuf(FILE * stream, char * buffer, int mode, size_t size)	另一个定义流 stream 应如何缓冲的函数	如果操作失败返回非0值
tmpfile	FILE * tmpfile(void)	以二进制更新模式(wb+)创建临时文件	如果操作成功，该函数返回一个流；如果创建文件失败，则返回 NULL
tmpnam	char * tmpnam(char * str)	生成并返回一个有效的临时文件名，该文件名之前是不存在的	将创建的字符串保存到数组 str 中，并将其作为返回值
perror	void perror(const char * str)	把一个描述性错误消息输出到标准错误 stderr。首先输出字符串 str，后跟一个冒号，然后是一个空格	无
fprintf	int fprintf(FILE * stream, const char * format, ...)	发送格式化输出到流 stream 中	返回实际写入的字符数，若出错返回一个负值
printf	int printf(const char * format, ...)	发送格式化输出到标准输出 stdout	返回实际写入的字符数，若出错返回一个负值
sprintf	int sprintf(char * str, const char * format, ...)	发送格式化输出到字符串	返回实际写入的字符数，若出错返回一个负值
vfprintf	int vfprintf(FILE * stream, const char * format, va_list arg)	使用参数列表发送格式化输出到流 stream 中	返回实际写入的字符数，若出错返回一个负值
vprintf	int vprintf(const char * format, va_list arg)	使用参数列表发送格式化输出到标准输出 stdout	返回实际写入的字符数，若出错返回一个负值
vsprintf	int vsprintf(char * str, const char * format, va_list arg)	使用参数列表发送格式化输出到字符串	返回实际写入的字符数，若出错返回一个负值

续 表

函数名	函数和形参类型	功　能	返 回 值
fscanf	int fscanf (FILE * stream, const char * format, ...)	从流 stream 读取格式化输入	若出错返回 EOF,否则返回实际被转换并赋值的输入项个数
scanf	int scanf (const char * format, ...)	从标准输入 stdin 读取格式化输入	若出错返回 EOF,否则返回实际被转换并赋值的输入项个数
sscanf	int sscanf (const char * str, const char * format, ...)	从字符串读取格式化输入	若出错返回 EOF,否则返回实际被转换并赋值的输入项个数
fgetc	int fgetc(FILE * stream)	从指定的流 stream 获取下一个字符(一个无符号字符),并把位置标识符往前移动	返回 stream 流的下一个字符,若出错返回 EOF
fgets	char * fgets(char * str, int n, FILE * stream)	从指定的流 stream 读取一行,并把它存储在 str 所指向的字符串内。当读取(n-1)个字符时,或者读取到换行符时,或者到达文件末尾时,它会停止,具体视情况而定	返回数组 str,若发生错误返回 NULL
fputc	int fputc (int char, FILE * stream)	把参数 char 指定的字符(一个无符号字符)写入到指定的流 stream 中,并把位置标识符往前移动	返回写入的字符,若出错返回 EOF
fputs	int fputs (const char * str, FILE * stream)	把字符串写入到指定的流 stream 中,但不包括空字符	返回一个非负值,若出错返回 EOF
getc	int getc(FILE * stream)	从指定的流 stream 获取下一个字符(一个无符号字符),并把位置标识符往前移动	返回 stream 流的下一个字符,若出错返回 EOF
getchar	int getchar(void)	从标准输入 stdin 获取一个字符(一个无符号字符)	返回获取到的字符,若出错返回 EOF
gets	char * gets(char * str)	从标准输入 stdin 读取一行,并把它存储在 str 所指向的字符串中。	返回数组 str,若发生错误返回 NULL
putc	int putc (int char, FILE * stream)	把参数 char 指定的字符(一个无符号字符)写入到指定的流 stream 中,并把位置标识符往前移动	返回写入的字符,若出错返回 EOF

续 表

函数名	函数和形参类型	功　　能	返 回 值
putchar	int putchar(int char)	把参数 char 指定的字符(一个无符号字符)写入到标准输出 stdout 中	返回写入的字符,若出错返回 EOF
puts	int puts(const char * str)	把一个字符串写入到标准输出 stdout,直到空字符,但不包括空字符。换行符会被追加到输出中	返回一个非负值,若出错返回 EOF
ungetc	int ungetc(int char, FILE * stream)	把字符 char(一个无符号字符)推入到指定的流 stream 中,以便它是下一个被读取到的字符	返回被写回的字符,如果出错返回 EOF

4) unistd.h 是 C 语言中提供对 POSIX 操作系统 API 的访问功能的头文件的名称,是 POSIX 标准定义的 unix 类系统定义符号常量的头文件,包含了许多 UNIX 系统服务的函数原型。该头文件由 POSIX.1 标准(可移植系统接口)提出,故所有遵循该标准的操作系统和编译器均应提供该头文件。

函数名	函数和形参类型	功　　能	返 回 值
read	ssize_t read(int fd, void * buf, size_t count)	从文件描述符 fd 读取最多 count 个字节的数据到缓冲区 buf	成功时返回实际读取到的字节数,失败时返回－1
write	ssize_t write(int fd, const void * buf, size_t count)	将缓冲区 buf 中的 count 个字节写入到文件描述符 fd	成功时返回实际写入的字节数,失败时返回－1
open	int open(const char * pathname, int flags, mode_t mode)	打开指定路径的文件并返回文件描述符	成功时返回一个非负整数,表示文件描述符;失败时返回－1,并设置 errno 为相应的错误码
close	int close(int fd)	关闭文件描述符 fd	成功时返回 0,失败时返回－1,并设置 errno 为相应的错误码
chdir	int chdir(const char * path)	改变当前工作目录为 path	成功时返回 0,失败时返回－1,并设置 errno 为相应的错误码
getcwd	char * getcwd(char * buf, size_t size)	获取当前工作目录的绝对路径,并存储在缓冲区 buf 中	成功时返回指向缓冲区的指针,失败时返回 NULL,并设置 errno 为相应的错误码

续 表

函数名	函数和形参类型	功　　能	返　回　值
execve	int execve (const char * pathname, char * const argv[], char * const envp[])	执行指定路径的可执行文件,用新进程替换当前进程	成功时不返回;失败时返回-1,并设置 errno 为相应的错误码
fork	pid_t fork(void)	创建一个新的子进程	成功时返回子进程的进程 ID,失败时返回-1,并设置 errno 为相应的错误码
pipe	int pipe(int pipefd[2])	创建一个管道,并返回两个文件描述符,分别表示管道的读端和写端	成功时返回 0,失败时返回-1,并设置 errno 为相应的错误码
dup	int dup(int oldfd)	复制文件描述符,并返回新的文件描述符	成功时返回新的文件描述符,失败时返回-1,并设置 errno 为相应的错误码

5) fcntl.h 是 C 语言标准库中的一个头文件,其名称是"File Control",主要用于进行文件控制操作。这个头文件提供了一组函数,用于在文件描述符上执行各种控制操作。在 Linux 系统中,fcntl.h 提供了对文件和文件描述符进行灵活控制的功能,包括获取和修改文件状态、文件锁的设置与释放等。头文件中的主要函数和功能的介绍如下:

函数名	函数和形参类型	功　　能	返　回　值
open	int open (const char * pathname, int flags, mode _ t mode)	打开文件	成功则返回文件描述符,不成功返回-1
close	int close(int fd)	关闭文件	关闭成功返回 0,不成功返回-1
read	ssize_t read(int fd, void * buf , size_t count)	读取数据	count 为 0 时,返回 0; count 不为 0 时,成功返回实际读取的字节数,不成功返回-1
write	ssize_t write (int fd, const void * buf, size_t count)	写入数据	成功返回实际写入的字节数,不成功返回-1
creat	int creat(const char * pathname, mode_tmode)	以 mode 指向的方式建立文件	成功返回文件描述符,失败返回-1
dup	int dup (int oldfd)	复制参数 oldfd 指向的文件描述词	成功返回最小及尚未使用的文件描述词,不成功返回-1

续　表

函数名	函数和形参类型	功　　能	返　回　值
dup2	int dup2(int odlfd,int newfd)	复制参数 oldfd 指向的文件描述词，并将它复制至参数 newfd	成功返回最小及尚未使用的文件描述词，不成功返回－1
fcntl	int fcntl(int fd, int cmd) int fcntl(int fd, int cmd, long arg) int fcntl(int fd, int cmd ,struct flock * lock)	对已打开的文件描述符进行各种控制操作以改变已打开文件的的各种属性	成功返回与参数 cmd 有关，失败返回－1
flock	int flock(int fd,int operation)	以 operation 所指定的方式对参数 fd 所指的文件做锁定或解除锁定的动作	成功返回 0，不成功返回－1
fsync	int fsync(int fd)	将参数 fd 指向的文件数据，由系统缓冲区写回磁盘	成功返回 0，不成功返回－1
lseek	off_t lseek(int fildes,off_t offset, int whence)	控制文件的读写位置	成功返回读写位置，不成功返回－1
sync	void sync(void)	将系统缓冲区的数据写入到文件系统中	无返回值

6）time.h 是 C 语言标准库中的头文件，用于提供有关时间和日期处理的函数和结构。头文件中的主要函数和功能的介绍如下：

函数名	函数和形参类型	功　　能	返　回　值
asctime	char * asctime(const struct tm * timeptr)	将 tm 结构中的时间信息转换为可读的字符串格式	返回指向格式化字符串的指针
clock	clock_t clock(void)	返回程序执行时间的处理器时钟计数	返回处理器时钟计数；如果不可用则返回－1
ctime	char * ctime(const time_t * timer)	将时间 time_t 转换为可读的字符串格式，包含日期和时间信息	返回指向格式化字符串的指针
difftime	double difftime(time_t end, time_t start)	计算两个时间之差	返回以秒为单位的时间差
gmtime	struct tm * gmtime(const time_t * timer)	将 time_t 格式的时间转换为 UTC 时间的 tm 结构	返回指向 tm 结构的指针

续 表

函数名	函数和形参类型	功　　能	返 回 值
localtime	struct tm * localtime(const time_t * timer)	将 time_t 格式的时间转换为本地时间的 tm 结构	返回指向 tm 结构的指针
mktime	time_t mktime(struct tm * timeptr)	将 tm 结构转换为 time_t 格式的时间	返回 time_t 格式的时间
strftime	size_t strftime(char * s, size_t max, const char * format, const struct tm * timeptr)	根据指定格式化字符串将 tm 结构中的时间格式化输出到字符串	成功时返回写入字符串的字节数
time	time_t time(time_t * tloc)	获取当前日历时间，以 time_t 格式表示	返回当前时间

7）pthread.h 是 POSIX 线程库的头文件，提供了多线程编程所需的函数、宏和数据类型。pthread.h 头文件中一些常见的函数与功能描述如下：

函数名	函数和形参类型	功　　能	返 回 值
pthread_create	int pthread_create(pthread_t * thread, const pthread_attr_t * attr, void *(* start_routine)(void *), void * arg)	创建新的线程	成功：0，失败：错误码
pthread_join	int pthread_join(pthread_t thread, void ** retval)	主线程等待指定线程结束	成功：0，失败：错误码
pthread_detach	int pthread_detach(pthread_t thread)	分离线程，使其资源在结束时能够被自动回收	成功：0，失败：错误码
pthread_exit	void pthread_exit(void * retval)	线程自己终止，并返回一个指针给等待 join 的线程	无
pthread_self	pthread_t pthread_self(void)	获取当前线程的线程 ID	当前线程的线程 ID
pthread_mutex_init	int pthread_mutex_init(pthread_mutex_t * mutex, const pthread_mutexattr_t * attr)	初始化互斥锁	成功：0，失败：错误码
pthread_mutex_destroy	int pthread_mutex_destroy(pthread_mutex_t * mutex)	销毁互斥锁	成功：0，失败：错误码

续　表

函数名	函数和形参类型	功　　能	返　回　值
pthread_mutex_lock	int pthread_mutex_lock(pthread_mutex_t * mutex)	获取互斥锁	成功：0，失败：错误码
pthread_mutex_unlock	int pthread_mutex_unlock(pthread_mutex_t * mutex)	释放互斥锁	成功：0，失败：错误码
pthread_cond_init	int pthread_cond_init(pthread_cond_t * cond, const pthread_condattr_t * attr)	初始化条件变量	成功：0，失败：错误码
pthread_cond_destroy	int pthread_cond_destroy(pthread_cond_t * cond)	销毁条件变量	成功：0，失败：错误码
pthread_cond_wait	int pthread_cond_wait(pthread_cond_t * cond, pthread_mutex_t * mutex)	等待条件变量满足，同时释放互斥锁	成功：0，失败：错误码
pthread_cond_signal	int pthread_cond_signal(pthread_cond_t * cond)	唤醒等待条件变量的一个线程	成功：0，失败：错误码
pthread_cond_broadcast	int pthread_cond_broadcast(pthread_cond_t * cond)	唤醒等待条件变量的所有线程	成功：0，失败：错误码
pthread_rwlock_init	int pthread_rwlock_init(pthread_rwlock_t * rwlock, const pthread_rwlockattr_t * attr)	初始化读写锁	成功：0，失败：错误码
pthread_rwlock_destroy	int pthread_rwlock_destroy(pthread_rwlock_t * rwlock)	销毁读写锁	成功：0，失败：错误码
pthread_rwlock_rdlock	int pthread_rwlock_rdlock(pthread_rwlock_t * rwlock)	获取读锁	成功：0，失败：错误码
pthread_rwlock_wrlock	int pthread_rwlock_wrlock(pthread_rwlock_t * rwlock)	获取写锁	成功：0，失败：错误码
pthread_rwlock_unlock	int pthread_rwlock_unlock(pthread_rwlock_t * rwlock)	释放读写锁	成功：0，失败：错误码

8) string.h 是C语言标准库中的头文件，定义了一系列处理字符串(字符数组)的函数、宏和类型。头文件中的主要函数和功能的介绍如下：

函数名	函数和形参类型	功　　能	返　回　值
memchr	void * memchr(const void * ptr, int value, size_t num)	在指定的内存块中查找第一次出现的字符 value	成功时返回指向字符位置的指针；未找到时返回 NULL

续 表

函数名	函数和形参类型	功　　能	返 回 值
memcmp	int memcmp (const void * buf1, const void * buf2, size_t num)	比较两个内存块的前 num 个字节	buf1<buf2,返回负数 buf1=buf2,返回 0 buf1>buf2,返回正数
memcpy	void * memcpy(void * dest, const void * src, size_t num)	从源地址复制 num 个字节到目标地址	返回指向目标地址的指针
memmove	void * memmove (void * dest, const void * src, size_t num)	从源地址复制 num 个字节到目标地址,处理重叠情况	返回指向目标地址的指针
memset	void * memset(void * ptr, int value, size_t num)	将指定值 value 填充到内存块的前 num 个字节	返回指向内存块的指针
strchr	char * strchr (const char * str, int character)	查找字符串中第一次出现的字符 character	返回指向该位置的指针,若找不到,则应返回 NULL
strcmp	int strcmp(const char * str1, const char * str2)	按字典顺序比较两个字符串 str1 和 str2	str1 < str2,返回负数 str1=str2,返回 0 str1>str2,返回正数
strcpy	char * strcpy (char * dest, const char * src)	复制源字符串到目标字符串	返回指向目标字符串的指针
strlen	size_t strlen(const char * str)	返回字符串的长度,但不包括字符串末尾的空字符'\\0'	返回字符串的长度
strncat	char * strncat (char * dest, const char * src, size_t num)	将源字符串的前 num 个字符追加到目标字符串的末尾	返回指向目标字符串的指针
strncmp	int strncmp(const char * str1, const char * str2, size_t num)	按字典顺序比较两个字符串 str1 和 str2 的前 num 个字符	str1 < str2,返回负数 str1=str2,返回 0 str1>str2,返回正数
strncpy	char * strncpy (char * dest, const char * src, size_t num)	复制源字符串的前 num 个字符到目标字符串	返回指向目标字符串的指针
strstr	char * strstr (const char * haystack, const char * needle)	查找子字符串 needle 在字符串 haystack 中的第一次出现位置	成功时返回指向子字符串的指针;未找到时返回 NULL

参考文献

[1] 邹启明.程序设计基础(C 语言).第 2 版.北京：电子工业出版社，2020

[2] 高洪皓.程序设计基础(C 语言)实践教程.北京：电子工业出版社，2021

[3] 刘洪涛等.嵌入式 Linux C 语言应用开发教程.第 2 版.北京：人民邮电出版社，2018

[4] 罗怡桂.Linux 高级程序设计.北京：高等教育出版社，2014

[5] 朱文伟，李建英等.Linux C 与 C++一线开发实践.北京：清华大学出版社，2018

[6] 青岛农业大学.Linux C 程序设计.西安：西安电子科技大学出版社，2017

[7] 杨宗德，吕光宏等.Linux 高级程序设计.第 3 版.北京：人民邮电出版社，2012

[8] 罗思韦尔，陈光欣等.Linux 程序设计基础.北京：人民邮电出版社，2019

[9] 田卫新，张莉莉等.嵌入式 Linux 程序设计.北京：清华大学出版社，2017

[10] 金国庆，刘加海等.Linux 程序设计.杭州：浙江大学出版社，2015

[11] 李林，段瀚聪等.Linux 程序设计实践.成都：电子科技大学出版社，2013

[12] 梁庚，陈明等.高质量嵌入式 Linux C 编程.第 2 版.北京：电子工业出版社，2019

[13] 闫敬，吴淑坤等.Linux C 编程完全解密.北京：清华大学出版社，2019

[14] 程国钢，张玉兰等.Linux C 编程从基础到实践.北京：清华大学出版社，2015

[15] 戴峻峰，付丽辉等.C 语言程序设计.北京：清华大学出版社，2023

[16] 胡成松，黄玉兰等.C 语言程序设计.第 2 版.北京：机械工业出版社，2023

[17] 苏小红，叶麟等.程序设计基础：C 语言.北京：人民邮电出版社，2023

[18] 揭安全.高级语言程序设计(C 语言版)：基于计算思维能力培养.第 2 版.北京：人民邮电出版社，2022

[19] 黄继海，石彦华等.Linux 环境下 C 程序设计.北京：人民邮电出版社，2021

[20] 谭浩强.C 语言程序设计.第五版.北京：清华大学出版社，2024